住房城乡建设部土建类学科专业"十三五"规划教材

高等学校园林与风景园林专业推荐教材

COMPUTER AIDED LANDSCAPE PLANNING AND DESIGN

计算机辅助园林设计
（第二版）

LANDSCAPE

骆天庆　编著

中国建筑工业出版社

图书在版编目（CIP）数据

计算机辅助园林设计 = COMPUTER AIDED LANDSCAPE
PLANNING AND DESIGN / 骆天庆编著 . —2 版 . —北京：
中国建筑工业出版社，2020.12
住房城乡建设部土建类学科专业"十三五"规划教材
高等学校园林与风景园林专业推荐教材
ISBN 978-7-112-25715-7

Ⅰ．①计…　Ⅱ．①骆…　Ⅲ．①园林设计—计算机辅助
设计—应用软件—高等学校—教材　Ⅳ．① TU986.2-39

中国版本图书馆 CIP 数据核字（2020）第 244181 号

为了更好地支持相应课程的教学，我们向采用本书作为教材的教师提供课件，有需要者可与出版社联系。
建工书院：http://edu.cabplink.com
邮箱：jckj@cabp.com.cn　电话：（010）58337285
QQ 交流群：907241190

责任编辑：杨　琪　陈　桦
责任校对：张惠雯

住房城乡建设部土建类学科专业"十三五"规划教材
高等学校园林与风景园林专业推荐教材

计算机辅助园林设计（第二版）
COMPUTER AIDED LANDSCAPE PLANNING AND DESIGN
骆天庆　编著
＊
中国建筑工业出版社出版、发行（北京海淀三里河路 9 号）
各地新华书店、建筑书店经销
北京雅盈中佳图文设计公司制版
北京市密东印刷有限公司印刷
＊
开本：880毫米×1230毫米　1/16　印张：15　字数：371千字
2021年10月第二版　2021年10月第三次印刷
定价：**39.00元**（赠教师课件）
ISBN 978-7-112-25715-7
　　　　（36745）

修订版前言

在工程设计领域中，计算机辅助设计在建筑设计、室内设计和城乡规划领域中一直表现活跃。相比之下，在风景园林规划设计中的应用和发展却相对缓慢。究其原因，主要是风景园林规划设计涉及的领域广泛，图形对象复杂多变，规律性差，且信息量极大，计算机辅助设计技术的开发和应用有一定难度。因此，长期以来，面对建立适应自己专业特色的 CAD 技术或是跟从相关行业的核心技术的选择，客观上造成了当前园林规划设计中应用的 CAD 软件门类众多，缺少统一标准的局面。

本书在综合评述计算机辅助设计技术的发展趋向，并比较当前风景园林专业中多种常用软件的产品性能的基础上，选择以 AutoCAD 为教学平台软件，结合 Civil 3D、Ecotect Analysis 和鸿业的 AutoCAD 系列功能模块软件等场地规划和设计软件，对于其在风景园林规划设计中的专项使用功能进行了较为全面的介绍。由于计算机辅助的设计过程和传统手工绘图有很大区别，因此除了介绍软件的基本界面、专用词汇、常用命令、一般步骤之外，有序安排设计过程、发挥不同软件的长处、设计团队内部合理分工、团队外部有效合作与配合等内容，也贯穿在本书的各个章节之中。

计算机软件的学习必须通过大量的上机操作来达到熟练掌握和灵活运用的目的。因此，本书对实习案例给予了特别关注，针对各章节的内容，分别选择了针对性的案例，并提供了相应的练习文件，供读者按照书中的步骤进行实际操作练习，更好地掌握这三个软件。但本书主要的编写目的是供各高等院校风景园林及相关专业在课程教学中使用，因此也包含了相当多的理论介绍和技术要点归纳的内容，便于老师备课和学生自学。

本书的章节编排是在总结长期教学经验的基础上最终确定的。考虑到软件学习的循序渐进，以及与风景园林专业应用的充分结合，全书共分成基础篇、实践篇和提高篇三部分，并且内容的编排方式略有不同：

绪论和第 1 章构成基础篇，分别介绍了当前风景园林规划设计中计算机辅助设计的应用概况，以及 AutoCAD、Civil 3D、Map 3D、Ecotect Analysis 和鸿业系列软件的基础知识，以理论阐述和技术要领归纳为主，使读者对风景园林专业中计算机辅助设计技术的应用和发展能有一个总体的认识，并对 AutoCAD 和 Civil 3D 的基本操作和使用有一个基本的了解。

第 2~5 章构成实践篇，介绍了 AutoCAD 在园林设计图绘制、风景建筑三维建模、图纸打印等方面的各种功能使用，主要针对初学者。由于涉及的技术要点较多，因此各章均包含大量的技术要领归纳内容，并配设了步骤分解较为详细的案例。对于图层管理、块及块文件的应用这两大关键技术，还专门用一章的篇幅来进行重点介绍。

第 6~10 章构成提高篇，介绍了 Civil 3D、Ecotect Analysis 和鸿业系列软件适用于风景园林规划设计的一些专项功能使用、AutoCAD 的一些高级功能（如渲染、动画等），以及这些软件与其他一些软件（如 SketchUp、3DS Max、Photoshop、ArcGIS 等）进行配套工作的技术要点，主要针对对 AutoCAD 有一定了解后希望进一步提高计算机应用技能的学习者。考虑到受众已具备一定的基础知识，因此相对于实践篇，这部分的章节对于技术要领的归纳介绍和案例步骤的分解较为简要，并且相当多的技术介绍是结合案例的操作步骤进行的。

由于各院校的教学计划不同，计算机辅助设计课程的开课年级、学生的 CAD 基础、教学课时及教学形式都可能不同。使用本书进行教学时，可根据实际需要，选取部分或全部章节开展教学工作。

本书也可成为在职规划设计人员的参考书，帮助他们合理、有效利用 AutoCAD 软件平台，了解 Civil 3D、Map 3D、Ecotect Analysis 和鸿业系列软件的专项功能，加强设计过程的集体配合和协调，提高工作效率和设计质量。

书中的一些符号说明如下：

● 表示并列的内容、要点；

◆ 表示操作步骤；

↙ 回车；

【 】下拉菜单或菜单项；

〖 〗工具栏、工具、选项板或选项卡；

＞ 进入下级菜单项或工具、选项卡。

（ ）命令别名

在本书第一版的编著过程中，得到欧特克软件有限公司的黄亚斌、任耀工程师和徐多专员、北京北纬华元软件科技有限公司华东办事处的张学生先生的悉心帮助和技术支持，同济大学的庞磊、钮心毅、刘立立和 何春晖 老师提供了部分案例和相关图片，宋小冬教授也曾热心地介绍同类书籍的编写经验；在本书第二版的修编和前期教学实践过程中，还得到鸿业科技技术部门和教育培训部门以及夏良驹、苏怡柠等研究生助教的支持帮助，在此一并致以衷心的感谢。

目 录

基础篇

绪论　计算机辅助设计在风景园林规划设计中的应用概况

0.1　计算机辅助设计在风景园林规划设计中的应用与发展

计算机辅助设计（Computer Aided Design，以下简称 CAD）是利用计算机硬、软件系统辅助人们对产品或工程进行总体设计、绘图、工程分析与技术文档管理等设计活动的总称，是一项综合性技术。随着计算机软件和硬件行业的快速发展，CAD 技术在工程设计中的使用日益广泛，并已取得人工设计所无法比拟的巨大效益。在风景园林规划设计这一主要从事户外景观环境规划设计的工程设计领域，CAD 技术的应用也日益受到重视。

0.1.1　专业应用需求

风景园林规划设计的工作范畴极为广泛，涵盖了从大尺度的大地景观规划到小尺度的风景建筑、园林小品和小型场地的施工设计等多种设计任务，因此它对 CAD 技术的应用需求也是多样化的。在风景园林规划设计中，CAD 技术主要应用在 6 个方面：

（1）工程制图：与人工制图相比，计算机具有精确、易修改、便于分工合作、可输出大批量成果等种种优势，因此在短短的数十年间就几乎完全取代了人工制图。

（2）模型设计：通过创建三维模型，可以在规划设计的早期阶段就借助虚拟仿真、可视化等手段直接考察项目的建成效果，进行先见性的调整修改，从而大大缩短工作周期，减少反复修改方案的次数。

（3）现状分析：由于大尺度的景观规划往往涉及大量复杂的自然资源和社会信息，空间尺度跨越大，现状分析的工作量极大。因此随着遥感、地理信息管理技术的发展，越来越多的 CAD 应用软件开发了三维地形模拟、资源综合评价等功能，便于直观地进行景观分析。

（4）即时评价：风景园林规划设计中经常会遇到土地利用优化、道路选线、土方平衡等涉及方案优化决策的问题，完全依仗人工计算决策，工作量极大。一些 CAD 应用软件也利用计算机运算速度的优势，开发了相应的方案即时评价技术，提供了很大的便利。

（5）效果表现：人工绘制方案的三维表现图是一项技术性很强的工作，而一些 CAD 应用软件则利用计算机的虚拟功能，提供了方便的三维建模和渲染技术，乃至进行动画模拟，表现力极强。

（6）项目管理：提供设计信息管理功能，实现对工程图纸信息的全面管理，保证绘图信息与数据库信息的一致性，并通过数据库信息的共享来为设计团队中成员间的合作提供便利，实现项目工作过程的组织管理。

0.1.2　相对于徒手设计的优势和不足

借助计算机在大容量的数据存储、快速精确的运算和虚拟表现等方面的优势，CAD 技术能够为风景园林规划设计方案提供一个随时修改和展示的空间，解决了手工制图中图纸修改困难、表达不直观等难题。CAD 技术相对于徒手设计的优势主要表现在：

（1）工作效率的提高：据美国有关资料统计，采用 CAD 技术可节约设计工时 1/3 左右，修改工作量可减少约 80%。

（2）分工合作的便利：在风景园林规划设计中，完全通过个人作业完成一个项目是非常少见的，因此项目组成员间的有效合作是非常关键的。CAD 技术可以通过精确、即时的信息传递和共享来为个人之间、行业之间的合作提供种种便利。

（3）方案表达力加强：与传统的徒手绘图相比，CAD 绘图更为精确，景物的色彩和质地更为丰富，并可多角度、真实地模拟景观的立体效果，因而更富于感染力和说服力。

但是，风景园林规划设计毕竟是一种创造性极强的工作，而计算机本身并不具备创造力，只是人在进行创造活动时的一个辅助工具，因此 CAD 技术并不能完全取代传统的徒手设计。相对于徒手设计，CAD 技术的不足主要表现在其与思维的灵活性相匹配的方面，即在方案构思阶段绘制各种快速草图时，CAD 的工作效率往往不如徒手绘图。正因如此，在专业学习中，仍然需要强调徒手能力的训练；而在具体项目的工作过程中，一般说来 CAD 的有效介入时机应在初步构思方案基本成型之后。不过，随着触摸屏（Touch Panel）等人机交互技术的迅速发展，CAD 的即时设计辅助性能正在不断增强。

0.1.3 发展趋向

综观 CAD 技术从产生至今近半个世纪的发展过程，计算机技术的发展以及与实际应用领域的互动始终是其发展的根本动力。随着计算机软硬件技术水平的不断提升，随着 CAD 技术在各个行业应用经验的不断积累，CAD 应用软件不断更新换代，新软件也层出不穷。因此，对于专业教学和学习而言，在选用软件时必须密切关注软件行业的现实动态，并具有前瞻的眼光。

当前 CAD 技术的发展主要以 CAD 系统的集成化、智能化、可视化、标准化和网络化为方向。

（1）集成化：CAD 系统的集成化即系统功能的集成化，最直接的表现就是通过不同软件间的借鉴和合并，使得同一软件的基本功能日益全面、数据兼容性增强，甚或成为易于集成和管理相关应用产品的平台软件。

（2）智能化：智能化是通过提升软件操作的便捷性和加强软件对设计的辅助性，使 CAD 软件成为真正的"傻瓜型"软件、成为用户的一个更聪明的助手。为此，CAD 软件的开发重点已从第一代的二维绘图软件、第二代的三维设计软件 ❶ 转向第三代的功能导向型软件 ❷。

（3）可视化：为用户提供便利的人机交互环境，不仅是设计形状的直观表现，而且是多媒体演示的跟进。

（4）标准化：CAD 系统的标准化是通过建立 CAD 基础平台和标准体系，最大限度地实现各 CAD 企业的技术信息共享并进行有效的管理，以避免不同的 CAD 系统产生的数据文件会采用不同的数据格式，甚至各个 CAD 系统中数据元素的类型也不尽相同的状况，进而达成单个项目的全生命周期协调管理以及分类项目的综合协调管理。

（5）网络化：网络化的 CAD 系统可以在网络环境中由多人、异地进行产品的定义与建模、产品的分析与设计、产品的数据管理和数据交换等，是实现协同设计的重要手段。

---

❶ 三维设计软件是通过参数化设计方法达成三维设计模式，即通过设置各种功能参数（如性能、尺寸等）来直接设计生成三维模型，并自动生成二维工程图。这类软件的探索是从 1988 年开始的。

❷ 功能导向型软件是通过数字化的工程知识库来指导 CAD 系统自动生成三维模型和二维工程图，从而可大大简化设计过程，并可在设计的早期阶段就通过虚拟仿真、可视化等方式来指导设计。

一系列的技术发展，正在颠覆传统的 CAD 工作流程，引导了全新的基于建筑信息模型（或建筑资讯模型，即 Building Information Modeling，简称 BIM）❶ 的工作方式的建构和发展。在风景园林规划设计中，传统的 CAD 工作流程通常可分为现状 / 草图输入、图形绘制、分析评价和效果表现等几大步骤，一般可采用数字化仪或扫描仪分幅输入工作底图（以纸质地形图或手绘草图居多）并处理成矢量信息，然后借助不同的应用软件进行图形绘制、分析评价和效果表现，整个工作过程仅仅局限于项目设计阶段。而 BIM 技术可应用贯通项目的工程设计、建造和管理阶段，从建筑的设计、施工、运行直至建筑全寿命周期的终结，各种信息始终整合于一个三维模型信息数据库中，设计团队、施工单位、设施运营部门和业主等各方人员可以基于 BIM、利用各种数字化信息和功能软件进行协同工作，有效提高工作效率、节省资源、降低成本、以实现可持续发展。对于 BIM 技术而言，关键在于三维模型信息平台的兼容性、开放性和智能化程度，以及由三维平台软件与相关应用软件构成的整个技术体系的标准化程度。

0.2 常用软件及其功能比较

无论是传统的 CAD 工作流程还是 BIM 的工作架构，都会涉及多个应用软件。由于不同软件使用和支持的文件格式不同，因此在 CAD 工作开始之前必须对整个工作过程进行必要的设计，选择适当的软件组合来保证图形文件交换的便捷可靠。

在传统的 CAD 工作流程中，风景园林规划设计常用的 CAD 软件一般可分为二维绘图软件、三维

建模软件、分析和决策辅助软件，以及效果表现及演示软件 4 大类。但对于 BIM 的工作架构，相对于 Autodesk Revit 系列软件目前在我国建筑业 BIM 体系的广泛使用，风景园林规划设计行业尚未有通行的 BIM 平台软件。

0.2.1 二维绘图软件

二维绘图软件以绘制精确的平面图形见长，可用于绘制风景园林规划设计的平、立、剖面图和施工图。在风景园林规划设计中，目前主流的二维绘图软件是 AutoCAD 以及在其基础上进行二次开发所形成的各种矢量图形制作软件。

AutoCAD 是美国 Autodesk 公司系列 CAD 软件中的平台产品，是目前世界上应用最广的 CAD 软件，具有较强的绘图、编辑、标注、输出、共享以及方便用户的二次开发功能，也具有一定的三维造型功能，在诸多二维绘图软件中占据主流地位。

0.2.2 三维建模软件

三维建模软件以方便准确地创建三维模型见长，可用于构建建筑、地形等三维景观模型。在风景园林规划设计中，目前常用的三维建模软件有 AutoCAD/3D Studio MAX、SketchUp 等，还有 3D Landscape 等专业软件。

AutoCAD 和 3DS MAX 都是美国 Autodesk 公司名下的产品，二者遵循的是类似的三维建模原理，可以精确地构建各种三维几何造型和地形模型。相比之下，AutoCAD 以模型的精确性见长，而 3DS MAX 的三维特效造型能力更为强大，可塑造各种不规则变形的三维图形对象，并可调用 Tree Storm、Speed Tree、Forest Pro 等多种植物制作插件。

SketchUp 是美国的建筑设计软件开发商 @ Last Software 公司推出的一套建筑草图设计工具，

---

❶ BIM 一词是 Autodesk 公司在 2002 年率先提出，其核心是通过建立虚拟的、可动态更新的建筑工程三维模型，提高建筑工程的信息集成化程度，从而为建筑工程项目的相关利益方提供了一个工程信息交换和共享的平台。

于 2006 年被谷歌公司（Google Inc.）收购以增强 Google Earth 的功能，并更名为 Google SketchUp。SketchUp 是目前市面上为数不多的直接面向设计过程的设计工具，可以迅速地建构、显示、编辑三维建筑模型，并可利用组件库中提供的植物库实现园林景观的快速表现。由于是草图设计工具，这一软件的主要缺点是精确性不够。

3D Landscape 则是 FastTrak 公司推出的一款专门的园林设计软件，适用于庭院、广场、公共绿地等场地设计项目。该软件由设计（Designer）和指南（How-to Guide）两部分组成，用户可以在操作帮助及设计辅助教程的帮助下，通过选用各种园林素材并随意修改其位置、形状、大小等表现出各种造型，并能方便有效地进行地形设计、定额预算和报表生成，使用极为方便。该软件的主要缺陷是必须以英制尺寸进行设计、在二维材质的基础上模拟成的三维视图不够精细、文件格式与其他软件不兼容等，因此在推广使用上有相当的局限性。

0.2.3 分析和决策辅助软件

分析和决策辅助软件以空间信息的采集、调用和数据的分析、计算功能见长，可完成各种现状情况或方案效果的分析和比较。在风景园林规划设计中，CAD 软件只能借助三维建模软件中的部分功能来完成一些场地分析工作，大量的分析工作主要借助地理信息系统（GIS）软件来完成。

对于场地设计而言，三维建模软件中的一些功能可被利用来进行各种建成效果的分析。如利用 AutoCAD、3DS MAX 和 SketchUp 的渲染功能可以通过设定项目的地理位置和时间获得实时的日照阴影效果，推敲场地的布局调整；而利用 Landscape 3D 的地形设计和定额预算功能可以对工程建设的土方量、耗材量，以及后期运营的用水量、耗电量等都进行先

期了解，通过方案的调整使之合理化。

在 GIS 软件中，目前的主流软件以世界上最大的 GIS 软件厂商、美国环境系统研究所（ESRI）的 ArcGIS 系列产品为代表，其主要的桌面产品包括 ArcEditor、Arcview 和 Arcinfo。其中，ArcEditor 是 GIS 数据使用和编辑的平台，主要用于创建和维护地理信息；Arcview 是个强有力的 GIS 工具包，主要用于复杂数据的使用、地图的显示和分析；Arcinfo 则是 ArcGIS 桌面产品中的一个全功能的旗舰产品，包含复杂 GIS 的功能和丰富的空间处理工具，是一个完整的 GIS 数据创建、更新、查询、制图和分析系统。在风景园林规划设计中，常常利用 Arcview 或 Arcinfo 来进行景观单元识别、土地利用适宜性叠加分析等工作。

0.2.4 效果表现及演示软件

效果表现及演示软件有静态和动态、平面与三维等类型区分，可完成各种平面渲染图、透视表现图和三维实景动画等的制作。当前在风景园林规划设计中，效果表现既可使用 3DS MAX 等三维建模软件，也可使用 Photoshop 等平面图形制作软件，还可借助 Lumion 这一可视化软件。

三维建模软件一般都带有渲染和动画合成功能。其中 3DS MAX 是全球销量最好的三维建模、动画和渲染软件，拥有丰富的材质、贴图、灯光和合成器，既可进行静帧画面的渲染，也可制作路径动画模拟多角度的视景效果。相比之下，3DS MAX 较 AutoCAD 具有更丰富的材质、色彩和特效表现力，较 SketchUp 和 Landscape 3D 则具有更精细的渲染效果。

Photoshop 是 Adobe 公司开发的位图（也称光栅图像）处理软件，作为电脑美术界的核心后处理软件，是平面图像处理领域的行业权威和标准，支持多种文件格式输入输出。在风景园林规划设计中，Photoshop 主要用于平面渲染图和透视表现图的后期

制作，在 3DS MAX、AutoCAD 和 SketchUp 中生成的线条图和渲染图都可以在 Photoshop 中进一步加工，借助其图像缩放、剪辑、镶拼与色彩及亮度调整、滤镜处理等多种功能，进行细腻的色彩、材质表现，并添加乔木、灌木、草坪、人物和车辆等配景。

Lumion 是 Act-3D 发布的一个实时的 3D 可视化工具，用于制作电影和静帧作品，可直接导入 SketchUp、3DS MAX 等软件创建的模型，快速创建、渲染场景并直接预览和视频演示，可方便、迅速地演示设计方案。

0.2.5　常用软件综合比较

表 0-1 是对风景园林规划设计当前常用软件的综合比较。

可见，当前在中国的风景园林规划设计行业中，尽管可以利用的软件名目繁多，但或者是多行业通用的 CAD 软件，针对专业特征的软件通用性不强，或者是借助 GIS、图像处理等软件的部分功能来完成特定的工作内容，并且能够与项目过程全面结合的全功能软件仍然欠缺。因此，在具体项目的规划设计实践中，

往往需要借助多个软件的功能互补来达成，这就带来了如何有效选择软件的问题。

通常情况下，在选用软件时，必须充分考虑软件功能与使用功能的匹配性，以及图形文件交换的便捷可靠。功能强大、兼容性好、配套完整的软件应首先选用。由于 AutoCAD 在世界范围各行各业的广泛应用，它的数据文件格式已经成为一种事实上的 CAD 技术标准；并且，作为 Autodesk 公司系列 CAD 软件的统一平台，可以充分利用该公司其他软件的功能来弥补其部分功能的不足。因此，在当前风景园林规划设计的主流专用软件欠缺的情况下，本书将主要基于 Autodesk 系列软件编写，针对风景园林规划设计的专业使用特点进行相关软件的使用介绍。

0.3　Autodesk 系列软件及其对风景园林规划设计的适用性

始建于 1982 年的 Autodesk 是世界领先的设计软件和数字内容创建公司，提供设计软件、Internet 门户服务、无线开发平台及定点应用。经过不断的研

风景园林规划设计常用软件比较一览表　　　　　　表 0-1

| 软件名称 | 图形图像类型 | 功能评价 | | | | 工作文件格式 | 可接受/转换的主要文件格式 |
		二维绘图	三维建模	分析决策	效果表现		
AutoCAD	矢量图形	★★★	★★☆	★☆☆	★☆☆	DWG	DWF、DXB、DXF、JPG、TIF、TGA、3DS、PDF、PNG、EPS、WMF 等
3DS MAX	矢量图形	☆☆☆	★★★	★★☆	★★★	MAX	CHR、3DS、PRJ、SHP、DWG、DXF、IGES 等
SketchUp/Google SketchUp	矢量图形	★☆☆	★★☆	★★☆	★★☆	SKP	DWG、DXF、3DS、DEM、DDF、BMP、JPG、PNG、TIF、TGA 等
Arcview/Arcinfo	矢量图形	★☆☆	★☆☆	★★☆	★☆☆	MXD（ArcMap）、MXT（ArcMap 临时文件）	APR、AVL、PMF、Shapefiles、Coverages、Geodatabase、DXF、DWG、DGN、TIN、DBF、GRID、IMG、TIFF 等 40 多种数据格式
Lumion	矢量图形	☆☆☆	★☆☆	☆☆☆	★★☆	LS*❶	SKP、DAE、FBX、MAX、3DS、OBJ、DXF、TGA、DDS、PSD、JPG、BMP、HDR、PNG 等
Photoshop	光栅图像	☆☆☆	☆☆☆	☆☆☆	★★☆	PSD	BMP、GIF、EPS、JPG、PCX、PDF、PNG、TGA、TIF 等

❶ * 为 Lumion 软件版本号。

究创新和合作兼并，其软件产品已形成了以 AutoCAD 为统一平台、可为工程建设、产品设计与制造业、传媒娱乐等方面的应用提供针对性解决方案的系列软件。

0.3.1　AutoCAD 和 Civil 3D

表 0-2 中列出了 Autodesk 公司面向建筑设计、土木基础设施和施工行业的工程建设软件集产品。其中，与风景园林规划设计关系密切的基本软件产品包括 AutoCAD 和 Civil 3D。

AutoCAD 具有强大的图形绘制和编辑功能，可采用多种方式进行二次开发或用户定制，可进行多种图形格式的转换，并支持多种硬件设备和操作平台，具有很好的通用性和易用性。在风景园林规划设计中，可以利用 AutoCAD 完成基本的二维绘图、三维建模和表现工作。此外，AutoCAD 还可作为风景园林 CAD 学习的入门软件，掌握 AutoCAD 对于进一步学

习使用 Autodesk 的其他 CAD 产品，有效利用这些产品中的专项功能会有很大的帮助。

Civil 3D 遵循了功能导向设计这一设计思想的指导，集成了 CAD 与 GIS 的系统功能，通过专门针对工程任务的项目过程而设计的、基于三维动态工程模型的工作模式，可快速完成道路工程、场地、雨水/污水排放系统以及场地规划设计，并全程协助从初始测量到生成最终图纸的整个项目工作过程，可提高多达 50% 的工作效率。Civil 3D 以基于样式管理的方式提供了一系列智能对象（Civil 对象），包括测量点、地形曲面、放坡、地块、水平路线、纵断面、横断面和管线等要素。用户通过使用这些智能对象能够创建三维工程信息模型，并能从信息模型中生成项目各阶段所需的各种图纸和文档。借助对象要素间动态关联的实现，设计要素的变更能自动反映到整个信息模型中，标注、截面、体积，以及参考该模型的表格、标签（图形标注）等所有

面向建筑设计、土木基础设施和施工行业的 Autodesk 软件集产品　　　　表 0-2

类型	软件产品构成	功能定位
顶级产品	Revite	使用强大的建筑信息模型（BIM）工具规划、设计、建造和管理建筑
	Civil 3D	支持 BIM 的土木工程设计软件，其综合功能可改进绘图、设计和施工文档编制
	AutoCAD	二维和三维 CAD 软件
分析、渲染、实景捕获软件和其他专用软件	Infraworks	支持 BIM 流程的基础设施设计软件
	Navisworks Manage	综合设计及文档编辑
	3DS Max	用于游戏和设计可视化的三维建模、动画和渲染软件
	Recap Pro	现实捕捉以及三维扫描软件和服务
	Advance Steel	用于钢结构深化设计的三维建模软件
	Fabrication Cadmep	机电深化设计和文档编制软件
	Insight	建筑性能分析软件
	Revit Live	一键单击即可身临其境般体验 Revit 模型
	Structural Bridge Design	桥梁结构分析软件
	Dynamo Studio	允许设计师创建视觉逻辑，以便设计工作流和自动执行任务的编程环境
	Formit Pro	直观的三维草图绘制应用程序，提供原生 Revit 互操作性
	Robot Structural Analysis Professional	高级 BIM 集成结构分析和规范合规性验证工具
	Vehicle Tracking	车辆扫掠路径分析软件
	Autodesk Rendering	在线进行快速、高分辨率渲染
	Autodesk Drive	面向个人和小型团队的 CAD 相关存储服务

相关内容都能自动更新。在风景园林规划设计中，利用 Civil 3D 可使用地形曲面、放坡、地块、路线等 Civil 对象创建三维信息模型，并通过读取模型信息、改动模型，以及比较模型信息的变化情况来完成各种现状分析和方案决策任务。此外，与 AutoCAD 一样，Civil 3D 也可以进行二次开发或用户定制。

0.3.2　Map 3D 和 Ecotect Analysis

Map 3D 最初是针对应用领域中不断增加的集成 CAD 和 GIS 软件的需求而开发的，结合了 CAD 准确的数据输入、精确的设计和编辑工具以及 GIS 数据管理和分析，可提供实用的地图制作功能，使用户可以快速访问、有效编辑以及轻松管理各种各样的大型地理空间数据集。在中国市场，该软件一开始是整合在 Civil 3D 中推出的，2010 年之后一度单独出售，目前成为包含于 AutoCAD 中的、将地理信息系统和 CAD 数据与 GIS 和 3D 地图制作相结合的行业专业化工具组合。其功能最终整合为直接从来源读取地形数据、使用点和等高线数据创建地形模型、通过转换 GIS 和 CAD 数据来创建和管理智能行业模型、利用地形和地理数据进行分析决策 4 大板块。在风景园林规划设计中，可利用 Map 3D 来完成原本必须依靠传统 GIS 软件进行的地形建模和各种地形、地理分析工作，并避免工作过程中图形文件转换时的种种不便。

Ecotect Analysis 中文名叫生态建筑大师，是 Square One 公司研发的辅助生态设计软件，可在建筑的概念设计阶段对建筑性能（包括热环境、光环境、声环境、日照、经济性及环境影响、可视度）进行分析，操作简单，导入导出接口丰富。Ecotect 是由 ecosystem 和 architecture 两个单词各取一部分组成，其构想最初由安德鲁·马歇尔（Andrew Marsh）博士提出。该软件在 2008 年由美国软件公司 Autodesk 收购，改名为 Autodesk Ecotect Analysis。自 2015 年 3 月 20 日起，Autodesk 将 Ecotect Analysis 的功能整合至 Revit 产品系列中，不再销售 Ecotect Analysis 许可，以有效调整资源，最大程度地开发用于建筑性能分析和可视化的 BIM 和基于相关服务的解决方案。在风景园林规划设计中，主要利用 Ecotect Analysis 分析场地的日照条件等微气候环境，辅助设计决策。

0.4　国产 CAD 二次开发软件

基于 AutoCAD 等平台软件的可二次开发性能，针对其在国内各行业广泛应用的专业需求，国内由大量的软件公司加入了 CAD 二次开发软件阵列，并逐渐形成了一些软件品牌，如建筑行业的天正 CAD、城乡规划行业的湘源系列规划软件、规划和工程设计行业的鸿业系列软件等。目前国内的 CAD 软件主流二次开发生态较多依附于国外品牌，如早期的众多二次开发均在 AutoCAD 平台进行，而近年来随着 BIM 技术的兴起，诸多 AutoCAD 二次开发软件纷纷推出了相应的 BIM 版本，大多基于 Revit 平台。

成立于 1992 年的鸿业科技是国内最早专业从事工程设计软件开发公司之一，针对市政、建筑、工厂和城市信息化建设领域的应用需求，研发了一系列功能性模块软件。在风景园林规划设计方面，鸿业的 Civil 系列软件和规划日照系列软件产品，可实现土方计算、日照分析、雨洪模拟的功能。2014 年，鸿业科技推出国内首款针对城市内涝规划及海绵城市建设的暴雨模拟及低影响开发分析计算系统，并于同年通过住房和城乡建设部鉴定。

相较于 AutoCAD、Civil 3D 等平台软件产品，CAD 二次开发软件针对的行业应用有限，功能也相对单一，以小插件为主，体量小、运行速度快、操作简便，但人机交互性不强。在实际应用中，往往需要与平台软件产品结合，针对特定任务进行选择性使用。

第1章 AutoCAD 和 Civil 3D 软件入门

本教材将以 AutoCAD 为教学平台软件，结合 Civil 3D、Map 3D、Ecotect Analysis 在风景园林规划设计中的专项使用功能，并对比鸿业的功能性模块软件以及 Photoshop 等分析和效果表现软件进行全面的介绍。

1.1 系统环境要求

在教材的学习过程，根据不同的学习要求和计算机配置情况，可以选择性地单独安装相关软件。其中，由于 Civil 3D 软件在 2010 之前的版本集成了 AutoCAD 和 Map 3D 软件，如果需要全面掌握本书的内容，则只要直接安装 Civil 3D 2010 之前的版本，就可以使用 AutoCAD 和 Map 3D 的功能了。

在软件安装时可选择"典型"安装类型，并根据使用需要加装组件或可选工具❶。Civil 3D 在安装完成后必须加装中文扩展包（China Extention）。各种软件均可与其低版本同时安装使用。由于 AutoCAD 和 Civil 3D 这 2 个平台软件的安装和使用对系统环境的要求较高，特说明如下以供参考。

1.1.1 AutoCAD

由于技术上不断推陈出新，Autodesk 公司几乎每年都对 AutoCAD 软件进行版本更新，而随着版本升级，软件的功能越来越强、体量越来越大，安装的系统环境要求也越来越高。以 2020 版为例，AutoCAD 软件的系统环境要求如下：

1）Windows 版（包含专业化工具组合❷）

操作系统❸：Microsoft® Windows® 7 SP1（含更新 KB4019990）（仅限 64 位）

Microsoft Windows 8.1（含更新 KB2919355）（仅限 64 位）

Microsoft Windows 10（仅限 64 位）（版本 1803 或更高版本）

处理器：基本要求：2.5-2.9 GHz 处理器

建议：3+ GHz 处理器

多处理器：受应用程序支持

内存：基本要求：8 GB

建议：16 GB

显示器分辨率：传统显示器：1920×1080 真彩色显示器

高分辨率和 4K 显示器：在 Windows 10 64 位系

---

❶ 如果要使用 Civil 3D 的项目管理功能，则需要加装 Autodesk 数据管理解决方案（Vault）组件；"Express Tools"可选工具可以轻松地集成到菜单和工具栏中，并包含许多功能（包括标注、绘制、对象选择和对象修改），建议选择安装；"材质库"则包含了 300 多种预定义材质，有三维表现需要的用户可选择安装。

❷ AutoCAD Map 3D 专业化工具组合仅限 Windows，要求磁盘空间 16 GB、内存 16 GB，另对数据库和 FDO 要求有具体要求。

❸ 从 AutoCAD 2020 开始，Autodesk 公司不再提供 AutoCAD 的 32 位版本。

统（配支持的显卡）上支持高达 3840×2160 的分辨率

显卡：基本要求：1 GB GPU，具有 29 GB/s 带宽，与 DirectX 11 兼容

建议：4 GB GPU，具有 106 GB/s 带宽，与 DirectX 11 兼容

磁盘空间：6.0 GB

2）Mac 版

操作系统：Apple® macOS® Mojave v10.14.0 或更高版本；

High Sierra v10.13.0 或更高版本

模型：Apple Mac Pro® 4.1 或更高版本；

MacBook Pro® 5.1 或更高版本；

iMac® 8.1 或更高版本；

Mac mini® 3.1 或更高版本；

MacBook Air® 2.1 或更高版本；

MacBook® 5.1 或更高版本

CPU 类型：64 位 Intel CPU（Intel Core Duo CPU，2 GHz 或更快）

内存：4 GB RAM（建议使用 8 GB 或更大空间）

显示器分辨率：1280×800 真彩色显示器（建议使用 2880×1800 Retina 显示器）

磁盘空间：3 GB 可用磁盘空间（用于下载和安装）

3）大型数据集、点云和三维建模的其他要求

内存：8 GB 或更大 RAM

磁盘空间：6 GB 可用硬盘空间（不包括安装所需的空间）

显卡：1920×1080 或更高的真彩色视频显示适配器，128 MB 或更大 VRAM，Pixel Shader 3.0 或更高版本，支持 Direct3D® 的工作站级显卡

1.1.2　Civil 3D

Civil 3D 目前仅支持 Windows 操作系统。由于其三维智能化的工作方式，系统环境要求较 AutoCAD

更高；并且同样随着版本升级，对系统环境的要求也越来越高。以 2020 版为例，Civil 3D 软件的系统环境要求如下：

1）Civil 3D 2020 系统要求

操作系统：Microsoft® Windows® 7 SP1（含更新 KB4019990）（仅限 64 位）

Microsoft Windows 8.1（含更新 KB2919355）（仅限 64 位）

Microsoft® Windows® 10（仅限 64 位）（版本 1803 或更高版本）

浏览器：Google Chrome（适用于 AutoCAD 新应用）

处理器：最低要求：2.5-2.9 GHz 或更快的处理器

建议：3+GHz 或更快的处理器

内存：16 GB

显示器分辨率：传统显示器：1920×1080 真彩色显示器

高分辨率和 4K 显示器：在 Windows 10 64 位系统（配支持的显卡）上支持高达 3840×2160 的分辨率

显卡：最低要求：1 GB GPU，具有 29 GB/s 带宽，与 DirectX 11 兼容

建议：4 GB GPU，具有 106 GB/s 带宽，与 DirectX 11 兼容

磁盘空间：16 GB

2）大型数据集、点云和三维建模的其他要求

内存：16 GB 或更大 RAM

磁盘空间：6 GB 可用硬盘空间（不包括安装所需的空间）

显卡：1920×1080 或更高的真彩色视频显示适配器，128 MB 或更大 VRAM，Pixel Shader 3.0 或更高版本，支持 Direct3D® 的工作站级显卡

1.2 操作基础介绍

在学习和使用一个软件之前，必须先熟悉其操作界面、基本的工作原理、操作方法和要领。

1.2.1 操作界面

AutoCAD 和 Civil 3D 的经典操作界面❶非常类似，主要由 6 个部分组成：

● **菜单栏**：通过下拉菜单项提供全部的操作命令。

● **工具栏**：提供某一类命令，可移位和进行用户定制。

● **选项板**：可集中提供一系列相关命令、图形参数等信息的选项卡形式的窗口区域。常用的选项板主要有〖特性〗选项板、〖设计中心〗选项板、〖面板〗选项板（三维建模时使用）以及〖工具空间〗选项板（Civil 3D 中使用）等。

● **绘图区域**：进行图形制作、修改和显示的区域，可通过鼠标来控制十字光标。

● **命令行**：AutoCAD 与用户的对话窗口，是键盘输入、提示和信息保留的文字区域，可供用户输入命令和图形参数。

● **状态栏**：用于跟踪显示光标坐标，并反映软件的工作状态及设置等情况。

这 6 个部分的外观特征如图 1-1 的 AutoCAD 经典操作界面中所示。其中，选项板、绘图区域和命令行均可用鼠标左键拖拉移位并改变大小，为绘图区域

---

❶ 随着版本的不断更新，AutoCAD 和 Civil 3D 的操作界面也一直有所改变。AutoCAD 自 2009 版开始学习 office 的体系、采用以面板及标签页为架构的用户界面 Ribbon 功能区后，将传统的"经典模式"操作界面的直接切换保留到了 2014 版，从 2015 版开始彻底取消了经典模式，需用户自行创建（参见附录 2）。由于经典模式下的菜单栏和工具栏都尽量减少侵犯用户的编辑空间尤其是垂直空间，可为用户预留尽可能多的编辑空间，并且方便用户自定义快捷键以平衡左、右手的操作，利于绘图效率的提升，因此本教材基于 2008 版的经典操作界面进行操作说明。

图 1-1　AutoCAD 经典操作界面

的最大化提供可能，并可创造个性化的操作界面。

1.2.2 菜单的切换与加载

在 Civil 3D 2010 之前的版本中，可以随意切换 AutoCAD、Civil 3D 和 Map 3D 的菜单，从而便于使用相应的软件功能。切换方法如下：

◆ 在命令行输入 MENU 命令并回车，打开"选择自定义文件"对话框（图 1-2）。

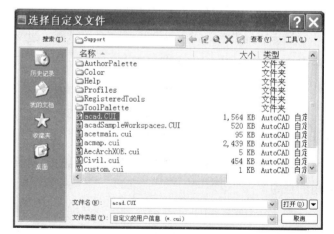

图 1-2　选择自定义文件

◆ 选择不同的 CUI 文件并点击"打开"，就可切换到不同的菜单：选择 acad.CUI 便切换到 AutoCAD 菜单，选择 Civil.cui 便切换到 Civil 菜单，选择 acmap.cui 便切换到 Map 菜单。

如需要同时使用 AutoCAD、Civil 3D 或 Map 3D 的功能，还可以同时加载多个软件的菜单。加载方法如下：

◆ 在命令行输入 MENULOAD 命令并回车，打开"加载 / 卸载自定义设置"对话框（图 1-3）。

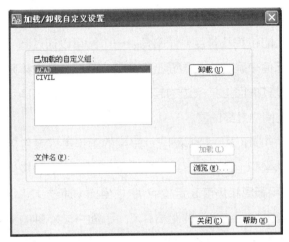

图 1-3　加载 / 卸载自定义设置

◆ 点击"浏览"，从弹出的"选择自定义文件"对话框中选择所需的 CUI 文件并点击"打开"，相应的 CUI 文件就会显示在"加载 / 卸载自定义设置"对话框中的"文件名"部分。

◆ 点击"加载 / 卸载自定义设置"对话框中的"加载"，该 CUI 文件就会被添加到"已加载的自定义组"列表中，而在菜单栏中将同时显示多个菜单。

◆ 如果某个菜单不需使用了，为了将绘图区域尽可能扩大，还可以打开"加载 / 卸载自定义设置"对话框"卸载"相应的 CUI 文件。

1.2.3　工作空间的选用

为了方便用户在自定义的、面向任务的绘图环境中工作，AutoCAD 和 Civil 3D 预定义了一些基于任务的工作空间，还提供了创设和使用工作空间的功能。

工作空间是经过分组和组织的菜单、工具栏和选项板的集合。根据不同的工作任务需要，用户可以挑选相关的菜单、工具栏和选项板保存到不同的工作空间中。这样，在使用某一工作空间时，相应的操作界面将只会显示与该任务相关的菜单、工具栏和选项板。

与 AutoCAD 经典操作界面（图 1-1）对应的是"AutoCAD 经典"工作空间，适用于常规的以二维绘图为主的工作任务。同样地，Map 3D 中的"Map 经典（Map 3D Classic）"工作空间也对应了"Map 经典"界面（图 1-4），显示了所有 AutoCAD 菜单，而将 Map 3D 的主要功能集中到【地图】下拉菜单中，便于同时使用 AutoCAD、Map 3D 的功能进行风景园林规划设计工作。

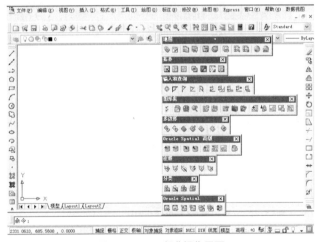

图 1-4　Map 经典操作界面

"Civil 3D"工作空间所对应的界面中则显示了对于该软件的操作使用来说非常重要的〖工具空间〗选项板（图 1-5）。

系统预定义或自定义的工作空间的切换，可通过在〖工作空间〗工具栏的下拉列表中选取所需使用的工作空间来实现（图 1-6）。在 Civil 3D 2010 之前的版本中，通过工作空间的切换还可以达到快速访问

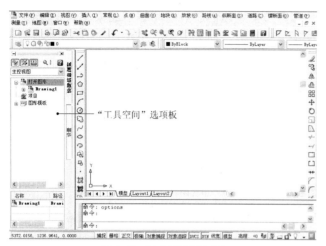

图 1-5　Civil 3D 操作界面

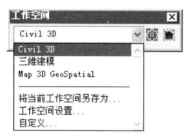

图 1-6　工作空间切换

AutoCAD 或 Map 3D 的菜单的目的。

1.2.4　基本工作原理

AutoCAD 和 Civil 3D 是具有双精度的矢量软件，其基本工作原理是通过数值描述、坐标定位和参照定位等方法来方便、准确地绘制图形。

1）数值描述

利用输入数据进行几何图形描述是 AutoCAD 和 Civil 3D 进行准确绘图的一种基本方法。在绘制不同形状的对象时，在相应绘图命令的运行状态下，可通过键盘输入数值对图形进行相应的几何描述。如一个圆可以通过直径或半径值来描述确定，一段圆弧则可以通过弧长和圆心角来描述确定，而一个立方体则可通过定义一组长、宽、高的边长来描述确定。

借助这种几何形体的数值描述，软件可以进一步

准确地计算平面闭合图形的面积、空间实体模型的体积和重心等。

2）坐标定位

利用坐标值进行图形定位是 AutoCAD 和 Civil 3D 最根本的一种进行准确绘图的办法。任何图形对象都可以借助坐标值获得准确的定位或数值描述。如一条直线段可以通过起点和终点的坐标值来确定它在图面上的位置及长度、倾斜角，一个圆可以通过圆心的坐标值来确定它在图面上的位置，而一个立方体则可通过其底面上某条边的起点和终点的坐标值来确定它在空间的最终位置。

AutoCAD 和 Civil 3D 采用的工作坐标系包括笛卡尔坐标（使用 X、Y、Z 坐标值来定位点）、极坐标（使用距离和角度来定位点）、柱坐标（通过 XY 平面中与坐标原点之间的距离、XY 平面中与 X 轴的角度以及 Z 值来描述精确的位置）和球坐标（通过指定某个位置距当前坐标原点的距离、在 XY 平面中与 X 轴所成的角度以及与 XY 平面所成的角度来指定该位置）4 种。其中，笛卡尔坐标和极坐标用于二维坐标的输入，笛卡尔坐标、柱坐标和球坐标用于三维坐标的输入。

AutoCAD 和 Civil 3D 认可的坐标值包括绝对坐标和相对坐标两种，由不同的数值输入方式决定，计算机可自动识别。如键盘输入"X，Y"值，则系统自动识别为绝对坐标值（笛卡尔坐标值）；如键盘输入"@ 长度值＜角度值"或"@X，Y"值，则系统自动识别为极坐标或笛卡尔坐标的相对值，表示与系统上一选点之间的直线距离及偏离角度，或是与系统上一选点之间的 X、Y 坐标差值。

3）辅助定位

为了辅助作图时的准确定位，AutoCAD 和 Civil 3D 还具备正交、对象捕捉与自动追踪等功能（参见本章第 1.3.2 节"1）设置绘图辅助工具"），既可通过强制鼠标选点保持在水平或垂直的方向上来保证系统在

水平或垂直方向上绘图，还可通过获取指征既有图形几何特征点的"捕捉点"（如圆心、中点等）来准确地定点并衔接图形，或者借助各种"临时点"（用户根据绘图参照的需要指定的既有图形的几何特征点）形成辅助线来获得新的空间定位点。

1.2.5 操作方法和要领

AutoCAD 和 Civil 3D 的使用主要是借助各项命令的执行来进行的。命令调用可以通过 3 种方式进行：利用鼠标左键从下拉菜单中选取命令、利用鼠标左键点击工具栏或选项板中的命令工具或者从命令行直接键入命令并回车。利用工具栏或选项板选取命令时，如对命令图标不熟悉，可使光标在命令图标上稍作停留，系统会在光标旁自动显示命令名称的提示。

用户操作可采用键盘输入和鼠标相结合的方式。一般以左手控制键盘，右手控制鼠标。基本的操作方法如下：

● 在非动态输入的状态下，键盘输入的内容可直接反映在命令行中；而在动态输入的状态下，键盘输入的内容则首先反映在绘图区域活动光标旁边的动态提示工具栏（图 1-7）中。动态输入功能可通过鼠标左键单击状态栏的 DYN 按钮来打开或关闭，动态提示工具栏如包括多个选项则可通过 Tab 键来切换。为了保持绘图区域的视图清晰，建议工作过程中关闭动态输入功能。

● 认可待执行命令、确认输入信息（数值或标注文字），以及认可命令的执行完成都需要通过回车操作来进行。在进行非信息内容（如待执行命令）的输入时，回车键可以空格键代替，利用左手大拇指完成操作。在命令行的"命令："提示下直接回车可重复执行刚执行完的上一命令。

● 鼠标左键单击一般用于对象选择。

● 鼠标右键单击一般用于弹出快捷菜单、回车及一些特殊操作。

● 大多数命令都具有子命令选项，在命令输入后系统会自动提示在命令行中（图 1-8），此时通过键盘输入提示选项的大写字母并回车可进入次一级的命令操作。作图过程中需随时注意命令行提示以避免误操作。

常规操作所必须掌握的基本要领包括如何建立、打开及存储图形文件、如何调用工具栏和选项板、如何控制视图，以及如何对误操作进行修正。并且，AutoCAD 和 Civil 3D 的操作在共性之中还具有各自的特点，在学习使用时需要特别注意。

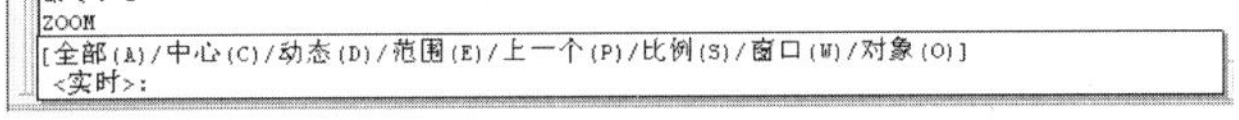

```
命令: z
ZOOM
[全部(A)/中心(C)/动态(D)/范围(E)/上一个(P)/比例(S)/窗口(W)/对象(O)]
<实时>:
```

图 1-8 Zoom 命令的子命令选项

1）图形文件的建立、打开、存储及关闭

图形文件的建立、打开及存储可分别通过 NEW、OPEN、SAVE 或 SAVEAS 命令来达成。相关命令可从【文件】下拉菜单或〖标准〗工具栏中选取，也可直接键入。

在存储图形文件时，SAVE 命令用于直接命名存储，SAVEAS 命令则可改变文件格式或存储路径进

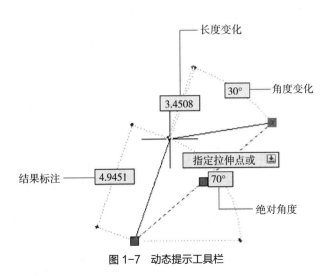

图 1-7 动态提示工具栏

行转存。AutoCAD 和 Civil 3D 的直接存储文件格式统一为 DWG 文件，可转存的文件格式包括低版本的 DWG 文件、DWS 制图标准文件、DWT 制图样板文件（参见第 10 章第 10.1.1 节）以及 AutoCAD 不同版本的 DXF 图形交换格式文件。一般情况下，高版本可兼容低版本的 DWG 文件，但高版本中绘制的 DWG 文件要到低版本中调用，必须将该文件转存为低版本的 DWG 文件。

此外，为避免图形文件意外丢失，AutoCAD 还提供了计算机自动存盘的功能。默认的自动存盘周期为 10 分钟，文件名扩展名为 .ac$，如需改动可利用 OPTIONS 命令或【工具】>【选项】菜单项访问"选项"对话框，在"打开和保存"选项卡（图 1-9）中的"文件安全措施"部分设置相关选项。自动存盘文件的存储路径则可通过 SAVEFILEPATH 命令查询或设置。

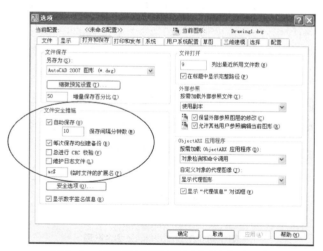

图 1-9 "选项"对话框"打开和保存"选项卡

图形文件的关闭可使用文件窗口右上方的关闭钮⊠。

2）工具栏和选项板的调用

用鼠标右键单击任意一个工具栏，在弹出的快捷菜单上选择需要调用的工具栏，该工具栏即可在绘图区域中打开。

打开的工具栏可通过鼠标左键随意移动定位，既可在绘图区域中浮动，也可固定到绘图区域的上方或左右（图 1-10）。在绘图区域中浮动的工具栏上会显示工具栏的名称及关闭钮⊠，通过鼠标左键单击关闭钮可关闭该工具栏。

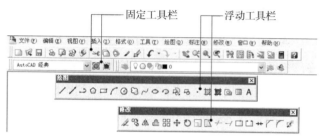

图 1-10 浮动工具栏与固定工具栏

选项板的调用则可在【工具】>【选项板】菜单项中选取。打开的选项板同样可在绘图区域中浮动或固定到绘图区域的左右。

3）视图控制

为了在作图过程中方便地对不同位置和范围的图面细部进行切换，AutoCAD 提供了 ZOOM 命令进行视图的缩放，以及 PAN 命令进行视图的平移。

（1）视图的缩放

ZOOM 命令包括一系列子命令选项，其中：

全部（A）：可显示全图（预定义的整个图形界限，预定义方法详见本章 1.3.2 节）。

中心（C）：可通过定义中心点及绘图区域高度值进行视图显示。

动态（D）：可利用鼠标制定选取框来选择显示区域。其中单击鼠标左键可进入或退出调整选取框大小的状态，单击鼠标右键并从弹出的快捷菜单中选取"确认"可将视图切换到选取框所选的内容。在进入调整选取框大小的状态后（此时选取框如图 1-11a 所示），可通过移动鼠标调整选取框大小；在退出调整选取框大小的状态后（此时选取框如图 1-11b 所示），移动

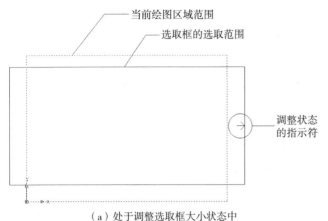

（a）处于调整选取框大小状态中

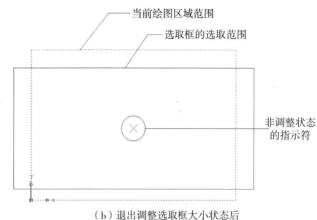

（b）退出调整选取框大小状态后

图 1-11 选取框形式

鼠标将转为控制选取框的定位。

范围（E）：可显示所有已绘制的图形对象。

上一个（P）：可恢复上一视图。

比例（S）：可按输入比例缩放视图。

窗口（W）：窗选确定视图范围，可通过鼠标左键定位来确定显示窗口。

对象（O）：如在执行 ZOOM 命令前后选择一个或多个缩放对象，可尽可能大地显示选定对象并使其位于绘图区域的中心。

实时（R）：可通过鼠标滚轮或按住鼠标左键并移动鼠标来实时缩放视图。

〖标准〗工具栏中提供了〖实时缩放〗、〖窗口缩放〗及〖缩放上一个〗这 3 项 ZOOM 命令的子命令工具可供使用。

（2）视图的平移

执行 PAN 命令后可通过按住鼠标左键并移动鼠标来平移视图。〖标准〗工具栏中同样提供了〖实时平移〗工具以执行该命令。

4）常见误操作的修正

常见的误操作主要包括命令行输入错误，以及可能由此引起的错误命令的执行。修正方法因系统执行状态而异。

（1）命令行输入错误的改正

此时如系统仍处于等待命令行输入的状态，可利用 Backspace 键删除输入错误的字符。

（2）取消错发命令

此时系统仍在该命令的执行状态中，可利用 Esc 键取消该命令的操作。如已进入子命令的执行，则利用 Esc 键可重新回到上一层次的命令。

（3）取消误操作

如错发命令已经执行完毕，则可通过 UNDO 命令取消误操作。UNDO 命令可从〖标准〗工具栏中选取工具，也可直接键入。重复执行 UNDO 命令可逆向依次取消上次存盘前的所有操作。

（4）修正错误的 Undo 操作

如执行了过多的 UNDO 命令，从而误取消了正确的操作，则可通过 REDO 命令恢复该操作。REDO 命令同样可从〖标准〗工具栏中选取工具，也可直接键入。需要注意的是 REDO 命令必须在错误的 UNDO 命令后立即执行，并且重复执行 REDO 命令可逆向依次取消刚进行的一系列 UNDO 操作。

5）AutoCAD 和 Civil 3D 的操作特点

尽管 AutoCAD 和 Civil 3D 的命令调用都可以通过菜单项选择、工具选择或输入命令 3 种方式进行，但由于软件设计的差别，二者的操作各具特点：

● AutoCAD：由于 AutoCAD 中大量的常用命

令都有相应的缩写别名，便于通过命令行键入使用，以平衡左右手分别对于键盘和鼠标的操作，提高设计制图的效率。因此 AutoCAD 的学习中需要注意熟悉和记忆常用命令的缩写别名，并养成从命令行输入命令的习惯。

● Civil 3D：在 Civil 3D 中，所有 Civil 对象的相关命令都被集中到了以对象类型命名的相应的下拉菜单中，而所有已创建的对象都以树形结构反映在〖工具空间〗选项板的〖快捷信息浏览〗选项卡中（图 1-12a）。并且，所有 Civil 对象及其动态标注（包括对象表格、标签）的外观显示都可通过相应的样式设置来控制，而所有样式则都以树形结构集中到了〖工具空间〗选项板的〖设置〗选项卡中（图 1-12b）。因此，Civil 3D 的操作应采取命令行输入与菜单和〖工具空间〗选项板的使用相结合的方式，即通过命令行输入调用 AutoCAD 命令，通过各下拉菜单访问相应的 Civil 对象编辑命令，并通过在〖工具空间〗选项板的不同选项卡中用鼠标右键单击对象或样式名来调用快捷菜单对其进行编辑。

（a）〖快捷信息浏览〗选项卡中的 Civil 对象　（b）〖设置〗选项卡中的 Civil 对象样式

图 1-12　Civil 3D 的〖工具空间〗选项板

1.2.6　透明命令、命令别名与快捷菜单

（1）透明命令

许多命令可以透明使用，即在使用另一个命令时，可以在命令行中输入这些命令。透明命令经常用于更改图形的设置或显示，常用的如 ZOOM、PAN 等命令。

要以透明的方式使用命令，可在任何提示下单击其工具栏按钮或在输入命令之前输入单引号"'"。此时，命令行中的提示文字前会出现双尖括号">>"，提示当前正在执行透明命令。完成透明命令后，将恢复执行之前的命令。

（2）命令别名

从命令行直接键入命令有利于平衡左右手的操作动作，是最为快捷的命令调用方式。为了提高命令键入的效率，AutoCAD 对一些常用命令设置了默认的缩写别名，如 ZOOM 命令的命令别名为 Z，PAN 命令的命令别名为 P。默认的命令别名清单详见附录 1。

用户如需要修改默认的命令别名设置，或是需要添加新的命令别名，可以利用纯文本编辑工具对 acad.pgp 文件进行修改和添加。acad.pgp 文件可通过【工具】>【自定义】>【编辑程序参数（acad.pgp）】来打开。

★ 注意：①编辑 acad.pgp 之前，应创建备份文件，以便将来需要时恢复。编辑时应严格遵循文件的原有格式。

②如果在 AutoCAD 运行时编辑 acad.pgp，必须输入 REINIT 命令以使用修订过的文件。也可以重新启动 AutoCAD 以自动重新加载该文件。

③如果一个命令可以透明地输入，则其别名也可以透明地输入。

④不能在命令脚本中使用命令别名。建议不要在自定义文件中使用命令别名。

（3）快捷菜单

快捷菜单可使用户快速获取与当前动作有关的命令，一般靠鼠标右键点击驱动，通常包含以下选项：

- 重复执行刚输入的上一个命令
- 取消当前命令
- 显示用户最近输入的命令的列表
- 剪切、复制以及从剪贴板粘贴
- 选择其他命令选项
- 显示对话框，例如"选项"或"自定义"
- 放弃刚输入的上一个命令

★ 注意：①通过 OPTIONS（OP）命令或【工具】>【选项】菜单项打开"选项"对话框，可在"用户系统配置"选项卡中通过"绘图区域中使用快捷菜单"选项来打开或关闭快捷菜单的使用。

②在屏幕的不同区域单击鼠标右键时，可以显示不同的快捷菜单，应在实践中注意经验积累。

1.3　在风景园林规划设计中的使用要求

与手绘设计相类似，在利用 AutoCAD、Civil 3D 绘制风景园林规划设计图或构建设计模型时，必须注意设计对象的实际尺寸和图纸尺寸的比例转换。此外，在软件学习和使用的过程中还应注意养成一些良好的工作习惯，如自觉遵守一些基本的操作规范、在工作开始前配置好适宜的工作环境等，以有效提高工作效率。

1.3.1　基本操作规范

使用 AutoCAD 和 Civil 3D 的基本规范主要涉及图形单位的设定、图形文件的安全性、绘图区域的最大化以及 AutoCAD 命令的调用 4 个方面。

1）注意图形单位的设定

在 AutoCAD 和 Civil 3D 中，风景园林规划设计的绘图和建模是按照设计对象的实际尺寸来进行的，输出时再通过设置打印比例来得到比例准确的图纸。一般情况下，场地的平、立、剖面图和规划图都以"米"为单位，而施工图及建筑小品的设计图则以"毫米"为单位。单位不同的图形在彼此调用时，系统会进行自动的缩放和匹配。

2）确保图形文件的安全性

风景园林规划设计尤其是大尺度景观的规划一般图形文件比较大。为确保图形文件的安全，应注意打开与关闭图形文件的操作规范性，并有效利用软件的自动存盘功能。

在打开图形文件时应先打开 AutoCAD 或 Civil 3D 程序，然后再通过 OPEN 命令访问图形文件；而在结束工作时，必须先关闭图形文件并退出 AutoCAD 或 Civil 3D 程序后，再正常关机。

借助软件的自动存盘功能，则一旦因应用程序或操作系统问题导致图形文件意外丢失时，可以通过将 ac$ 文件改名为 DWG 文件允许应用程序访问，来减少工作损失。

3）绘图区域的最大化

在制作风景园林规划设计的图形和模型时，由于设计对象的尺度一般较大，应注意将绘图区域最大化来便于工作。为此，应尽量减少操作界面中工具栏和选项板的打开数量。对于有需要但不是频繁使用的选项板，则可利用浮动选项板的自动隐藏功能，在不需要使用该选项板时将其隐藏掉（图 1-13）并拖放到绘图区域的一边。

4）利用键盘输入的方式调用 AutoCAD 命令

在利用 AutoCAD 和 Civil 3D 进行风景园林规划设计时，应注意养成一手操作键盘、一手操作鼠标、尽量利用键盘输入的方式调用 AutoCAD 命令的良好习惯，并注意左右手的密切配合，以提高工作效率。

一些命令既可在命令行操作，也可调用对话框操

单击此符号可打开选项板

单击此符号可隐藏选项板

图 1-13   自动隐藏浮动的特性选项板

作。如需禁止显示对话框而代之以命令行提示，一般可在命令前键入连字符"-"。例如，LAYER 命令将显示图层特性管理器，而 -LAYER 命令则显示命令行选项。部分命令需要通过特定系统变量的设置来实现命令行提示与对话框的切换。如 FILEDIA 设置为 1，SAVEAS 命令将显示"图形另存为"对话框；而 FILEDIA 设置为 0，SAVEAS 命令将显示命令行提示。

★注意：有些命令对话框和命令行中的选项可能略有不同，应在实践中注意积累经验。

1.3.2   工作环境配置

在绘制图形前，应先设置好适宜的绘图环境。具体包括设置绘图的辅助工具、设置图形界限、设置绘图单位和定制个性化的绘图环境。

1）设置绘图辅助工具

AutoCAD 和 Civil 3D 为用户提供了多种绘图的辅助工具，包括栅格、捕捉、正交、自动追踪和对象捕捉等，可以帮助用户更容易、更准确地创建和修改图形对象。

● 栅格（Grid）：是点或线的矩阵。使用栅格类似于在图形下放置一张坐标纸。利用栅格可以对齐对象并直观显示对象之间的距离。栅格不会被打印。

● 捕捉（Snap）：基于栅格限制十字光标。捕捉模式开启时，光标可按照用户定义的栅格间距移动并附着或捕捉到栅格点。

● 正交（Ortho）：对鼠标选点的位置方向加以限制。正交模式开启时，鼠标选点被强制在与系统上一选点保持水平或垂直的方向上，相当于手工绘图时三角板与丁字尺的作用。

● 自动追踪（Auto Track）：可以帮助用户按照指定的角度或按照与其他对象的特定关系绘制对象。包括极轴追踪（Polar Tracking）和对象捕捉追踪（Object Snap Tracking）两种模式。其中极轴追踪可使光标按指定角度移动并按指定增量选点定位，对象捕捉追踪可以沿指定方向（称为对齐路径）按指定角度或与其他对象的指定关系绘制对象。具体的操作方法详见第 2 章 2.1.3 节。

● 对象捕捉（Object Snap）：可以帮助用户捕捉到图形对象的几何特征点，确保图形对象的准确定位和交接。在"指定点"的命令行提示下使用对象捕捉，可选定对象上的精确几何位置作为接下来要绘制的对象的起始点。具体的操作方法详见第 2 章 2.1.3 节。

这些辅助工具的打开和关闭可通过鼠标左键点击状态栏中的相应按钮来实现，也可使用功能键（表 1-1）进行切换。

AutoCAD 辅助工具的切换功能键   表 1-1

AutoCAD 辅助工具	功能键
栅格	F7
捕捉	F9
正交	F8
极轴追踪	F10
对象捕捉追踪	F11
对象捕捉	F3

这些辅助工具的工作模式设置可通过【工具】>【草图设置】菜单项打开"草图设置"对话框,在相应的选项卡(图 1-14~ 图 1-16)中进行。选项卡中被选中的工作模式将会在接下来的工作过程中默认使用。

而这些辅助工具的操作方式和外观的设置则可通过 OPTIONS(OP)命令或【工具】>【选项】菜单项打开"选项"对话框,在"草图"选项卡(图 1-17)中进行。

图 1-14 捕捉和栅格模式的设置

图 1-15 极轴追踪模式的设置

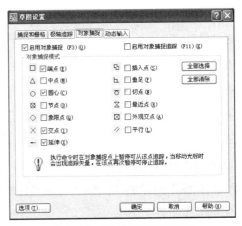

图 1-16 对象捕捉模式的设置

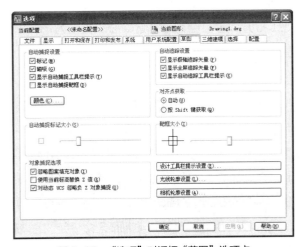

图 1-17 "选项"对话框"草图"选项卡

★ 注意:①正交模式受当前栅格的旋转角影响,如果在栅格设置中设定了栅格的角度,则正交模式也随栅格的角度进行控制。正交模式并不影响从键盘上输入点。

②设置对象捕捉模式时建议尽量只打开几个常用的捕捉模式,如端点、中点、交点等,其余对象捕捉模式可在命令执行过程中通过 SHIFT 和鼠标右键临时调用。如果打开的捕捉模式过多,则图形较复杂时彼此会有较大的干扰,反而影响制图进程。

③不能同时打开极轴追踪模式和正交模式,但可同时关闭或者只打开其中一个模式。

④对象追踪模式必须与对象捕捉模式同时工作。

2）设置图形界限

图形界限是 AutoCAD 图形文件中预设的有效绘图区域。在这一区域内进行绘图可提高图形文件的运行速度，缩短大幅图形的命令执行时间。因此，虽然图形界限设置与否并不影响到具体图形对象的绘制，但本教材还是强调新建立一个图形文件后，在开始绘图之前，应先设置图形界限，并通过确认图形界限处于打开状态，强制鼠标选点必须落在图形界限的范围内。

由于 AutoCAD 和 Civil 3D 辅助风景园林规划设计时是按实际尺寸绘制图形的，因此图形界限的大小应根据设计对象的实际尺寸和图形单位来确定。以一块 1ha（100m×100m）大小的场地设计为例，如图形文件的单位按常规设为米，则所需的图形界限为 100×100 的正方形区域。

图形界限的范围可通过 LIMITS 命令定义图幅下角和右上角的坐标值来设置。一般情况下，图幅左下角的坐标为"0，0"，右上角的坐标为设计对象的实际尺寸值。

LIMITS 命令可通过【格式】>【图形界限】菜单项执行，也可直接键入。设置完成后要显示整个图形界限范围，可执行 ZOOM 命令的"全部（A）"子命令来显示全图。如定义的图形界限范围与显示窗口不匹配，程序会按绘图区域窗口的长宽比自动拟合图形界限范围。LIMITS 命令中的 ON 和 OFF 子命令项可用于打开或关闭已设定的图形界限对于鼠标选点的限制作用。

★注意：①图形界限将决定栅格的显示范围。
②建议打开已设定的图形界限对于鼠标选点的限制作用，以保证图形绘制在图形界限范围内。

3）设置图形单位

图形单位的设置包括对单位进制、精度等的设置。

在 AutoCAD 中，图形单位的设置可通过 UNITS（UN）命令访问"图形单位"对话框（图 1-18）来实现。在风景园林规划设计中应采用十进制（小数）单位类型；建筑小品设计图及施工图一般以毫米为单位，精确到个位；场地设计和规划图纸一般以米为单位，精确到小数点后两位。UNITS（UN）命令可通过【格式】>【单位】菜单项执行，也可直接键入。

图 1-18　"图形单位"对话框

系统在计算角度时，一般参照默认的 0° 值（水平向右）和正方向（逆时针方向）。如需要改变这些默认设置，可点击"图形单位"对话框中的"方向 ..."钮来改变设置。

在 Civil 3D 中，图形单位的设置则可在〖工具空间〗选项板的〖设置〗选项卡中，用鼠标右键单击图形文件名，从快捷菜单中选取"编辑图形设置"（图 1-19），打开"图形设置"对话框来实现。其中，图形单位的设置可在"单位和面积"选项卡中进行（图 1-20a），图形对象的精度设置可在"环境设置"选项卡中进行（图 1-20b）。

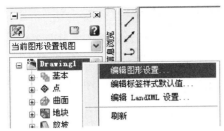

图 1-19 编辑图形设置

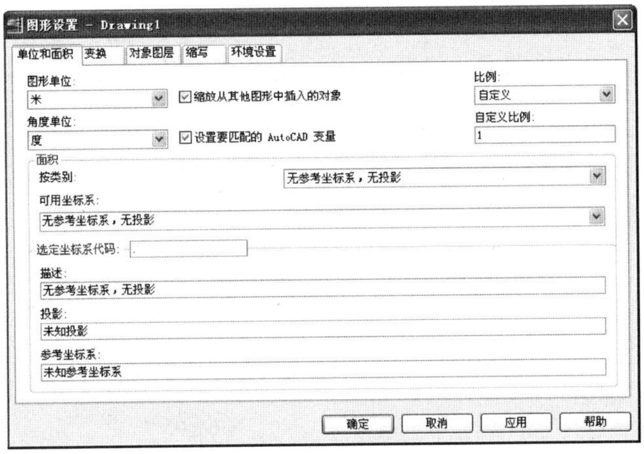

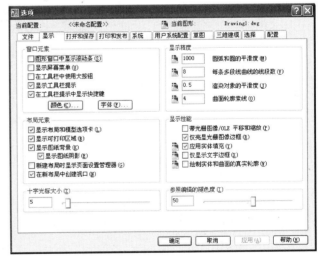

（a）"单位和面积"选项卡

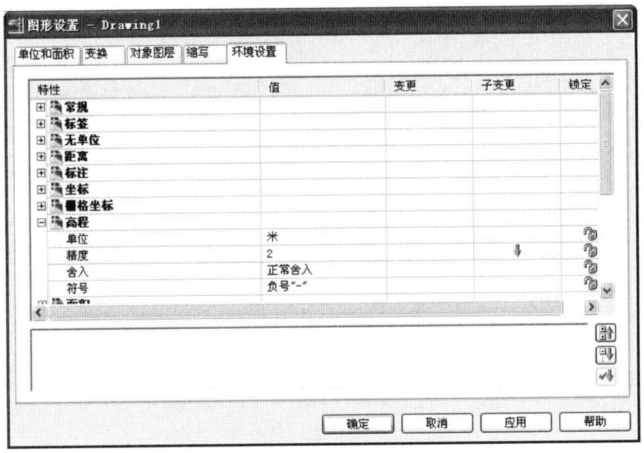

（b）"环境设置"选项卡

图 1-20 "图形设置"对话框

②在 Civil 3D 中进行单位设置时若勾选"设置要匹配的 AutoCAD 变量"项，则可保证 AutoCAD 的设置与 Civil 3D 的设置相一致。

4）定制个性化的绘图环境

如果不满意当前显示的操作界面或不习惯鼠标的工作方式，可通过 OPTIONS（OP）命令或【工具】>【选项】菜单项访问"选项"对话框，在"显示"选项卡（图 1-21）中修改"窗口元素"（绘图区域的色彩、界面文字的大小和字体）和"十字光标大小"的设置，或在"用户系统配置"选项卡中点击"自定义右键单击"按钮打开相应的对话框（图 1-22），设置鼠标右键的习惯工作方式，从而实现个性化绘图环境的定制。

图 1-21 "选项"对话框"显示"选项卡

★注意：①在 Civil 3D 中进行单位设置时应勾选"缩放从其他图形插入的对象"项，以根据需要缩放从其他图形中插入的对象，使之与当前图形中的图形单位相匹配。

★注意：为便于使用鼠标右键进行回车操作和访问快捷菜单，建议将单击鼠标右键的行为自定义为计时的，并指定符合自己操作习惯的慢击时间期限。

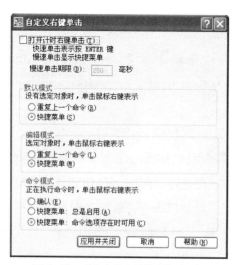

图 1-22 "自定义右键单击"对话框

习题

1. 打开软件安装目录下 Sample 文件夹中任意一个自带的图形文件示例，用 ZOOM（Z）和 PAN（P）命令来迅速查看整体和局部的图形。

2. 请尝试各种误操作的取消方式。

3. 新建"Setting_try.dwg"文件并进行工作环境配置。

配置要求为：

图形界限：100×100

图形单位：米

图形精度：0.00

栅格模式：启用，间距 0.30×0.30

捕捉模式：启用，间距 0.30×0.30

正交模式：启用

自动追踪模式：启用，追踪角度增量为 45

对象捕捉模式：启用，采用端点、中点和圆心捕捉模式

鼠标右键的习惯工作方式：计时、慢击期限 300 毫秒

实践篇

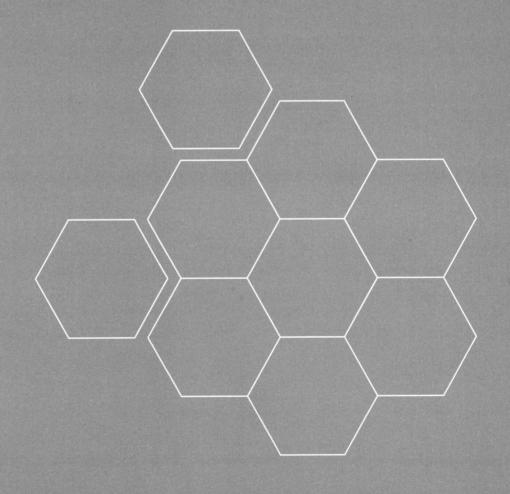

第2章　园林设计图的绘制

AutoCAD 可通过一系列绘图命令来绘制各种具有规则几何形状和不规则几何形状的平面图形对象，可通过一系列编辑命令对图形对象进行修改编辑，也可通过用户自定义坐标系来控制视图的方向，并可批量性地进行各种文字和尺寸标注。因此，利用 AutoCAD 辅助园林设计时，可利用不同的绘图命令来绘制表达特定的图形要素，通过灵活使用用户自定义坐标系和各种编辑命令来帮助绘制、修改设计图形，最后通过对图形进行统一的文字和尺寸标注来形成完整的设计图纸并打印输出。

2.1　园林设计平面图的绘制

2.1.1　基本绘图命令

AutoCAD 的基本绘图命令集中在【绘图】下拉菜单或〖绘图〗工具栏中，也可在命令行进行相应的键入。基本的几何图形要素及其绘制命令如表 2-1 所示。

AutoCAD 的基本绘图命令

表 2-1

图形要素	命令（命令别名）	工具图标	运用说明
直线 （Line）	LINE（L）		可绘制一条直线段，或通过连续选点绘制折线或闭合的多边形，是园林 CAD 制图中最常用的绘图命令
多线 （Multiline）	MLINE（ML）	—	可绘制彼此平行的多条直线段，但在绘制前须先通过【格式】【多线样式】菜单项打开"多线样式"对话框进行样式命名及外观设置，确定多线的样式名称、平行线数量及线段之间的间隔距离等。在园林设计中，多线可用于建筑墙体、门窗及道路等的绘制
多段线 （Polyline）	PLINE（PL）		可通过连续选点或指定长度的方式来绘制多条首尾相接的、闭合或不闭合的二维线段（直线段或曲线段），可赋予线段不同的宽度，并可通过专用的 PEDIT（PE）命令进行多种编辑（如将折线转换成自由曲线等，详见本章 2.1.3 节的"（3）多线、多段线及样条曲线的编辑"）。在园林设计中，可用于绘制各种宽度不等或变宽的符号（如箭头、各种分析符号等），以及各种自由弯曲的线型（如自由弯曲的道路、等高线等）
正多边形 （Polygon）	POLYGON（POL）		可通过定义正多边形的边数、中心至顶角的距离或中心至边的距离自由地绘制各种正多边形。在园林设计中，可用于绘制相应形状的园林建筑、户外场地或小品的外轮廓，以及特殊的图例等
矩形 （Rectangle）	RECTANG（REC）		可绘制等边或不等边的四边形。在园林设计中，也可用于绘制相应形状的园林建筑、户外场地或小品的外轮廓，以及图例的外框等
圆弧（Arc）	ARC（A）		可通过定义圆心、弧长、半径、圆心角等自由地绘制各种圆弧

续表

图形要素	命令（命令别名）	工具图标	运用说明
圆（Circle）	CIRCLE（C）		可通过定义圆心、半径或直径绘制圆。在园林设计中，可用于绘制相应形状的园林建筑、户外场地或小品的外轮廓，以及特殊的图例等
圆环（Donut）	DONUT（DO）	—	可通过定义圆心和内外圆的半径绘制实心点或带线宽的空心圆环。在园林设计中，常用于绘制坐标点等标注性节点、圆环形的分析符号等
样条曲线（Spline）	SPLINE（SPL）		可通过连续选点来直接创建经过或接近一系列给定点的、闭合或不闭合的光滑曲线，并可控制曲线与点的拟合程度。在园林设计中，常用于等高线的绘制
椭圆（Ellipse）	ELLIPSE（EL）		可绘制椭圆。在园林设计中，可用于绘制相应形状的园林建筑、户外场地或小品的外轮廓，以及特殊的图例等
点（Point）	POINT（PO）		可绘制点。点的外观及大小可通过【格式】【点样式】菜单项打开"点样式"对话框进行设置。在园林设计中，点既可用于图面效果的表达（如通过不规则点的绘制来表现手绘草坪的效果），也可用于临时显示一些作图时必需的辅助节点以便更直观地通过 Node 捕捉方式进行捕捉
图案填充（Hatch）	HATCH（H）		可以使用各种系统预定义的或用户自定义的，以及实体或渐变填充等填充图案来对图形中存在闭合边界的区域进行图案填充，并对填充图案的角度、比例、填充原点（用于控制填充图案与填充区边界的对齐效果）、绘图次序（用于控制填充图案与其他层叠图形的显示效果）等进行调整设置。在园林设计中，可用于绘制铺地等
修订云线（Revision Cloud）	REVCLOUD		可通过设置弧长来绘制由连续圆弧组成的多段线。在园林设计中，可用于绘制树林、灌木丛等

★注意：①LINE（L）与 PLINE（PL）命令绘制的折线或闭合多边形的主要区别在于后者可作为一个单一的对象进行操作。

②用 HATCH（H）命令访问"图案填充和渐变色"对话框绘制图案填充时，必须勾选"关联"选项，以确保在后期设计中若需要修改填充边界时，图案填充能自动进行相应的修改。

③利用〖工具选项板〗中的〖图案填充〗选项卡（图 2-1），可通过鼠标左键的点选和拖放操作进行简单图案的快速填充。〖工具选项板〗可利用〖标准〗工具栏的〖工具选项板〗工具 打开，也可使用"Ctrl+3"组合键打开和关闭。

④利用样条曲线绘制等高线，虽然比利用多段折线转曲线的方法简便，但是后期无法直接在 Civil 3D 中生成地形曲面，因而具有局限性。

图 2-1 〖图案填充〗选项卡

2.1.2　基本编辑命令

AutoCAD 的基本编辑命令集中在【修改】下拉菜单或〖修改〗工具栏中，也可在命令行进行相应的键入。基本的编辑命令如表 2-2 所示。

AutoCAD 的基本编辑命令　　表 2-2

编辑操作	命令 （命令别名）	工具图标	运用说明
删除	ERASE（E）		从图形中删除对象
复制	COPY（CO）		在指定位置上复制对象
镜像	MIRROR（MI）		通过定义镜像线（对称轴线）创建对象的镜像图像副本
偏移	OFFSET（O）		通过定义偏移距离和指定偏移方向来创建同心圆、平行线和平行曲线
阵列	ARRAY（AR）		创建按指定方式排列的多个对象副本。可创建矩形阵列和环形阵列
移动	MOVE（M）		在指定方向上按指定距离移动对象
旋转	ROTATE（RO）		围绕指定基点按指定角度旋转对象
缩放	SCALE（SC）		在 X、Y 和 Z 方向按比例放大或缩小对象
拉伸	STRETCH（S）		移动或拉伸对象
拉长	LENGTHEN（LEN）	—	修改对象的长度和圆弧的包含角
修剪	TRIM（TR）		按其他对象定义的剪切边修剪对象
延伸	EXTEND（EX）		将对象延伸到另一对象
打断	BREAK（BR）		在两点之间打断选定对象

续表

编辑操作	命令 （命令别名）	工具图标	运用说明
合并	JOIN（J）		将对象合并以形成一个完整的对象
倒角	CHAMFER（CHA）		通过定义倒角距离给对象加倒角并进行准确连接
圆角	FILLET（F）		通过定义圆角半径给对象加圆角并进行准确连接
分解	EXPLODE（X）		将合成对象（如多线、多段线、填充图案等）分解为其部件对象

★注意：①利用 BREAK（BR）命令打断对象并希望打断后的对象能彼此相连，必须使用"第一点（F）"子命令、利用对象捕捉模式准确而重复地选择 2 次断点。

②倒角或圆角的对象必须在空间上相交或延长后可以相交。

③多线、多段线和填充图案一旦被分解则无法再作为一个单一的对象进行操作。

2.1.3　命令操作的技术要点

AutoCAD 绘图和编辑的技术要点包括对象捕捉、自动追踪、对象选择功能的掌握和运用，以及对多线、多段线及样条曲线等复杂对象的专用编辑命令的了解。

1）对象捕捉和自动追踪

绘制图形时，能够熟练地进行快速而精确的定位操作可以大大提高工作效率，因此需要熟悉对象捕捉和自动追踪的具体操作方法。

（1）对象捕捉

对象捕捉是通过获取"捕捉点"来进行的。一旦在"草图设置"对话框"对象捕捉"选项卡中设定了对象捕捉模式后（参见图 1-16），就可在"指定点"的命令行提示下将十字光标移到要参照的对象上，系统会自动提示距光标最近的"可捕捉点"（图 2-2）。通过移动光标获得所需的"可捕捉点"并单击鼠标左键即可获取该"捕捉点"，光标可从该点引出一条橡筋线（图 2-3），以便进行下一选点。为方便在命令执行过程中设置临时的对象捕捉模式，可在"指定点"的命令行提示下通过同时按住 Shift 键和鼠标右键来弹出快捷菜单（图 2-4），以便对下一次选点进行一次性的临时捕捉模式设置。

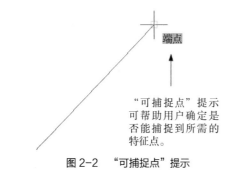

图 2-2 "可捕捉点"提示

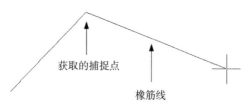

图 2-3 从"捕捉点"引出的橡筋线

图 2-4 可设置对象捕捉临时方式的快捷菜单

★注意：为获得流畅快速的作图体验，在"草图设置"对话框"对象捕捉"选项卡中勾选设定的对象捕捉模式不宜过多，应更多地通过设置临时的对象捕捉模式来达成精确的绘图。

（2）自动追踪

自动追踪是通过获取"临时点"并参考"临时辅助线"来进行的。其中，"临时点"是从已绘制对象上获取的几何参照点，"临时辅助线"则是系统根据光标移动位置自动判断的、与已获得的"临时点"存在特定几何关系的下一绘制点和已获得的"临时点"之间的连线。"临时点"的获取可在"指定点"的命令行提示下将光标指向对象并稍作停留，如成功获取了该"临时点"则在该点会出现一个小的十字符号，然后随着光标的移动会随机出现用虚线表示的"临时辅助线"，帮助作图者判断决定下一步的定位操作（图 2-5）。在极轴追踪模式下，系统将按设置所定义的角度来追踪判断选点的位置（图 2-5a）；而在对象追踪模式下，系统则根据光标移动位置与其他对象的特定关系来追踪判断选点的位置（图 2-5b）。"临时点"的取消则可通过光标再次指向"临时点"并加以停留而实现：指示"临时点"的十字符号将会消失，表示该"临时点"已取消。

2）对象选择

图形对象的编辑是针对用户选择指定的对象进行的，因此能迅速准确地从大量图形对象中选出所需编辑的部分，是非常重要的。一直以来，AutoCAD 提供了两种对象选择的方法——AutoCAD 选择法和主谓选择法。为帮助用户提升绘图速度，AutoCAD 还提供了批量筛选对象的功能，并且 2000 之后的版本还开发了快速选择功能。不同的对象选择方法适合于不同的编辑方式和工作情况，能够熟练掌握并灵活加以运用是十分重要的。

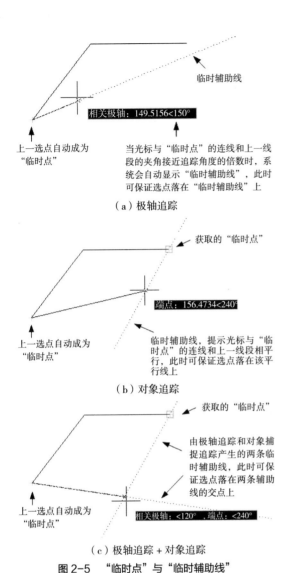

（a）极轴追踪

临时辅助线

相关极轴：149.5156<150°

上一选点自动成为"临时点"

当光标与"临时点"的连线和上一线段的夹角接近追踪角度的倍数时，系统会自动显示"临时辅助线"，此时可保证选点落在"临时辅助线"上

（b）对象追踪

获取的"临时点"

端点：156.4734<240°

上一选点自动成为"临时点"

临时辅助线，提示光标与"临时点"的连线和上一线段相平行，此时可保证选点落在该平行线上

（c）极轴追踪 + 对象追踪

获取的"临时点"

由极轴追踪和对象捕捉追踪产生的两条临时辅助线，此时可保证选点落在两条辅助线的交点上

上一选点自动成为"临时点"

相关极轴：<120°，端点：<240°

图2-5　"临时点"与"临时辅助线"

（1）AutoCAD 选择法

AutoCAD 选择法是先发出编辑命令、然后在命令执行的状态下先选择对象、再进行命令操作的对象选择方法。

AutoCAD 选择法可采用的对象选择方式灵活多样，除了点选和窗选（图2-6）这两种基本的选择方式之外，还可以在"选择对象"的命令行提示下，根据实际情况灵活利用各种对象选择的子命令（表2-3）选用其他的选择方式，以便于进行快速准确的对象选择。

拾取框

将拾取框移到所要选择的对象之上，系统会亮显该对象，点击鼠标左键即可选中此对象

（a）点选

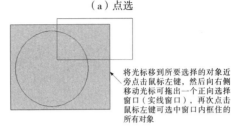

将光标移到所要选择的对象近旁点击鼠标左键，然后向右侧移动光标可拖出一个正向选择窗口（实线窗口），再次点击鼠标左键可选中窗口内框住的所有对象

（b）窗选（正向窗口）

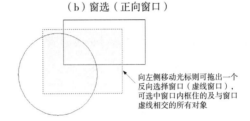

向左侧移动光标则可拖出一个反向选择窗口（虚线窗口），可选中窗口内框住的及与窗口虚线相交的所有对象

（c）窗选（反向窗口）

图2-6　点选与窗选

AutoCAD 对象选择子命令一览表　　表2-3

子命令	含义	作用	使用注意
L	上一个（Last）	可选中最近一次创建的可见对象	对象必须在当前空间（模型空间或图纸空间，参见第 5 章第 5.2.1 节）中，并且不能将对象的图层设置为冻结或关闭（参见第 4 章第 4.1.5 节）
ALL	全选	可选中非冻结层上的所有对象	—
F	栏选（Fence）	可通过绘制虚线直线（选择栏）选中与之相交的所有对象	不受 PICKADD 系统变量❶的影响
WP 或 CP	正向窗口或反向窗口的多边形窗选	可通过绘制多边形进行类似窗选的选择	WP 类似实线窗口，CP 类似虚线交叉窗口。不受 PICKADD 系统变量的影响
P	上一个（Previous）	可选中最近创建的选择集（即上一次进行选择时所选中的对象集）	从图形中删除对象将无法使用该命令。如果程序在模型空间和图纸空间之间切换将忽略"上一个"选择集

❶ PICKADD 系统变量可控制后续选择是替换当前选择集还是添加到其中。变量为 0 时，最新选定的对象和子对象将成为选择集，前一次选定的对象和子对象将从选择集中清除，且选择对象时按住 Shift 键可以将多个对象或子对象添加到选择集。变量为 1 时，每个选定的对象和子对象（单独选择或通过窗口选择）都将添加到当前选择集，而要从选择集中删除对象或子对象则需在选择对象时按住 Shift 键。

★注意：①在点选重叠的对象时，通常会选中在重叠部位最后绘制的那个对象。如果要选择重叠在下面的对象，可将拾取框置于重叠对象之上，然后按住 Shift 键并反复按空格键，系统将自动循环选择可供选中的重叠对象，并以虚线的显示方式加以提示。当循环到所需选择的对象时，用户可点击鼠标左键进行确认。

②通常情况下，PICKADD 系统变量应设为 1，以便于通过反复的点选添加选择对象，并且一旦进行了错误的对象选择，可利用 Shift 键进行退选。退选后如需继续进行对象选择，可放开 Shift 键继续选择。

（2）主谓选择法与夹点编辑

主谓选择法是先选择对象然后发出并执行编辑命令的对象选择方法，只能以点选或窗选方式进行。采用主谓法选择对象的意义在于可利用批量筛选或快速选择功能选中一批对象进行统一编辑，以及可进行便捷的夹点 ❶ 编辑。夹点编辑的基本步骤为：

● 选择对象以显示夹点（图 2-7a）。

● 用鼠标左键击活所需编辑的夹点使之成为编辑时需要直接参照的"热夹点"（图 2-7b）。被激活的"热夹点"会变为红色，并可随着光标的移动而移动。如需同时编辑多个夹点，则可按住 Shift 键连续激活多个夹点，然后放开 Shift 键再用鼠标左键点击已被击活的夹点中的一个，使之成为热夹点。

● 获得热夹点后，可利用鼠标右键弹出快捷菜单（图 2-8），从中选择所需的夹点编辑命令并按命令行提示进行编辑操作。

---

❶ 夹点（Grips）是在采用主谓法选择对象后在被选对象的一些几何特征标志点处出现的蓝色小方块。利用夹点可以完全依靠鼠标的操作快速地对所选对象进行移动、镜像、旋转、缩放、拉伸、复制等一些常用的编辑。能熟练地使用 AutoCAD 的夹点编辑功能，对于加快绘图速度有很大的帮助。

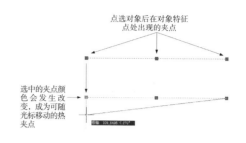

图 2-7 "夹点"与"热夹点"

图 2-8 快捷菜单中的夹点编辑命令

● 操作完成后，要消除夹点的显示，只需连续按两次 Esc 键即可。

使用主谓选择法需要预先打开主谓选择模式。打开该模式可通过勾选"选项"对话框"选择"选项卡中的"先选择后执行"选项进行（图 2-9）。该选项卡中还可对是否显示夹点、夹点的外观、夹点编辑的操作方式等进行设置。

（3）批量筛选和快速选择

批量筛选和快速选择是利用对象类型（如多线、多段线等）或特性（如颜色、线型、层特性等，参见第 4.1.5 节）作为筛选条件来创建对象集，可通过 FILTER（FI）或 QSELECT 命令访问"对象选择过滤器"或"快速选择"对话框，设置所需的筛选条件来一次性选择所有符合条件的对象（图 2-10、图 2-11）。

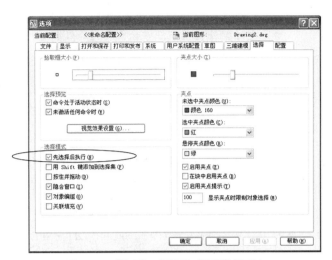

图2-9　"选项"对话框的"选择"选项卡

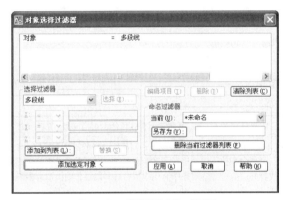

图2-10　"快速选择"对话框

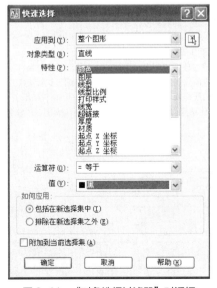

图2-11　"对象选择过滤器"对话框

★注意：① QSELECT 命令必须采用先选择后编辑的主谓选择法，其执行的快捷方式就是在系统不执行任何命令的情况下，在绘图区域中右击鼠标弹出快捷菜单，从中选择"快速选择"命令项。

② FILTER（FI）命令可透明使用，常用于AutoCAD 选择法中，在执行编辑命令时使用。

3）多线、多段线及样条曲线的编辑

对于多线、多段线、样条曲线等一些需要特殊编辑的图形对象，除了使用基本的编辑命令和夹点编辑方法进行编辑外，AutoCAD 还提供了专门的编辑工具和命令，即多线编辑工具、PEDIT（PE）和SPLINEDIT（SPE）命令。现详细介绍园林设计中常用的多线编辑工具和 PEDIT（PE）命令。

（1）多线编辑工具

在绘制多线时，前一次绘制的和后一次绘制的多线在交接处往往不正确。为此，AutoCAD 专门开发了可对多线交接处进行修整的多线编辑工具。该工具的使用可通过【修改】>【对象】>【多线】菜单项或MLEDIT 命令访问"多线编辑工具"对话框（图2-12）进行，非常直观方便。

图2-12　"多线编辑工具"对话框

（2）PEDIT 命令

PEDIT（PE）命令可提供诸如将多条多段线合并为一条多段线、改变整条多段线的线宽、改变多段线某个顶点处的线宽等一系列专门针对多段线的编辑功能，可通过选取【修改】>【对象】>【多段线】菜单项或〖修改Ⅱ〗>〖编辑多段线〗工具 执行，也可在命令行直接键入。该命令有多项子命令（表 2-4），使用比较复杂，需注意熟悉。

PEDIT（PE）命令还可用于将直线、圆弧等一般的图形对象转变为多段线。只要在执行 PEDIT（PE）命令时选择需要转变的一般图形对象，并对命令行提示"选定的对象不是多段线是否将其转换为多段线？<Y>"加以回车确认，就可将该图形对象转变为多段线。

★注意：绘图过程中经常会需要将一般图形对象、多段线、样条多段线和样条曲线等进行相互转变，转变方式如下：

● 一般图形对象转变为多段线：PEDIT（PE）命令；

● 多段线转变为一般图形对象：EXPLODE（X）命令

● 样条多段线转变为样条曲线：SPLINE（SPL）命令的"对象（O）"子命令或 SPLINEDIT（SPE）命令

● 样条曲线转变为样条多段线：【Express】>【Modify】>【Flatten objects】（需安装"Express Tools"）

PEDIT（PE）命令的子命令项　　　　表 2-4

子命令	含义	作用	使用注意
C	闭合（Close）	闭合多段线	如选闭合多段线，则该选项为 Open，可删除闭合多段线的最后一段线
J	合并（Join）	将独立的多段线合并成一个整体对象，并可通过设置，在不连接的多段线的首/尾端点处添加直线、圆弧或多段线进行连接	如在 PEDIT 命令执行之初只选择了一条多段线，则后续选择的需要合并的对象必须具有重合的端点；如命令执行之初选择了多条多段线，则可通过设置模糊距离将不相接的多段线合并。如合并的对象中有曲线拟合的多段线，则该拟合多段线会自动转变为折线
W	宽度（Width）	重定义线宽	—
E	编辑顶点（Edit vertex）	顶点编辑	该子命令包括了一系列下一层的子命令： 下一个（N）/上一个（P）：可通过箭头键切换选择需要编辑的顶点 打断（B）：可断开任意两顶点间的多段线 插入（I）：可在当前顶点和下一顶点间插入一个新顶点（拟合曲线需重新 Fit） 移动（M）：可移动当前顶点（拟合曲线需重新 Fit） 重生成（R）：可重新生成多段线以观察顶点处的宽度修改后的结果 拉直（S）：可拉直任意两顶点间的多段线（可用于快速删除多余顶点） 切向（T）：可改变拟合曲线当前顶点的相切方向（需重新 Fit 看结果） 宽度（W）：可修改以当前顶点为起点的多段线段的宽度从而使多段线各处的粗细不同
F	拟合（Fit）	将多段线转变为拟合多段线（过各顶点的曲线）	
S	样条曲线（Spline）	将多段线转变为样条多段线（趋近一系列给定控制点的曲线）	
D	非曲线化（Decurve）	将曲线形状的多段线（拟合多段线或样条多段线）转变为多段直线	
L	线型生成（Ltype gen）	控制不连续线型（如虚线等）穿过多段线顶点的方式（仅用于等宽多段线）	
U	放弃（Undo）	取消上一次修改	—

2.1.4 园林设计平面图形的绘制方法

1）基本图形要素的绘制方法

园林设计平面图中涉及的图形要素主要包括植物、岸线、山石、铺地和等高线，分别需要采用不同的绘制方法，具体如表 2-5 所示。

园林设计的主要图形要素绘制方法 表 2-5

图形要素	要素细分	图例示例	基本绘制方法及说明
植物	乔木	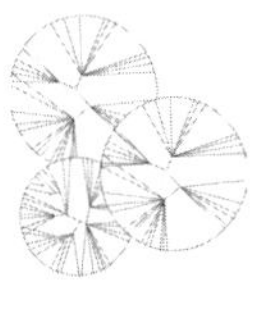	单独的乔木可使用绘制圆和直线的 CIRCLE 和 LINE 命令来绘制，也可通过插入现成的块图形（参见第 4 章第 4.2.1 节）来实现。种植组则可通过 COPY、ARRAY、DIVIDE /MEASURE（参见第 4 章第 4.2.1 节）等编辑命令来实现
	树林		可利用绘制云朵线的 REVCLOUD 命令来绘制，需要按树冠的实际尺寸对最小的和最大的弧长进行设置
	灌木丛		同样可利用 REVCLOUD 命令来绘制。但灌木丛与树林的云朵线弧形方向相反，可利用 REVCLOUD 命令中的"对象（O）"子命令来改变云朵线的弧形方向
	草坪		在黑白图中往往不予表现。如确实需要表现手绘图中的打点效果，大面积的可使用 HATCH 命令利用 DOTS 图案进行图形填充来绘制（但打点效果是规则的），小面积则可借助 DONUT 命令来绘制。彩色图中则可通过色彩渲染或材质填充来表现
岸线	自然岸线		使用 PLINE 命令绘制多段线并用 PEDIT 命令将其转变为样条多段线，然后使用 OFFSET 命令进行平移复制。线宽可通过赋予多段线宽度来实现，也可在打印时设置加粗的笔宽（详见第 5 章第 5.2.4 节）
	规则岸线		可使用绘制多边形、四边形、圆等规则图形的 POLYGON、RECTANG、CIRCLE 等命令来绘制相应形状的闭合岸线，也可使用 PLINE（直线与弧线组合）、LINE 和 MLINE（等宽的沟渠）等命令来绘制闭合或不闭合的岸线，然后使用 OFFSET 命令进行平移复制。线宽处理同自然岸线

续表

图形要素	要素细分	图例示例	基本绘制方法及说明
山石	组石	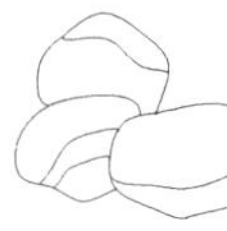	可使用 PLINE 命令绘制多段线并用 PEDIT 命令将其转变为样条多段线，利用夹点编辑加工实现单石的绘制，并以此为母体通过 COPY、MOVE、ROTATE、TRIM 等编辑命令来进行设计组合
	假山		规模较小、表达简略的假山可通过组石的绘制办法实现，并使用 PLINE 命令以带宽度的多段线描边。设计要求较高的假山可通过扫描手绘底图、使用 PLINE 命令描图的办法实现（参见第 10 章第 10.4.1 节）。由于假山绘制比较复杂，平时应注意保存积累此类素材，以便能够通过插入现成的图块（参见第 4 章第 4.2.1 节）来方便地实现
铺地	—		可通过 HATCH 命令借助图案填充功能来绘制。铺地图案特殊的可通过自定义图案来填充绘制，小块铺地还可完全使用相应的绘图命令来单独绘制
等高线	原始等高线	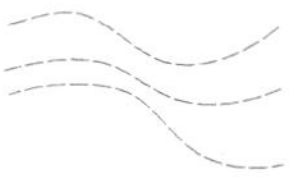	可使用专门用于绘制样条曲线的 SPLINE 命令来绘制闭合或不闭合的原始等高线，注意采用虚线线型（线型设置方法可参见第 4 章第 4.1.5 节）。如需利用等高线建立三维地形模型，则应使用样条多段线来绘制
	设计等高线	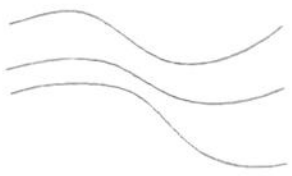	绘制方法同原始等高线，注意采用实线线型。如需利用等高线建立三维地形模型，则应使用样条多段线来绘制

2）分析符号的绘制

在园林设计的平面图纸表达中，经常需要绘制一些分析图纸，会遇到各种箭头、粗线等特殊符号的表达。表 2-6 为一些常用的分析符号的绘制方法。

分析符号绘制方法示例 表 2-6

分析符号图例	绘制方法说明
	使用 DONUT 命令画内径为 0 的实心点，并将其线型换为 Hidden（线型设置方法可参见第 4 章第 4.1.5 节）

续表

分析符号图例	绘制方法说明
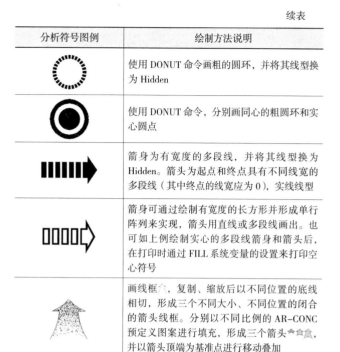	使用 DONUT 命令画粗的圆环，并将其线型换为 Hidden
	使用 DONUT 命令，分别画同心的粗圆环和实心圆点
	箭身为有宽度的多段线，并将其线型换为 Hidden。箭头为起点和终点具有不同线宽的多段线（其中终点的线宽应为 0），实线线型
	箭身可通过绘制有宽度的长方形并形成单行阵列来实现，箭头用直线或多段线画出。也可如上例绘制实心的多段线箭身和箭头后，在打印时通过 FILL 系统变量的设置来打印空心符号
	画线框，复制、缩放后以不同位置的底线相切，形成三个不同大小、不同位置的闭合的箭头线框。分别以不同比例的 AR-CONC 预定义图案进行填充，形成三个箭头，并以箭头顶端为基准点进行移动叠加

2.1.5　园林设计平面图绘制实例

园林设计平面图的绘制通常遵循从轴线定位到边界/轮廓到细节深入的一个循序渐进的基本过程。为避免因反复设计修改可能造成的填充图案与填充边界不符，以及填充图案与标注文字的叠合，图案填充一般在方案经修改基本确定且所有文字标注完成之后再添加。

下面以图 2-13 中虚线框部分的沿街绿地为例，对园林设计平面图的绘制步骤作一详细的说明。由于树木一般利用现成的图块来绘制，将在第 4 章第 4.2.3 节的实例中进行添加。

◆ 将练习文件"例 2-1.dwg"和"例 2-1.tif"复制到电脑中，并打开文件"例 2-1.dwg"。图中黑线绘制的为供参照的设计底图（光栅图像），图形单位为"米"。

◆ 在〖特性〗工具栏中将线型设为"CENTER"（图 2-14），L↙和 O↙画定位轴线（图 2-15）。因供参照的设计底图为光栅图像，偏移及之后的操作凡涉及具体的距离、尺寸，可 DI↙量取大致尺寸后取整输入。

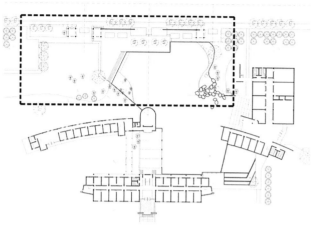

图 2-13　园林设计平面图实例

图 2-14　线型设置

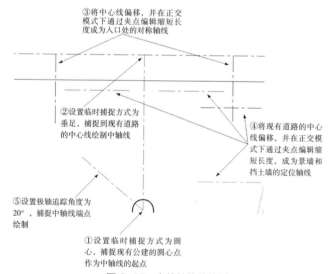

③将中心线偏移，并在正交模式下通过夹点编辑缩短长度成为入口处的对称轴线

②设置临时捕捉方式为垂足，捕捉到现有道路的中心线绘制中轴线

④将现有道路的中心线偏移，并在正交模式下通过夹点编辑缩短长度，成为景墙和挡土墙的定位轴线

⑤设置极轴追踪角度为 20°，捕捉中轴线端点绘制

①设置临时捕捉方式为圆心，捕捉现有公建的圆心点作为中轴线的起点

图 2-15　定位轴线的绘制

◆【格式】>【多线样式】新建并定制多线样式"W1"（图 2-16）和"W2"作为景墙和挡土墙的样式，分别为间距是 40cm 和 30cm 的双线。

◆ 在〖特性〗工具栏中将线型改回"Bylayer"。ML↙，将"对正"设为"无"，"比例"设为"1"，"样

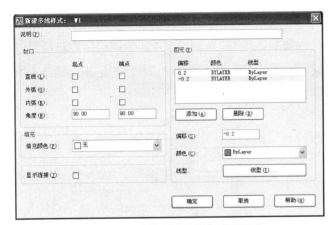

图 2-16　新建并定制"W1"多线样式

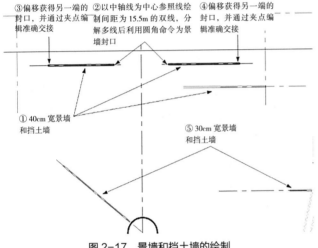

③偏移获得另一端的封口，并通过夹点编辑准确交接

②以中轴线为中心参照线绘制间距为 15.5m 的双线，分解多线后利用圆角命令为景墙封口

③偏移获得另一端的封口，并通过夹点编辑准确交接

①40cm 宽景墙和挡土墙

⑤30cm 宽景墙和挡土墙

图 2-17　景墙和挡土墙的绘制

式"设为"W1"或"W2"，捕捉相应的轴线上的点画景墙和挡土墙（图 2-17）。

◆ DI↙测算场地边界到各定位轴线的距离，O↙画场地边界，F↙设圆角半径为"0"进行边界线的交接修整（图 2-18）。

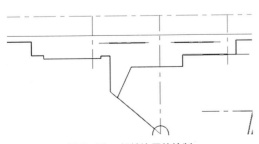

图 2-18　场地边界的绘制

◆ PL↙画水池边界的曲线部分，PE↙将之转换为样条曲线，并通过夹点编辑使之与底图拟合，然后 PL↙捕捉端点画水池边界的直线部分（图 2-19）。

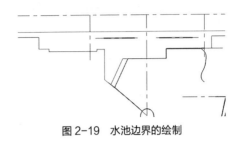

图 2-19　水池边界的绘制

◆ REC↙画最右边的小块绿地和亭子，并对亭子的平面进行详细绘制（图 2-20）。

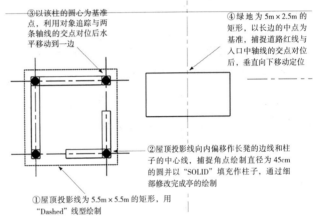

③以该柱的圆心为基准点，利用对象追踪与两条轴线的交点对位后水平移动到一边

④绿地为 5m×2.5m 的矩形，以长边的中点为基准，捕捉道路红线与入口中轴线的交点对位后，垂直向下移动定位

②屋顶投影线向内偏移作长凳的边线和柱子的中心线，捕捉角点绘制直径为 45cm 的圆并以"SOLID"填充作柱子，通过细部修改完成亭的绘制

①屋顶投影线为 5.5m×5.5m 的矩形，用"Dashed"线型绘制

图 2-20　局部绿地和亭子的绘制

◆ 在对象追踪模式的辅助下，MI↙和 CO↙复制完成的小块绿地和亭子，对细部进行修改编辑，并补充完成场地中块状绿地和亭子的绘制（图 2-21）。

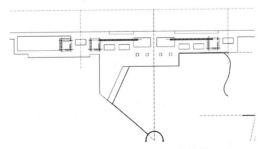

图 2-21　块状绿地和亭子的绘制

◆【格式】>【多线样式】定制多线样式"R1"作为宽度为1.5m的步行小路的样式，ML↙将"对正"设为"下"、"比例"设为"1"、"样式"设为"R1"，在正交模式下捕捉场地角点绘制步行小路（图2-22）。

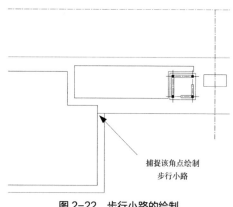

图2-22　步行小路的绘制

◆ PL↙画浅水区的挡土墙的一条边线，PE↙将之转换为样条曲线，并用夹点编辑使之与参照的底图相拟合，然后O↙偏移30cm成挡土墙的另一条边线，并EX↙或TR↙使之与岸线精确交接（图2-23）。

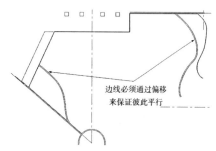

图2-23　浅水区挡土墙的绘制

◆ PL↙画块石，用F↙对块石进行圆角处理，并通过CO↙、RO↙、TR↙、EX↙和夹点编辑形成水池边与挡土墙和岸线准确交接的组石（图2-24）。

图2-24　组石的绘制

◆ O↙、SPL↙绘制台阶、缘石、等高线、栏杆等细部，并用TR↙或EX↙等编辑命令进行修改编辑（图2-25），编辑时注意利用栏选来迅速选中所要编辑的对象。

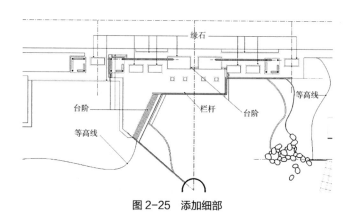

图2-25　添加细部

◆ PL↙勾绘组石的上边界，并通过端点捕捉与水池边界和浅水区挡土墙的边线准确衔接，形成闭合的浅水区卵石带的填充边界。H↙用"AR-CONC"预定义图案对所有的卵石带进行图案填充，调整适当的图案比例以达到较好的表现效果（图2-26）。

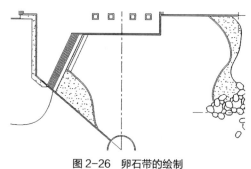

图2-26　卵石带的绘制

★注意：①通常情况下，参照的设计底图是手绘的草图，必须根据最基本的定位轴线通过偏移来获得规整的设计尺寸，而不能机械地照着原线条描。为获得与底图接近的偏移，可在正交模式的帮助下用DIST（DI）命令选点来测量估算理想的偏移距离。

②所有线条的交接处必须通过捕捉点或倒角／圆角命令进行准确衔接，不能仅凭肉眼判断选点，以免导致后期图案填充无法填充、尺寸标注出现误差等麻烦。

③用 TRIM 等基本的编辑命令对多线进行衔接修改时，必须先将多线分解。

④如果图案填充时需采用规整的几何图案，应在"图案填充和渐变色"对话框中对"图案填充原点"进行指定（图 2-27），通过捕捉填充边界上的点作为图案与边界进行对位的基准点使图案与边界更好地拟合。

图 2-27　"图案填充原点"的指定

2.2　园林设计剖立面图的绘制

在 AutoCAD 中，剖立面图既可以像绘制平面图形一样直接利用绘图命令和编辑命令来绘制，也可以先借助平面图形建立三维模型，然后获得模型在某个垂直面上的投影。机械制图中常常通过第二种办法来获得零件的三视图。但在园林工程制图中，由于三维建模涉及的对象种类繁多，尤其在设计过程中如希望借助剖立面来辅助设计，则建模和反复修改的工作量极大，因此往往还是采取第一种办法来直接绘制剖立面图。

利用 AutoCAD 直接绘制剖立面图的做法与手工制图非常类似，也是借助平面图形拉成剖立面，只是在绘制时无法用手转动图纸以便于绘制不同方向的剖立面，而必须通过作图坐标系与视图的转换来变换绘图方向。

2.2.1　用户坐标系设置及视图转换

1）用户坐标系

AutoCAD 绘图时的定位坐标是根据当前使用的坐标系来确定的。系统默认的坐标系是 WCS（World UCS），即世界坐标系。此外，AutoCAD 还允许用户以 WCS 为基础参照自定义坐标系（UCS），以灵活辅助对象的空间定位。AutoCAD 开发 UCS 功能的本意在于通过作图坐标系的转换使三维作图可以简化为二维作图，以方便用户。而在景观工程制图中绘制剖立面图时，则可以借用这一功能来方便地变换绘图的方向。图 2-28 显示了两种坐标系的标识差别。

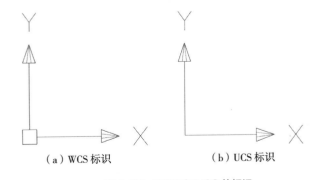

（a）WCS 标识　　　（b）UCS 标识

图 2-28　WCS 和 UCS 的标识

UCS 的定义可通过在【工具】下拉菜单、〖UCS〗或〖UCS Ⅱ〗工具栏中选取 UCS 项，或在命令行键入 UCS 命令来进行。绘制剖立面图时，如能确定坐标系的旋转角度，则可使用 UCS 命令的"Z"子命令，

按照右手定则 ❶ 将当前的 WCS/UCS 绕 Z 轴旋转到指定的角度；否则，可使用"指定 UCS 的原点"或"对象（OB）"等子命令，通过选择坐标原点及 X 和 Y 轴上的点、或借助已有的对象来定义新的坐标系。

2）视图转换

视图转换可通过 PLAN 命令或 UCSFOLLOW 系统变量的设置来实现。

在完成 WCS/UCS 的旋转定义后，执行 PLAN 命令中的"当前 UCS"子命令，可将视图与新指定的 UCS 相匹配，从而实现绘图方向的变换（图 2-29）。

图 2-29　PLAN 命令转换视图

如果希望切换 UCS 时始终显示新的 UCS 平面，则可以将 UCSFOLLOW 系统变量设为 1，则每次更改坐标系时，系统会自动生成新 UCS 的平面视图（图 2-30）。

图 2-30　利用 UCSFOLLOW 系统变量自动转换视图

---

❶ 在三维坐标系中，如果已知 X 和 Y 轴的方向，可以使用右手定则确定 Z 轴的正方向（图 a），还可以使用右手定则确定三维空间中绕坐标轴旋转的默认正方向：将右手拇指指向旋转轴的正方向，卷曲其余四指，右手四指所指示的方向即轴的正旋转方向（图 b）。

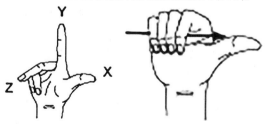

（a）右手定则确定 Z 轴正方向　　（b）右手定则确定绕轴旋转的正方向

2.2.2　园林设计剖立面图绘制实例

下面以本章第 2.1.5 节平面图绘制案例中的亭子的详细设计为例，对园林设计剖立面图的绘制步骤作一详细的说明。图 2-31 为该亭的详细设计尺寸，可供绘制时参照。

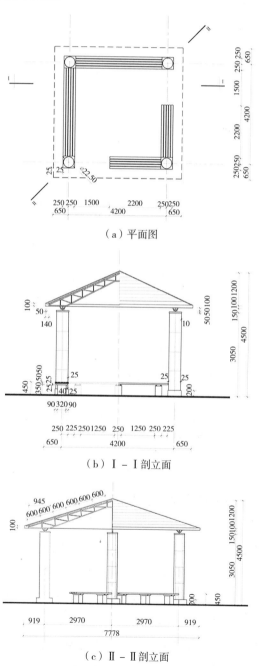

（a）平面图

（b）Ⅰ-Ⅰ剖立面

（c）Ⅱ-Ⅱ剖立面

图 2-31　亭的详细设计

◆ 复制并打开练习文件"例 2-2.dwg"。图中平面图作为剖立面绘制的参照，图形单位为"毫米"。

◆ 打开正交模式，PL↙设线宽为 50，在平面图的下方绘制水平多段线作为 I - I 剖立面的地坪线（图 2-32）。

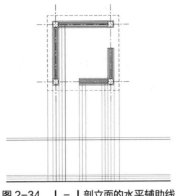

图 2-34　I - I 剖立面的水平辅助线

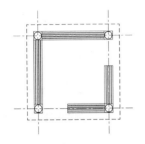

图 2-32　I - I 剖立面的地坪线

◆ 设置对象捕捉模式为"端点"和"垂足"，L↙从平面图向该地坪线拉垂直辅助线（图 2-33）。

◆ 参照图 2-31b 中的设计尺寸，O↙将地坪线向上偏移，X↙将偏移获得的水平多段线除去线宽转为线段，获得一系列水平辅助线（图 2-34）。

◆ 通过 TR↙、F↙等命令进行修改编辑，获得 I - I 剖立面屋檐以下部分的设计细节，并将对称轴的线型改设为"CENTER"（图 2-35）。

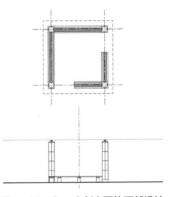

图 2-35　I - I 剖立面的下部设计

◆ PL↙捕捉平面图中屋顶投影线的角点作对角线，SC↙伸长后 O↙偏移到平面图的斜上方作为 II - II 剖立面的地坪线（图 2-36）。

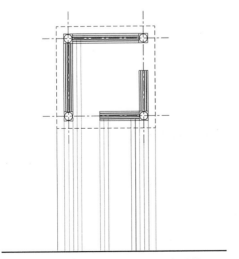

图 2-33　I - I 剖立面的垂直辅助线

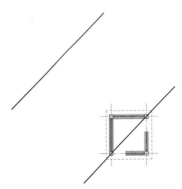

图 2-36　II - II 剖立面的地坪线

◆ UCSFOLLOW ✐ 1 ✐，将 UCSFOLLOW 系统变量设为 1。

◆ UCS ✐ Z ✐ -135 ✐，旋转切换视图与该地坪线相匹配（图 2-37）。

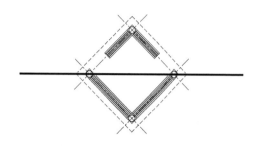

图 2-37　Ⅱ-Ⅱ剖立面视图旋转切换

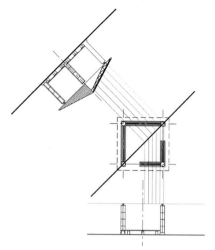

图 2-38　Ⅰ-Ⅰ剖立面的屋顶辅助线

◆ 重复Ⅰ-Ⅰ剖立面屋檐以下部分的绘制方法，完成Ⅱ-Ⅱ剖立面屋檐以下部分的绘制。然后按图 2-31（c）中的设计尺寸，完成Ⅱ-Ⅱ剖立面屋顶部分的设计细节。其中桁架的绘制同样可通过切换到 X 轴与屋面平行的 UCS 视图来方便地进行。

◆ 从Ⅱ-Ⅱ剖立面屋顶的桁架部分向平面图中的对角线（绘制Ⅱ-Ⅱ剖立面地坪线时作的辅助线）拉辅助线，然后 UCS ✐✐ 切换回世界坐标系视图，增设"交点"对象捕捉模式，从该对角线与桁架投影线的交点处向Ⅰ-Ⅰ剖立面拉辅助线（图 2-38）。

◆ 参照图 2-31（b）中的设计尺寸绘制Ⅰ-Ⅰ剖立面左半边的屋顶细部并 MI ✐，完成Ⅰ-Ⅰ剖立面屋顶部分的设计细节。

◆ E ✐ 删除所有的辅助线，完成亭子剖立面的绘制并保存图形文件。

★注意：①由于拉垂直辅助线和偏移地坪线后会形成密集的线簇，修改编辑时应灵活采用栏选等方式来迅速准确地选取所要编辑的对象。

②Ⅰ-Ⅰ剖立面的屋顶部分也可以通过Ⅱ-Ⅱ剖立面屋顶部分的横向变形来快速完成，具体操作可通过定义屋顶块并切换 UCS 后将块在 X 方向单向缩短后插入（参见第 4 章第 4.2.1 节），但这么做屋顶构件（如桁架）在 X 方向的尺寸会相应缩小变形。

③图 2-31（b）和 2-31（c）中仅标绘了基本的设计尺寸，一些细部尺寸可自行确定。

④Ⅱ-Ⅱ剖立面不得旋转移动，应在打印输出时借助布局视口中的 UCS 切换（参见第 5 章第 5.2.3 节）获得正视图。

2.3 园林设计图纸标注

园林设计图纸的标注包括文字标注、尺寸标注和添加表格，用以注明图纸中的图名、设计说明、图例、图表、施工注解及设计尺寸等。

2.3.1　文字标注

AutoCAD 的文字标注功能提供了单行文字（Single-line Text）和多行文字（Multiline Text）两种文字标注方式。前者可通过命令行操作，迅速输入单一字体的较简单的标注，但不便于使用特殊符号及引用外来文档；后者可使用多种文字编辑处理功能，并能调入在其他文字编辑软件中编辑好的文字段落，便于输入较长、较为复杂的内容。

为便于对图形中大量标注文字的外观进行统一的规范管理，并便于不同的图形文件相互借用相同的标注外观形式，AutoCAD 用文字样式（Style）来管理标注文字。文字样式是命名存放文字格式的一种方式，可存储文字的高度与字体信息，及一些特殊设置（如宽度因子、倾斜度等）。一种文字样式一旦被创建，可在同一图纸文件或不同的图纸文件中反复进行调用，规范多处标注文字，使这些文字具有同样的外观格式。在实际操作中，一般先定制好文字样式，然后利用所需的样式来进行具体标注。

1）文字样式的设置

文字样式的创建、定制和修改可通过 STYLE（ST）命令调用"文字样式"对话框（图 2-39）来进行。

★注意：①文字样式可以管理图形中各种文字内容的外观，包括尺寸标注、CAD 表格中的文字。

②由于在 AutoCAD 中园林设计图是按实际尺寸绘制的，到图纸打印输出时才按具体图幅和比例尺的要求折算比例，因此标注文字字高的设置需要按实际情况进行折算。如果是在绘制图形的模型空间中进行文字标注，则应以希望的打印字高乘以打印比例，来得到绘制时应设置的标注字高（如 1：100 的图希望打印字高为 3mm，则标注字高应为 3×100=300mm）；如果是在打印排版的图纸空间中进行文字标注，则标注字高可直接设置为希望的打印字高。（参见第 5 章第 5.2.1 节"模型空间、图纸空间和布局"及第 5.2.4 节"按比例打印布局"）。

③如要添加中文标注可将样式字体设为中文字体，并采用中文输入法添加标注。在 AutoCAD 中，中文标注可使用的中文字体分为 Windows 标准字体和大字体（Big Font）两种。为便于图形交换，建议尽量使用 Windows 系统提供的 Windows 标准字体（参见第 10 章第 10.4.2 节"1）字体替换"）。

2）文字的对正

AutoCAD 中，文字的对正是通过文字基准点与插入点的拟合来实现的。

标注文字的基准点是按标注文字外框的几何特征点设定的文字对齐点（图 2-40），可在文字输入时设置，也可在文字输入后利用 JUSTIFYTEXT 命令加以改变。

点击可激活"新建文字样式"对话框为新样式赋名

从"样式名"下拉列表中选取样式后，点击此按钮可将该样式设为标注时默认使用的当前样式

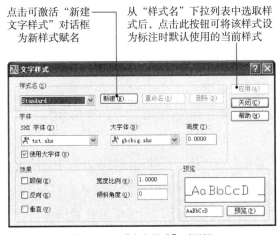

图 2-39　"文字样式"对话框

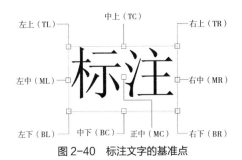

图 2-40　标注文字的基准点

标注文字的插入点是输入文字在图上的定位点（捕捉点），其中单行文字为文字起点的选点，多行文字则为文字边界与基准点相对应的那一点。

AutoCAD 中，文字的对齐与对位的基本规则是：在文字输入时以文字基准点拟合插入点，文字输入后则可通过移动插入点来控制文字的对齐与对位。

3）标注文字的添加

添加单行文字标注可利用 TEXT（DT）命令进行。通过"对正（J）"和"样式（S）"子命令项设定文字的基准点和样式，指定文字的起点、高度（字高）和旋转角度（倾斜度）后，输入具体文字即可。如要紧接着上次输入处的下一行开始输入，可在"指定文字的起点或［对正（J）/ 样式（S）］"的命令行提示下直接回车。

添加多行文字则可利用 MTEXT（T 或 MT）命令进行：确定文字的边界窗口（不必精确）后，在"在位文字编辑器"（图 2-41）中进行文字样式、字体、字高、对齐方式等的设置，按需要输入具体文字并确定即可。如需输入特殊符号、纯文本文档等，可使用"在位文字编辑器"工具栏中的 @ 和 工具按钮，也可在"在位文字编辑器"的文字输入窗口内通过鼠标右击利用快

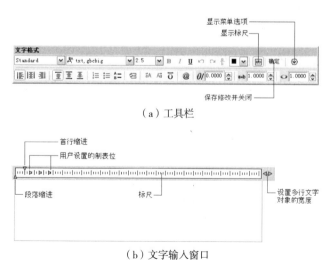

（a）工具栏

（b）文字输入窗口

图 2-41　在位文字编辑器

捷菜单选项进行输入。WORD 文档则可利用剪贴板直接复制粘贴到"在位文字编辑器"的文字输入窗口内。

4）文字的修改编辑

（1）个别文字的修改

如果需要编辑修改标注文字的内容，可利用 DEDIT（ED）命令。

如果需要编辑修改标注文字的多项特性（如文字样式、对位方式、字形字高和倾斜度等），可利用〖标准〗>〖对象特性〗工具。

多行标注文字的编辑修改则可通过鼠标左键双击所需编辑的文字，调用"在位文字编辑器"修改设置来进行。

多行标注文字的中文还可利用夹点编辑来调整文字的横排或竖排的显示方向（图 2-42）。

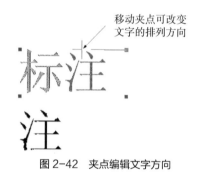

图 2-42　夹点编辑文字方向

（2）文字的批量修改

为便于图纸的修改管理和交流合作，园林设计图要求统一利用文字样式来定义文字的外观。这样在需要改变多处标注文字的外观时，只需通过 STYLE（ST）命令调用"文字样式"对话框（参见图 2-39）、改变其所采用的文字样式的设置即可，非常方便。

5）引线注释的添加

涉及扩初或施工设计的园林设计图中经常需要添加引线注释（图 2-43），可以利用 AutoCAD 的引线注释命令 QLEADER（LE）来方便地进行，但必须先通过该命令的"设置（S）"子命令调用"引线设置"

图 2-43　园林设计图中的引线注释示例

（a）注释设置

（b）引线和箭头设置

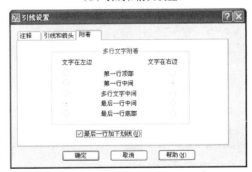

（c）附着设置

图 2-44　在"引线设置"对话框中设置引线外观

对话框，对引线外观进行必要的设置。具体设置可参照图 2-44。

★注意：默认情况下，引线角度约束的 45°值是相对于 WCS 的 X 轴正方向的。

2.3.2　尺寸标注

AutoCAD 可按标注对象的实际尺寸进行自动测量标注，并可按需要随意调整测量精度。为了便于在尺寸标注完成后再对图形进行编辑修改，AutoCAD 还提供了相关标注（Associative Dimensioning）功能，可对对象及其标注同时进行修改。

为便于图纸的修改管理和交流合作，AutoCAD 可利用尺寸标注样式来命名和定制各种尺寸标注的外观和特性。由于园林设计图中不同类型的尺寸标注具有不同的外观特征要求（图 2-45），一般在标注前先按标注类型定义好各种标注样式，然后将所需的样式切换为当前样式，再通过各种标注命令进行集中标注。

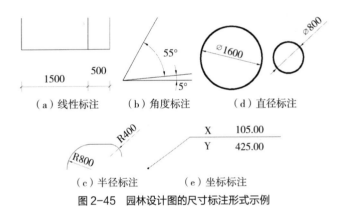

（a）线性标注　（b）角度标注　（d）直径标注

（c）半径标注　（e）坐标标注

图 2-45　园林设计图的尺寸标注形式示例

1）尺寸标注样式的定制

尺寸标注样式的定制可通过 DIMSTYLE（D）命令调用"标注样式管理器"对话框（图 2-46）进行。该对话框可调用"新建标注样式""修改标注样式""替代标注样式"等一系列次级对话框，这些次级对话框具有相同的内容项，可对尺寸标注样式进行具体的设置或修改。图 2-47~图 2-51 是在"新建标注样式"次级对话框的各选项卡中按园林设计图中线性标注形式要求对尺寸标注样式所作的具体设置的说明。

对于园林设计图中的多种标注类型，还可以利用 AutoCAD 的尺寸标注组的功能，以最常用的线性标注

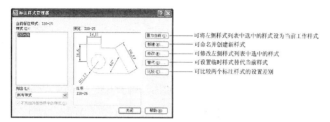

图 2-46 "标注样式管理器"对话框

可将左侧样式列表中选中的样式设为当前工作样式
可命名并创建新样式
可修改左侧样式列表中选中的样式
可设置临时样式代替当前样式
可比较两个标注样式的设置差别

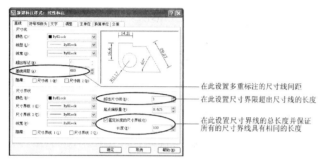

图 2-47 尺寸标注线的设置

在此设置多重标注的尺寸线间距
在此设置尺寸界限超出尺寸线的长度
在此设置尺寸界线的总长度并保证所有的尺寸界线具有相同的长度

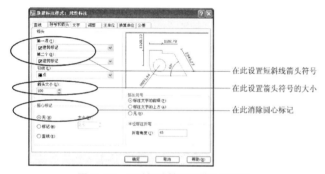

图 2-48 尺寸标注符号和箭头的设置

在此设置短斜线箭头符号
在此设置箭头符号的大小
在此消除圆心标记

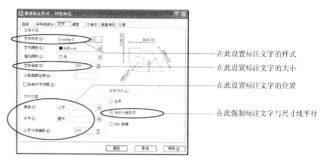

图 2-49 尺寸标注文字的设置

在此设置标注文字的样式
在此设置标注文字的大小
在此设置标注文字的位置
在此强制标注文字与尺寸线平行

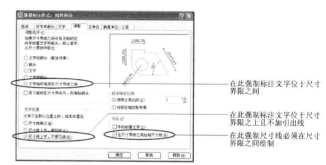

图 2-50 小尺寸标注文字的调整设置

在此强制标注文字位于尺寸界限之间
在此强制标注文字位于尺寸界限之上且不加引出线
在此强制尺寸线必须在尺寸界限之间绘制

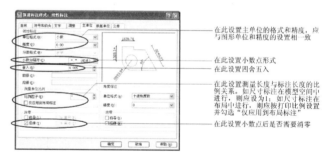

图 2-51 尺寸标注单位和精度的设置

在此设置主单位的格式和精度，应与图形单位和精度的设置相一致
在此设置小数点形式
在此设置四舍五入
在此设置测量长度与标注长度的比例关系。如尺寸标注在模型空间中进行，则应设为1；如尺寸标注在布局中进行，则应按打印比例设置并勾选"仅应用到布局标注"
在此设置小数点后是否需要消零

样式为基础样式，来修改定义一系列子样式。❶

子样式的设置同样通过 DIMSTYLE（D）命令新建样式来进行，只是必须在"创建新标注样式"对话框（图 2-52）中的"基础样式"项中选择设定所需依据的基础样式，并在"用于"项中选择设定子样式所适用的标注类型。

2）尺寸标注样式的选用

尺寸标注样式的选用是通过选择设置当前工作样式来实现的。当前工作样式的选择设置可在"标注样

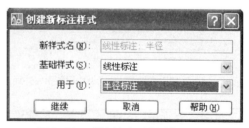

图 2-52 "创建新标注样式"对话框

式管理器"对话框中进行：在对话框左侧的样式列表中选择所需的样式后，点击"置为当前"按钮即可（参见图 2-46）。

---

❶ 基础样式是可用于所有标注类型的命名标注设置。子样式可自动继承基础样式的命名和设置，并可进行部分设置的修改以用于专类标注。

3）尺寸标注的添加

AutoCAD 针对各种尺寸标注类型提供了不同的标注工具。一系列尺寸标注工具可从【标注】下拉菜单或〖标注〗工具栏中获取，也可直接在命令行键入相应的命令（一般以字母 D 打头）。

（1）常规尺寸标注

园林设计图中的常规尺寸标注可利用 AutoCAD 的线性标注、半径标注、直径标注和角度标注等常规尺寸标注（图 2-53）来实现。标注时可以通过选设当前的尺寸标注样式，执行相应的尺寸标注命令（表 2-7），通过对标注对象进行对象选择或捕捉标注定义点来完成。

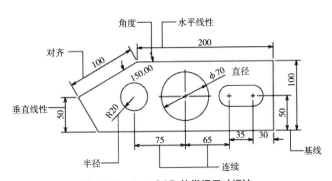

图 2-53　AutoCAD 的常规尺寸标注

AutoCAD 的常规尺寸标注命令　　表 2-7

标注类型	命令
正交线性标注 单一标注 连续标注 多重标注	DIMLINEAR（DLI） DIMCONTINUE（DCO） DIMBASELINE（DBA）
非正交线性标注	DIMALIGNED（DAL）
半径标注	DIMRADIUS（DRA）
直径标注	DIMDIAMETER（DDI）
角度标注	DIMANGULAR（DAN）

（2）非常规尺寸标注

园林设计图中坐标标注的行业标准与 AutoCAD 提供的标注样式不符，因此无法直接使用相应的尺寸标注命令进行标注，属于非常规的尺寸标注。

少量的坐标标注可通过 AutoCAD 的坐标标注与引线注释和文字标注的结合使用来添加，具体步骤为：

◆ 定制坐标标注子样式，并将其尺寸界限隐藏掉。

◆ DINORDINATE（DOR）命令进行坐标标注（图 2-54）。

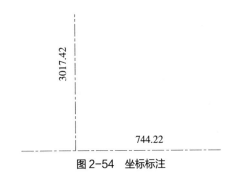

图 2-54　坐标标注

◆ 对需标注的坐标点添加 x 坐标的引线注释（图 2-55）。

◆ 在 X 坐标的引线注释下方添加 Y 坐标的文字标注，并 E⤶ 删除 x、y 坐标标注（图 2-56）。

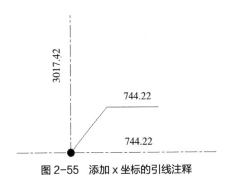

图 2-55　添加 x 坐标的引线注释

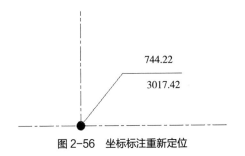

图 2-56　坐标标注重新定位

大量的坐标标注则可使用标准块（参见第 4 章第 4.2 节）并修改文字中的坐标值来实现，也可借助二次开发程序或软件来进行。

（3）快速标注

快速标注可快速创建或编辑一系列标注，通过 QDIM 命令进行。在需要创建系列基线或连续标注或者为一系列圆或圆弧创建标注时，该命令特别有效。表 2-8 是对 QDIM 命令的子命令项及其功能的说明。

QDIM 命令的子命令项及其功能　　表 2-8

子命令	命令功能
连续（C）	创建一系列连续标注
并列（S）	创建一系列并列标注
基线（B）	创建一系列基线标注
坐标（O）	创建一系列坐标标注
半径（R）	创建一系列半径标注
直径（D）	创建一系列直径标注
基准点（P）	为基线和坐标标注设置新的基准点
编辑（E）	编辑一系列标注
设置（T）	为指定尺寸界线原点设置默认的对象捕捉模式

4）尺寸标注的修改

（1）全局修改

全局修改是指对图中所有采用同一样式的尺寸标注统一进行的修改，可通过修改相应的样式设置来迅速地实现。

（2）部分修改

部分修改是指对个别尺寸标注进行的修改，修改方法应修改要求的不同而不同：

● 改变部分标注的样式：可将所需的样式设为当前样式，利用【标注】>【更新】菜单项或〖标注〗>〖标注更新〗工具■选择需要修改的标注进行更新改变。

● 修改部分标注的细节：可利用 DIMEDIT（DED）这一专门的尺寸标注编辑命令对部分标注进行细节修改（表 2-9）。

DIMEDIT 命令的子命令项及其功能　　表 2-9

子命令	命令功能
默认（H）	将旋转标注文字移回默认位置
新建（N）	使用在位文字编辑器更改标注文字
旋转（R）	旋转标注文字
倾斜（O）	调整线性标注尺寸界线的倾斜角度

● 修改标注的文字部分：可利用 DEDIT（ED）命令选择所需修改的尺寸标注文字，通过在位文字编辑器来修改。

● 修正标注及标注文字的位置：可利用夹点编辑进行（图 2-57）。

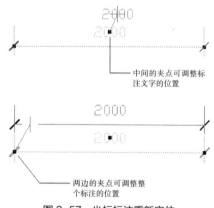

图 2-57　坐标标注重新定位

● 修改单个标注的样式设置：可利用〖标准〗>〖特性〗工具■进行。

5）尺寸标注的关联

为了便于进行反复的设计修改，避免在修改后图形与原有尺寸标注不符，AutoCAD 提供了关联标注的功能，使标注的尺寸值可以根据所测量的几何对象的变化而进行相应的修正。标注的关联性由 DIMASSOC 系统变量❶决定，并可通过 DIMREASSOCIATE 和

---

❶　DIMASSOC 系统变量设置为 0 时，系统将创建分解标注（标注的不同元素之间没有关联）；DIMASSOC 系统变量设置为 1 时，系统将创建非关联标注对象（标注的各种元素组成一个单一的对象，但与被标注的几何对象不关联）；DIMASSOC 系统变量设置为 2 时，系统将创建关联标注对象（标注的各种元素组成单一的对象，并且标注的一个或多个定义点与几何对象上的关联点相连接）。

DIMDISASSOCIATE 命令进行修改。

> ★注意：布局（参见第 5 章第 5.2.1 节）中的标注也可以与模型空间中的对象相关联。因此，为避免设计图形与标注内容的干扰，并且方便整体设计方案最终输出的不同比例的图纸间能够获得大小一致的标注文字，尺寸标注的工作可在布局空间中完成。

2.3.3　添加表格

园林设计图中的简单表格可以在 AutoCAD 中定制插入。基本步骤如下：

◆【格式】>【表格样式】定制表格样式。与尺寸标注样式的定制相类似，首先通过"表格样式"对话框新建表格样式，并在其次级对话框"新建表格样式"中对表格单元和边框等特性进行设置（图 2-58）。

图 2-58　"新建表格样式"对话框

◆【绘图】>【表格】或〖绘图〗>〖表格〗，在"插入表格"对话框（图 2-59）中设置插入方式及行列要求后，在图形中插入空白表格。

◆ 通过鼠标左键双击单元格或使用 Tab 键切换

单元格，利用在位文字编辑器在每一单元格输入文字内容（图 2-60）。

◆ 点选该表格，利用夹点编辑调整列距和行距（图 2-61），获得合适的排版效果。

图 2-59　"插入表格"对话框

图 2-60　文字内容输入

用地类型	面积	百分比
建筑	40	40%
道路	15	15%
绿地	35	35%

图 2-61　列距和行距调整

2.3.4　OLE 对象的嵌入和链接

利用 Windows 的 OLE（Object Linking and Embedding，即对象链接和嵌入）功能，可以将源文档中的数据链接或嵌入到目标文档中，从而实现信息的共享。使用该方法在选择目标文档中的数据时，将打开源应用程序，以便对数据进行编辑。其中，链接的对象还能够通过更新链接来反映对源文档所做的修改。

OLE 对象的基本特征包括：

● OLE 对象都是不透明的，会覆盖其背景中的对象。

● OLE 对象显示有边框，但该边框不会被打印。

● 当打印带有文字的 OLE 对象时，文字的大小与其在源应用程序中的大小基本相同。

因此，园林设计中的设计说明、用地平衡表等，也可以在 Microsoft Word 或 Excel 中编辑、计算后，利用 Windows 的剪贴板嵌入到 AutoCAD 文档中，或通过【插入】>【OLE 对象】输入到 AutoCAD 文档中并建立与源文档的链接。

★注意：①利用 Windows 的剪贴板只能将源文档中的数据嵌入到目标文档中，嵌入对象与源文档之间没有链接，无法反映对源文档所做的进一步修改。

②插入 OLE 对象时应勾选"插入对象"对话框中的"链接"选项（图 2-62），以有效建立 OLE 对象与源文档的链接。

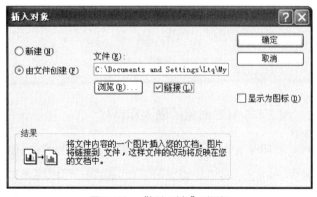

图 2-62　"插入对象"对话框

2.3.5　园林设计图纸标注实例

下面将对上节案例中亭子的详细设计图进行尺寸标注和文字标注，以详细说明园林设计图纸的标注步骤。

◆ 打开在上节完成亭子剖立面图后保存的"例 2-2.dwg"图形文件。

◆ D↙创建"线性标注"基础样式，文字样式采用"Standard"默认样式。

◆ DLI↙局部作尝试性的线性标注，并根据实际情况调整"线性标注"基础样式的设置直至满意的效果（图 2-63）。

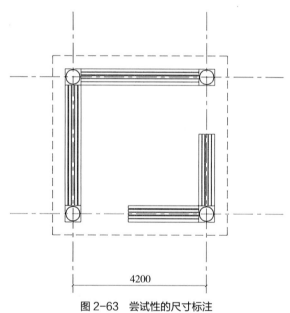

图 2-63　尝试性的尺寸标注

◆ D↙基于"线性标注"基础样式创建"线性标注：半径"子样式。

◆ 完成所有的尺寸标注（图 2-66）。

◆ PL↙用不同的线宽在平面图上绘制单侧的剖切线，并 MI↙绘制另一侧的剖切线（图 2-64）。

◆ ST↙创建"图名"和"说明"文字样式，分别采用"黑体"和"宋体"字体，并通过估算设置不

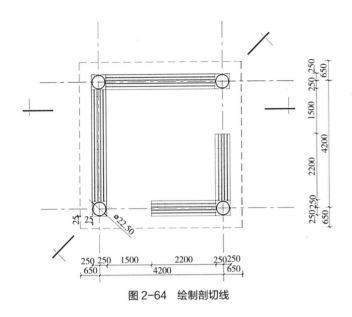

图 2-64　绘制剖切线

平面图　1:50

图 2-65　尝试性的文字标注

同的字高。

◆ DT↙局部作尝试性的文字标注，并根据实际情况调整"图名"和"说明"文字样式的字高设置（图 2-65）。

◆ DT↙采用"图名"文字样式标注所有图名，T↙采用"说明"文字样式用符号添加剖切线编号，完成所有标注（图 2-66）。

★注意：标注过程中应通过 UCS 切换获得所需的正视图，Ⅱ－Ⅱ剖立面不得旋转移动，应在打印输出时借助布局视口中的 UCS 切换（参见第 5 章第 5.2.3 节）获得正视图。

习题

1. 通过访问命令、查看相应的帮助文件和试操作来熟悉各种常用的绘图、编辑命令。

命令帮助文件查看方法：◆ 命令或命令别名↙
◆ F1

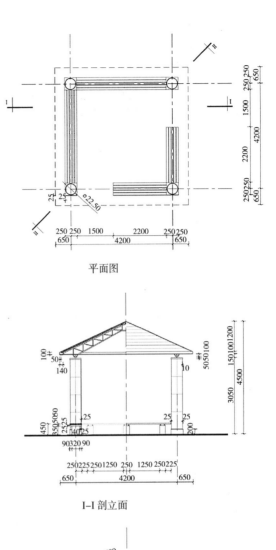

平面图

I–I 剖立面

Ⅱ–Ⅱ 剖立面

图 2-66　完成标注

2. 绘制本章第 2.1.5、2.2.2、2.3.5 节中的实例，并就如何提高工作效率进行经验总结。

3. 结合自己的设计实践用 AutoCAD 绘制设计图。

第3章 风景建筑的三维建模

在风景建筑设计中，通过三维建模不仅可获得设计对象的真实表现，以模型为基础还可以进一步创建富有感染力的真实感渲染及动画表现，并可方便地进行多工种间的干涉检查和执行工程分析。使用 AutoCAD 的三维建模功能可以直接基于建筑的平、立、剖面创建用户设计的高精度实体、线框或网格模型，其创建原理与 3DS MAX 类似。

3.1 概述

3.1.1 AutoCAD 模型类型及在风景建筑三维建模中的适用性

实体模型、线框模型和网格模型是三种不同类型的模型，其构成、创建原理和特性各不相同（表 3-1），在风景建筑三维建模中的适用性也不同。

在各类三维模型中，实体模型和网格模型均可用于风景建筑的三维建模和渲染表现。但由于实体的信息最完整，歧义最少，且更容易构造和编辑复杂的对象形体，因此在硬件支持较好、建筑形体较为复杂的情况下，风景建筑三维建模应首先考虑采用实体模型。本章将着重介绍如何用实体模型来进行风景建筑的三维建模。

3.1.2 三维建模工作空间

AutoCAD 的"三维建模"工作空间（图 3-1）包含了所有与三维工作相关的工具栏、菜单和选项板，

模型类型比较　　　　　　　　　　　　　　　　　　　表 3-1

模型类型	构成要素	创建原理	特性
实体模型	体块	通过赋予二维线性对象高度和宽度、在三维方向上拉伸、旋转面对象或直接规定三维实体的空间几何特征来创建各种实体对象，并通过组合、切割实体对象或编辑实体对象上的面、线等子对象来生成复杂的实体	表示整个对象的体积，便于编辑修改，能计算质量、体积、重心等物理特性，但文件量较大
线框模型	直线和曲线	通过在三维空间中直接绘制线性对象或将任意二维平面对象移放到所需的三维空间位置来构成线框	仅表示对象边界，无法进行消隐、着色和渲染。且由于构成线框模型的每个对象都必须单独绘制和定位，因此这种建模方式可能最为耗时
网格模型	多边形网格面	通过侧向拉伸、旋转线性对象或直接规定面的空间几何特征来创建各种面对象，并通过规定面上的网格数量来形成网格面	表示对象的围合表面。由于单元网格面是平面的，因此对于曲面只能通过细分网格来近似地拟合。网格模型的编辑修改较为复杂，但文件量较小

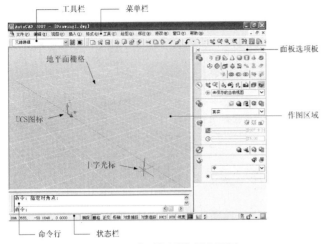

图 3-1　"三维建模"操作界面

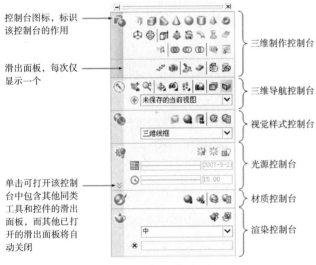

图 3-2　〖面板〗选项板

专门用于创建三维模型。在该工作空间中，所有与三维建模、观察和渲染相关的工具按钮和控件被集中在〖面板〗选项板中，组织形成一系列控制台（图 3-2）。

〖面板〗将在用户使用三维建模工作空间时自动显示。也可通过【工具】>【选项板】>【面板】菜单项或 DASHBOARD 命令调用。

3.1.3　三维建模的技术基础

三维建模中，经常需要改变观察模型的视角和方式以方便工作，AutoCAD 是通过变换视图和视觉方式

来实现的。此外，为了尽可能将三维的工作简化为二维工作，AutoCAD 允许在三维对象的 XY 平面上绘制二维对象进而在空间中拉伸形成三维对象，还可利用一些简单的二维编辑命令编辑三维对象，这就需要通过 UCS 的转换取得三维空间中的任意 XY 工作平面，以便于在二维工作平面上创建和修改空间位置不同的三维对象。因此，能够迅速获得所需的工作视图、视觉方式和工作坐标系是非常重要的。

在三维空间中进行精确的建模工作时，很多情况下难以准确获得空间定位的 X、Y、Z 坐标，如在同一观察视角下前后对象可能重叠，使用对象捕捉或自动追踪等辅助工具时可能会选到错误的点。因此在这些情况下只能参照不同对象的特征点或空间关系，获得完善的 X、Y、Z 坐标定位，这就需要在命令执行过程中允许分批指定工作对象的 X、Y、Z 坐标。为此，AutoCAD 还开发了坐标过滤器，便于借助不同对象分别获得 X、Y、Z 坐标定位。

1）三维工作视图的获取

视图是从空间中特定位置（视点）观察到的模型图形，是轴测图形。在三维工作中，可通过在〖面板〗中三维导航控制台的下拉视图列表中选择预设视图来迅速获得和切换各种正交视图和等轴测视图（表 3-2），也可利用 DDVPOINT（VP）或 VPOINT（-VP）命令来设置任意视点的轴测视图（表 3-3）。

预设视图　　　　　　　　　　表 3-2

预设视图	UCS 图标	说明
俯视		是从模型的正上方向下观察的方式
仰视、主视、左视、右视、后视		分别表现模型的底视图及前、左、右、后侧的立面图。在切换视图的同时，坐标系的 XY 工作平面会自动切换到当前的视图平面上，因此也可以作为预置坐标系提供迅速切换 UCS 的功能

续表

预设视图	UCS 图标	说明
SW（西南）等轴测		是从 XY 工作平面的第三象限面向坐标原点，通过与 X、Y、Z 轴等夹角的视角观察模型
SE（东南）等轴测		是从 XY 工作平面的第四象限面向坐标原点，通过与 X、Y、Z 轴等夹角的视角观察模型
NE（东北）等轴测		是从 XY 工作平面的第一象限面向坐标原点，通过与 X、Y、Z 轴等夹角的视角观察模型
NW（西北）等轴测		是从 XY 工作平面的第二象限面向坐标原点，通过与 X、Y、Z 轴等夹角的视角观察模型

任意视点轴测视图的设置方法　　　表 3-3

设置命令	设置方法说明
DDVPOINT（VP）	可调用"视点预置"对话框（图 3-3），通过设置视点至坐标原点的连线与 X 轴、XY 平面的夹角来获得视图
VPOINT（-VP）	包括指定视点、旋转（R）和显示坐标球和三轴架 3 个子命令： 指定视点：可通过输入视点的 X、Y、Z 坐标来自动生成从视点指向坐标原点的视线方向来获得视图。 旋转（R）：可通过输入从视点至坐标原点的连线与 X 轴、XY 平面的夹角来获得视图。 显示坐标球和三轴架：直接回车将执行该子命令，可通过光标在坐标球中的选点来获得视图，并通过三轴架的即时改变来提示视线方向（图 3-4）

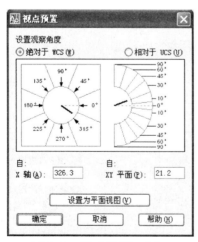

图 3-3　"视点预置"对话框

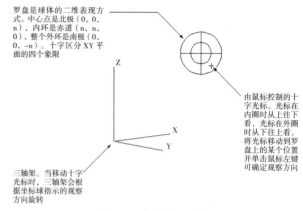

图 3-4　坐标球和三轴架

罗盘是球体的二维表现方式。中心点是北极（0, 0, n），内环是赤道（n, n, 0），整个外环是南极（0, 0, -n）。十字区分 XY 平面的四个象限

由鼠标控制的十字光标。光标在内圈时从上往下看，光标在外圈时从下往上看。将光标移动到罗盘上的某个位置并单击鼠标左键可确定观察方向

三轴架。当移动十字光标时，三轴架会根据坐标球指示的观察方向旋转

任意视点的轴测视图一旦设好后，还可以通过 -VIEW（-V）命令来命名保存，以纳入三维导航控制台的下拉视图列表中，便于反复调用。

★注意：默认情况下，在三维中指定视图时，该视图将相对于系统预设的 WCS 而建立。如需视图与当前的 UCS 相对应，则可在"视点预置"对话框中选择"相对于 UCS"项。

2）视觉样式

视觉样式是一组用来控制模型对象的边和着色显示的设置。AutoCAD 提供了 5 种默认的视觉样式（表 3-4）供选用，其中在三维工作时根据具体情况，常用的是三维线框、三维隐藏、真实和概念这 4 种样式。

AutoCAD 默认的视觉样式　　　表 3-4

样式名	样式图标	三维对象显示效果	显示说明
二维线框		—	显示用直线和曲线表示边界的对象。光栅和 OLE 对象、线型和线宽均可见
三维线框			显示用直线和曲线表示边界的对象

续表

样式名	样式图标	三维对象显示效果	显示说明
三维隐藏			显示用三维线框表示的对象并隐藏表示后向面的线
真实			着色多边形平面间的对象，并使对象的边平滑化。将显示已附着到对象的材质
概念			着色多边形平面间的对象，并使对象的边平滑化。着色使用古氏面样式，一种冷色和暖色之间的过渡而不是从深色到浅色的过渡。效果缺乏真实感，但是可以更方便地查看模型的细节

视觉样式的选择可在〖面板〗中视觉样式控制台的下拉视图列表中进行。如需更改视觉样式的设置或自定义视觉样式，可利用〖面板〗>〖视觉样式管理器〗工具 🌑 访问〖视觉样式管理器〗选项板来进行。

★注意：①创建和编辑模型对象时，应切换至三维线框视觉样式。

②在三维线框视觉样式下如需观察模型的消隐效果（三维隐藏），可使用 HIDE（HI）命令，并可通过 UNDO（U）命令取消消隐状态。

③如果必要，可利用 FACETRES 系统变量来调整着色和消隐对象的平滑度。有效值为 0.01 到 10.0，初始值为 0.5。

3）工作坐标系的切换

在三维工作中，需要切换工作坐标系的情况主要包括：

● 要在其中创建和修改对象的工作平面与当前坐标系的 XY 平面不平行。

● 需要在三维中旋转对象，但没有可供旋转轴参照的对象，必须借助坐标轴的改变、参照坐标轴来指定旋转轴。

工作坐标系的切换既可以通过 UCS 命令来自行设定 UCS 的位置，也可以通过切换到预设视图中的仰视、主视、左视、右视、后视视图后再切换回三维视图来使用各种预置坐标系。对于实体建模，AutoCAD 还开发了动态 UCS 功能，可以在创建对象时使 UCS 的 XY 平面自动与实体模型上的平面临时对齐，旨在省略大量切换 UCS 的操作，使用户可以更专注于模型的创建和编辑。

动态 UCS 的打开或关闭可通过状态栏上的 DUCS 按钮来实现，也可使用 F6 功能键进行切换。其基本的操作步骤如图 3-5 所示。

   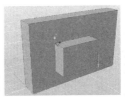 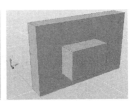

| 打开动态 UCS 并执行所需的绘图或编辑命令。 | 将光标移动所需的操作面上，该面的边将亮显，提示系统拾取到了动态 UCS 的工作平面。 | 在操作面上选点后，在选点位置将自动出现动态 UCS 坐标系，供工作参照。 | 继续执行绘图或编辑命令。 | 结束命令后，UCS 图标将恢复到命令操作前的位置和方向。 |

图 3-5　动态 UCS 的使用

★注意：①为避免动态 UCS 随时自动切换 UCS 工作坐标系造成大量不必要的误操作，必须强调在风景园林的三维建模工作中，应确保关闭动态 UCS 功能，仅仅在确定需要使用该功能的情况下，临时打开使用该功能。

②动态 UCS 仅能检测到实体的前向面。其 X 轴将沿面的一条边定位，且 X 轴的正向始终指向屏幕的右半部分。

③动态 UCS 仅当命令处于活动状态时才可用。可以使用动态 UCS 的命令类型包括：

● 简单几何图形：直线、多段线、矩形、圆弧、圆

● 文字：文字、多行文字、表格

● 参照：插入、外部参照

● 实体：原型和多段体（参见本章第 2 节）

● 编辑：旋转、镜像、对齐

● 其他：UCS、区域、夹点工具操作

④在命令执行状态中通过 F6 功能键或按住 Shift+Z 组合键可以临时关闭动态 UCS。

⑤如果打开了栅格模式和捕捉模式，它们将与动态 UCS 临时对齐。栅格显示的界限将自动设置。

⑥如要在动态 UCS 的光标上显示 XYZ 标签（图 3-6），可在状态栏的 DUCS 按钮上单击鼠标右键并选择"显示十字光标标签"快捷菜单项。

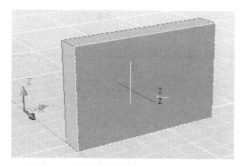

图 3-6　显示 XYZ 标签的动态 UCS 光标

4）利用坐标过滤器进行空间定位

坐标过滤器也称为 X、Y、Z 点过滤器，它可以从不同的空间参照点提取单独的 X、Y 和 Z 坐标值，以组合创建新点的坐标值，从而便于进行三维空间定点或二维实体对齐（图 3-7）。坐标过滤器的使用可以在任何"指定点"的命令行提示下输入".x"".y"".z"".xy"".xz"或".yz"，然后通过选点或输入值来获得新点的相应坐标值，并通过后续的选点或输入值来补充其余的坐标值，最终完成新的空间点定位。

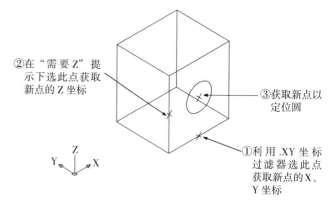

②在"需要 Z"提示下选此点获取新点的 Z 坐标

③获取新点以定位圆

①利用 .XY 坐标过滤器选此点获取新点的 X、Y 坐标

图 3-7　在三维中使用坐标过滤器的示例

★注意：①如在命令执行过程中已进行过选点，且本次选点与上次选点的 X、Y 或 Z 坐标值相同，则可在命令行提示要求输入该项坐标值时，直接输入"@"符号表示该点的该项坐标值应与上一选点相同。

②所有点坐标值均相对于当前 UCS。为避免在操作过程中 UCS 发生改变，使用坐标过滤器时应关闭动态 UCS 功能。

3.1.4　风景建筑三维建模的注意事项

风景建筑的三维建模应注意以下几点：

● 三维建模应与二维作图分别建立文件，以避免对二维设计图的破坏。并可通过删除图形文件中与三

维工作无关的信息（如标注、图案填充等），以尽可能减小文件量。

● 模型中不同材料的部分必须为彼此独立的实体，以便于后期赋予材质进行表现。

● 彼此衔接的独立实体之间必须准确搭接，以保证模型的正确性。

3.2 实体模型的创建与编辑

实体建模一般遵循先创建较为简单的实体对象，然后通过编辑、修改、组合各种实体对象的工作程序，构成较为复杂的模型。

在 AutoCAD 中，所有的创建与编辑实体对象的工具都集中在〖面板〗的三维制作控制台中。

3.2.1 实体对象的创建

AutoCAD 的实体对象可以从头开始创建，也可以利用现有对象（如面或闭合的线性对象等）创建。表 3-5 中简要概括了实体对象的主要创建方式，相关命令大多可通过〖面板〗上三维制作控制台中的相应工具进行访问。

AutoCAD 实体对象的创建方式 表 3-5

创建方式	创建命令	访问工具	创建原理	图示说明	创建方法
自行创建实体图元	BOX	长方体 	长方体的底面与当前 UCS 的 XY 平面（工作平面）平行，长度与 X 轴对应，宽度与 Y 轴对应，高度与 Z 轴对应	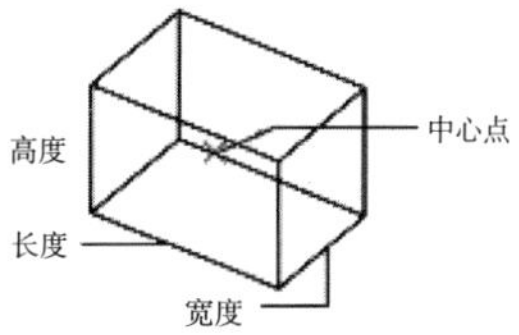	①通过指定角点创建长方体；②使用指定的中心点创建长方体；③按照指定的长宽高创建长方体；④使用"立方体（C）"子命令创建长、宽、高相同的长方体
	WEDGE	楔体 	楔体的底面与当前 UCS 的 XY 平面平行，斜面正对第一个角点。楔体的高度与 Z 轴平行	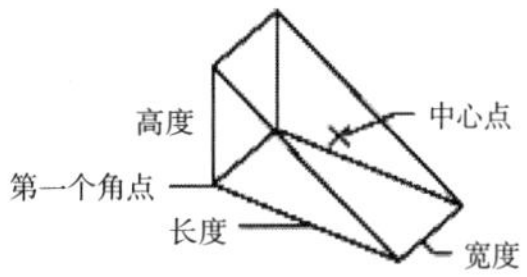	①通过指定角点创建楔体；②使用指定的中心点创建楔体；③按照指定长宽高创建楔体；④使用"立方体（C）"子命令创建长、宽、高相同的等边楔体
	CONE	圆锥体 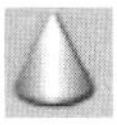	以圆或椭圆为底面，可以将底面逐渐缩小到一点来创建实体圆锥体，也可以通过逐渐缩小到与底面平行的圆或椭圆平面来创建圆台	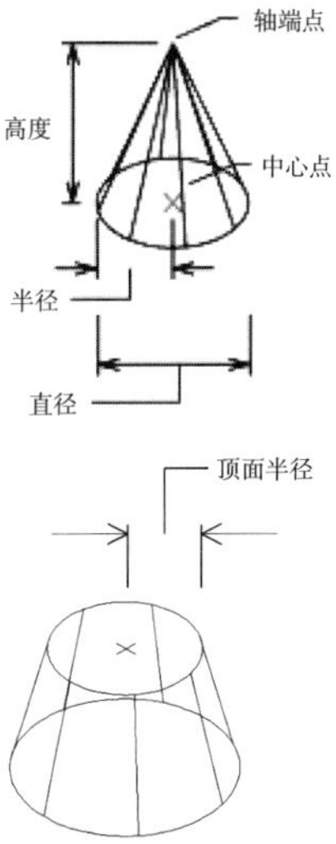	①圆锥体底面可通过指定中心点、周长（三点 3P）、直径（两点 2P 或直径 D）、半径绘制椭圆（椭圆 E）来定义，也可根据指定半径且与两个对象相切的几何关系来定义（相切、相切、半径 T）；②使用"顶面半径（T）"子命令可创建圆台；③使用"轴端点（A）"子命令可指定圆锥体轴的端点（圆锥体的顶点或圆台的顶面中心点）位置；④圆锥体的高度可通过输入高度值、指定两点之间的距离为高度或指定轴端点来定义

续表

创建方式	创建命令	访问工具	创建原理	图示说明	创建方法
自行创建实体图元	SPHERE	球体	放置球体使其中心轴平行于当前用户坐标系（UCS）的 Z 轴，纬线与 XY 平面平行	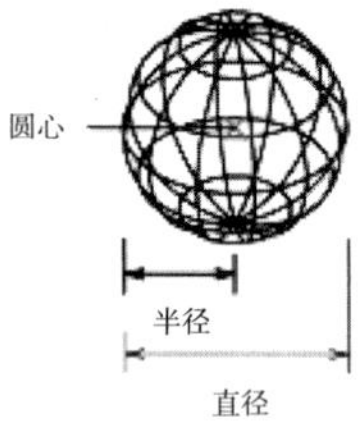	①指定中心点、半径或直径创建球体；②在三维空间的任意位置指定三个点或两个点来定义球体的圆周；③根据指定半径且与两个对象相切的几何关系来定义球体（相切、相切、半径 TTR）
	CYLINDER	圆柱体 	以圆或椭圆为底面，中心轴与底面垂直	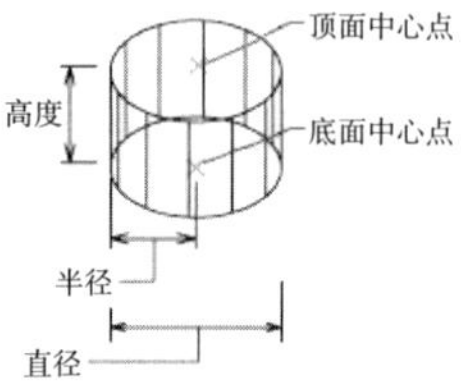	①圆柱体底面的定义类似于圆锥体底面的定义；②圆柱体的高度可通过输入高度值、指定两点之间的距离为高度或指定轴端点（圆柱体的顶面中心点）来定义
	PYRAMID	棱锥体 	通过将底面逐渐缩小到一个点或是与底面边数相同的平整顶面来创建棱锥体或棱台	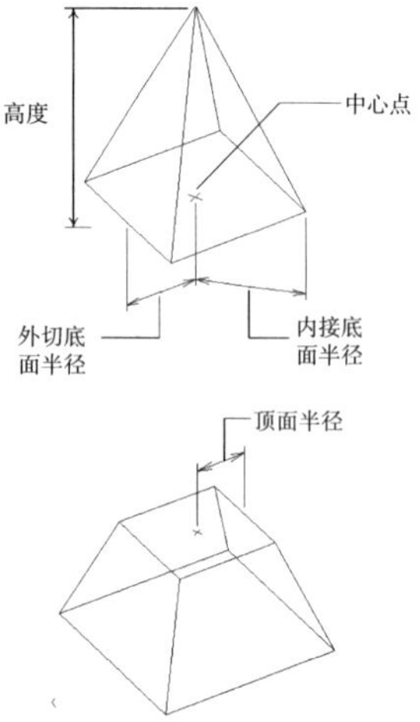	①棱锥体的侧面数可定义为介于 3 到 32 之间（侧面 S）；②底面可通过指定中心点和半径（内接或外切）或利用两点指定一条底边来定义；③使用"顶面半径（T）"子命令可创建棱台；④使用"轴端点（A）"子命令可指定棱锥体轴的端点（圆锥体的顶点或圆台的顶面中心点）位置；⑤棱锥体的高度可通过输入高度值、指定两点之间的距离为高度或指定轴端点来定义
	TORUS	圆环 	圆环体由两个半径值定义：一个是圆管半径，另一个是圆环半径（从圆环体中心到圆管中心的距离）。当圆管半径大于圆环半径时，圆环会自交（没有中心孔）	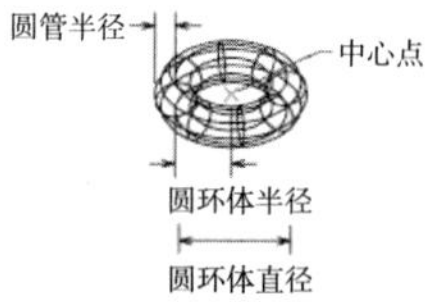	①圆环半径可通过指定中心点和半径或直径、指定三个点或两个点来定义圆环体的圆周或根据指定半径且与两个对象相切的几何关系来确定；②圆管半径可通过直接指定半径或直径或参照两点之间的距离来确定
利用现有对象创建	EXTRUDE	拉伸 	通过拉伸闭合的对象❶生成实体	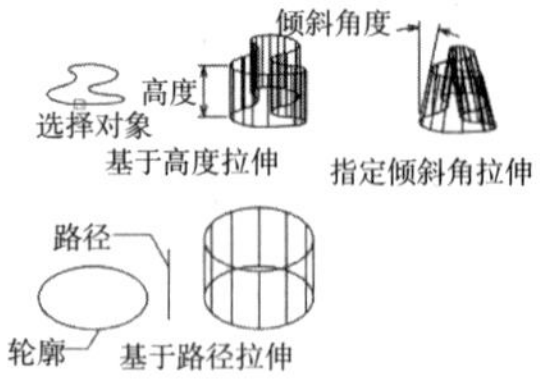	①可指定拉伸高度来拉伸对象；②可通过两点指定拉伸的长度和方向来拉伸对象；③可基于路径拉伸对象；④可指定拉伸的倾斜角❷进行倾斜拉伸

❶ 闭合的对象包括闭合的多段线、圆、椭圆、三维面、二维实体、宽线、面域、平曲面、实体上的平面等。
❷ 正角度表示从基准对象逐渐变细地拉伸，而负角度则表示从基准对象逐渐变粗地拉伸。

创建方式	创建命令	访问工具	创建原理	图示说明	创建方法
利用现有对象创建	REVOLVE	旋转 	通过绕轴旋转闭合的对象来创建实体	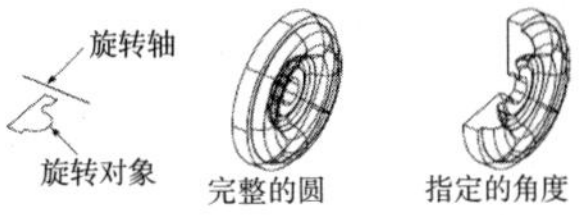 旋转轴　旋转对象　完整的圆　指定的角度	①旋转轴可通过选择空间的两点、利用现有的对象❶（对象O）或参照当前UCS的X、Y、Z轴（X/Y/Z）进行定义；②可指定旋转角度或起点角度进行旋转❷
	SWEEP	扫掠	通过沿开放或闭合的二维或三维路径❸扫掠闭合的平面曲线（轮廓）来创建实体	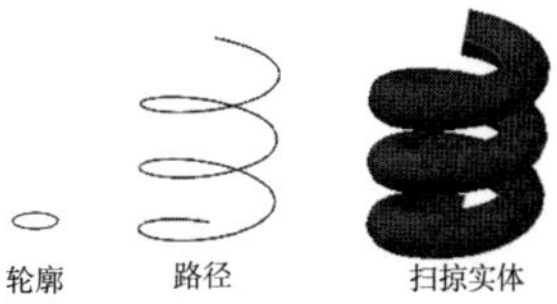 轮廓　路径　扫掠实体	可通过以下子命令控制扫掠实体的生成特征：①对齐（A）：指定是否移动轮廓使之与路径垂直对齐；②基点（B）：指定轮廓的基点并据此使扫掠实体与路径偏离。如果指定的点不在轮廓对象所在的平面上，则该点将被投影到该平面上；③比例（S）：按比例沿路径缩放轮廓；④扭曲（T）：沿路径旋转轮廓使扫掠实体发生扭曲
	LOFT	放样 	通过对闭合的横截面进行放样来创建三维实体	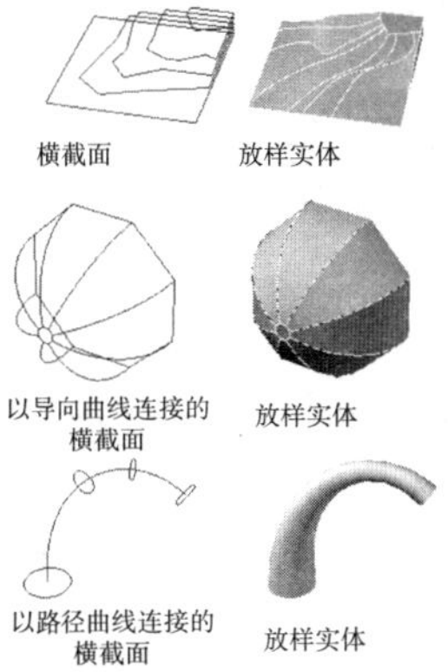 横截面　放样实体　以导向曲线连接的横截面　放样实体　以路径曲线连接的横截面　放样实体	①利用一组横截面进行放样；②利用导向曲线（与每个横截面相交、从第一个横截面开始并到最后一个横截面结束的直线或曲线）进行放样；③利用与横截面的所有平面相交的路径曲线进行放样
	THICKEN	加厚曲面	通过加厚曲面❹从任何曲面类型创建三维实体	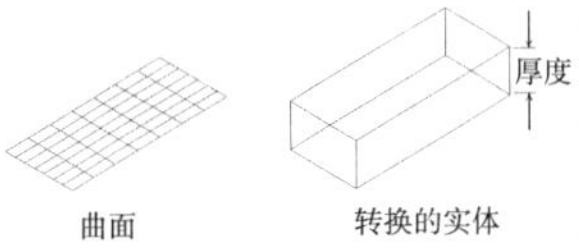 曲面　厚度　转换的实体	通过指定厚度值将所选的曲面转换为实体。默认的厚度值始终是先前输入的厚度值
	CONVTOSOLID	转换为实体	可将具有厚度的统一宽度的宽多段线、闭合的具有厚度的零宽度多段线或具有厚度的圆转换为拉伸三维实体	—	选择要转换的对象

❶ 可以用作旋转轴的对象包括直线、线性多段线线段、曲面的线性边和实体的线性边。
❷ 旋转遵循右手法则（参见第2章第2.2.1节中的脚注1）。
❸ 可以用作扫掠路径的对象包括直线、圆弧、椭圆弧、二维多段线、二维样条曲线、圆、椭圆、三维多段线、螺旋、曲面或实体的边。其中螺旋可利用三维制作控制台滑出面板中的〖螺旋〗工具生成。
❹ 创建曲面的主要方法包括：
①使用〖拉伸〗、〖旋转〗、〖扫掠〗、〖放样〗工具可将不闭合的对象创建成曲面；
②使用〖转换为曲面〗工具（CONVTOSURFACE命令），可以将二维实体、面域、体、开放的、具有厚度的零宽度多段线、具有厚度的直线、具有厚度的圆弧或三维平面转换为曲面；
③使用〖平面曲面〗工具（PLANESURF命令）可通过从一个或多个封闭区域中选择一个（或多个）对象或指定矩形的对角点来创建平曲面。指定曲面角点时，将平行于工作平面创建曲面。

续表

创建方式	创建命令	访问工具	创建原理	图示说明	创建方法
综合	POLYSOLID	多段体 	通过绘制指定高度和宽度的轮廓生成多段体，或将现有直线、二维多线段、圆弧或圆转换为具有矩形轮廓的实体。多段体可以包含曲线线段，但是默认情况下轮廓始终为矩形，常用于在模型中创建墙	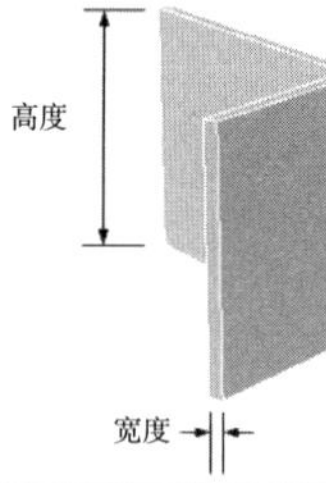 高度 宽度	①设定高度和宽度与绘制多段线一样绘制多段体，可使用"对正（J）"子命令定义轮廓宽度与鼠标选点的对位关系 ❶；②通过选择对象来指定要转换为实体的对象

★注意：①可利用 ISOLINES 系统变量控制用于显示实体弯曲部分的素线数目。有效数值为 0 到 2047 的整数，初始值为 4。

②利用现有对象创建实体时，可利用 DELOBJ 系统变量控制是否在创建后自动删除用于创建实体的对象，以及是否在删除对象时进行提示。

3.2.2 实体对象的编辑

AutoCAD 中实体对象的编辑主要可采用 3 种方式：

● 利用实体编辑命令或圆角、倒角、缩放等基本编辑命令修改、组合实体；

● 利用夹点编辑对实体进行修改或重新定位；

● 利用二维或三维编辑命令在三维空间中移动、复制实体。

1）实体对象的修改与组合

AutoCAD 中用于修改、组合实体对象的常用编辑命令大多可通过〖面板〗上三维制作控制台中的相应工具进行访问。此外，圆角、倒角和缩放等命令也可以修改实体对象的细部或大小。表 3-6 是对这些编辑命令的介绍。

可用于修改、组合实体对象的编辑命令　　　　　　　　　　表 3-6

编辑命令	访问工具	作用	图示说明	操作方法
UNION	并集 	合并两个或两个以上实体的总体积，成为一个复合对象	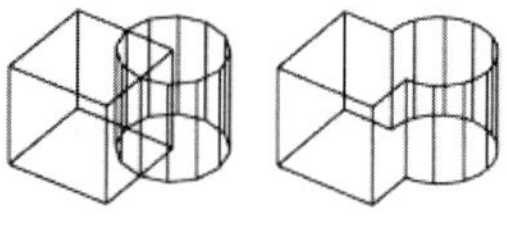 使用 UNION 之前的实体　　使用 UNION 之后的实体	通过选择相交或分离的实体使之合并
SUBTRACT	差集 	从一组实体中删除与另一组实体的公共区域	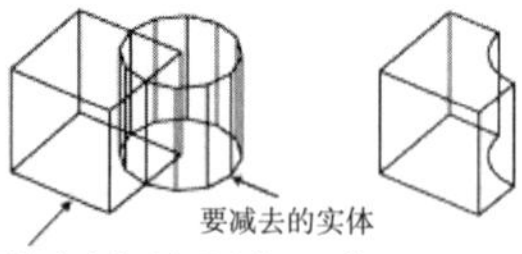 要从中减去对象的实体　要减去的实体　使用 SUBTRACT 后的实体	从第一个选择集中的对象减去第二个选择集中的对象，然后创建一个新的实体
INTERSECT	交集 	从两个或两个以上重叠实体的公共部分创建复合实体	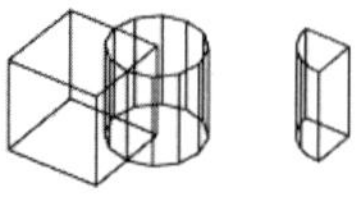 使用 INTERSECT 之前的实体　　使用 INTERSECT 之后的实体	通过选择相交实体计算产生交集

❶ 对正方式包括左对正、右对正或居中，由轮廓的第一条线段的起始方向决定，即通过假定人是从第一条线段的起始点面向终点站立来判断左、右对正关系。

续表

编辑命令	访问工具	作用	图示说明	操作方法
SLICE	剖切	通过定义剖切平面来剖切现有实体，剖切实体可以保留一半或全部	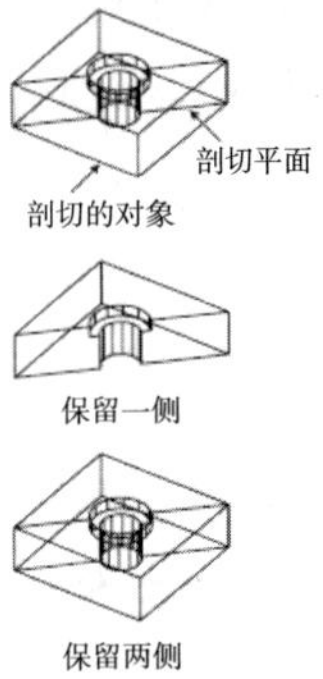 剖切平面、剖切的对象、保留一侧、保留两侧	剖切平面可利用曲面、圆、椭圆、圆弧或椭圆弧、二维样条曲线、二维多段线等对象定义，也可通过指定点或借用当前 UCS 的 XY 平面、YZ 平面或 ZX 平面来定义
PRESSPULL	按住并拖动 	可以选中并拖动以下任一类型的有限区域：①任何可以通过以零间距公差拾取点来填充的区域；②由交叉共面和线性几何体（包括边和块中的几何体）围成的区域；③由共面顶点组成的闭合多线段、面域、三维面和二维实体；④与三维实体的任何面共面的几何体（包括面上的边）创建的区域	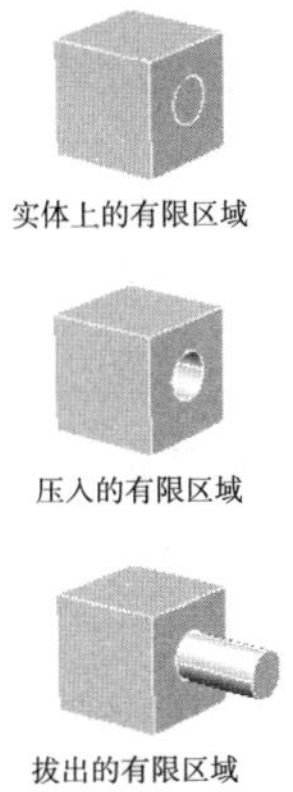 实体上的有限区域、压入的有限区域、拔出的有限区域	按住 Ctrl + Alt 组合键，然后拾取区域来按住或拖动有限区域
IMPRINT	压印	将与选定实体上的一个或多个面相交的圆弧、圆、直线、二维和三维多段线、椭圆、样条曲线、面域、体或三维实体压印到该实体上，来创建三维实体上的新面	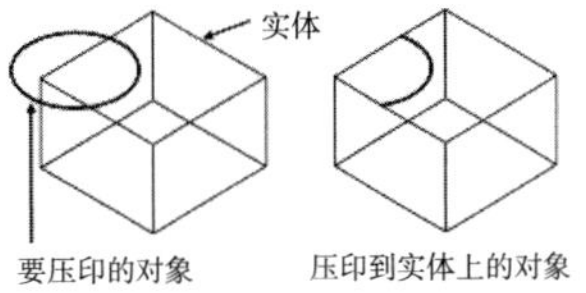 实体、要压印的对象、压印到实体上的对象	①通过选择三维实体和要压印的对象进行压印；②可以删除原始压印对象，也可以保留下来以供将来编辑使用
FILLET（F）	—	将实体的一条边或多条边按指定的半径修成圆滑的棱边	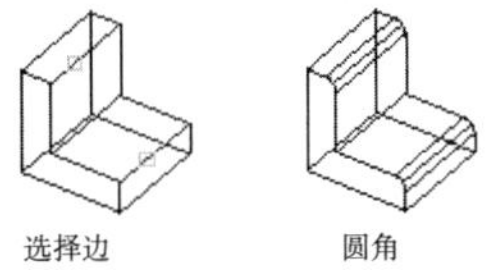 选择边、圆角	①可根据需要指定圆角半径；②通过选择边可逐条选定需要进行圆角的边进行圆角
CHAMFER（CHA）	—	将实体的一条边或多条边按指定的倒角距离修成斜切的棱边	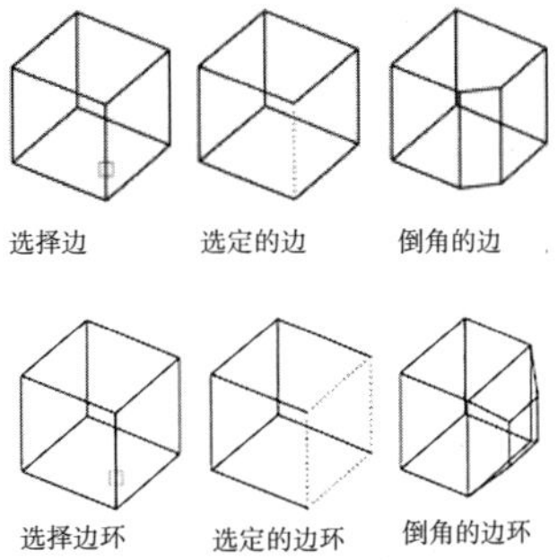 选择边、选定的边、倒角的边、选择边环、选定的边环、倒角的边环	①通过点选边可选择需要进行倒角的基准面；②可根据需要指定倒角距离；③通过选择边可逐条选定需要进行倒角的边进行倒角，或通过"环（L）"子命令一次性选取基准面的整个周边进行倒角
SCALE（SC）	—	在 X、Y、Z 三个方向按比例缩放实体	—	与二维中的操作相似

★注意：按住并拖动有限区域时，不能倾斜该有限区域。然而，可以在按住并拖动有限区域后，选择有限区域上的边并对其进行编辑操作以达到相同效果。

2）实体对象的夹点编辑

使用夹点可对实体对象本身及实体对象上的各种子对象❶进行编辑，包括修改新创建的实体图元❷的大小和形状、通过修改实体对象上的子对象改变实体的大小和形状，以及对实体进行三维移动和三维旋转。

（1）实体图元编辑

选定新创建的实体图元后，在其各个关键的几何特征点上都会显示不同类型的夹点。用户可通过选择热夹点并改变热夹点的位置来调整该实体图元的大小或改变其形状（图3-8）。

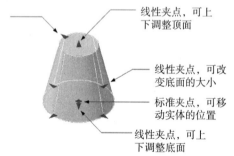

线性夹点，可改变顶面的大小。（可使圆锥体变为圆台，或使圆台变为圆锥体）

线性夹点，可上下调整顶面

线性夹点，可改变底面的大小

标准夹点，可移动实体的位置

线性夹点，可上下调整底面

图3-8　实体图元的夹点编辑

★注意：实体图元一旦经过编辑就无法再显示线性夹点，因此无法再利用夹点进行形状或大小的修改。

（2）子对象编辑

通过按住 Ctrl 键进行选择可以选中实体上的子对

---

❶ 子对象是实体上的任意局部，包括面、边、顶点及属于复合实体的一部分的单个原始形状。

❷ 实体图元是基本的实体形状，包括长方体、楔体、圆锥体、圆柱体、球体、圆环体和棱锥体。

象。选定面、边和顶点后，它们将分别显示不同类型的夹点（图3-9）。利用夹点编辑改动这些子对象可导致整个实体对象的形状发生变化（图3-10）。

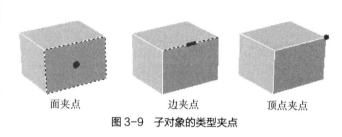

面夹点　　　　边夹点　　　　顶点夹点

图3-9　子对象的类型夹点

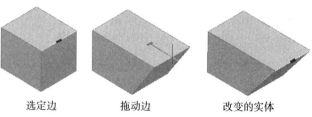

选定边　　　　拖动边　　　　改变的实体

图3-10　移动边导致实体对象改变

按住 Ctrl 键进行连续选择可以创建包含任意数量的实体、曲面和子对象的选择集。对于复合实体，如果其"历史记录"特性设置为"记录"，则按住 Ctrl 键的第一次点选操作将选中复合对象一部分的原始实体，继续按住 Ctrl 键再次点选才可选到该原始形状上的面、边或顶点（图3-11）。

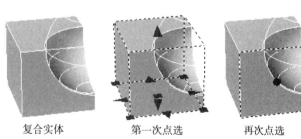

复合实体　　　第一次点选　　　再次点选

图3-11　复合实体的子对象选择

★注意：①由于三维视图中子对象经常会彼此重叠，为确保选中正确的子对象，建议打开"选项"对话框"选择"选项卡中的"选择预览"选项。

②一般情况下，不能移动、旋转或缩放以下子对象：

● 具有压印边或压印面的面；

● 包含压印边或压印面的相邻面的边或顶点。

（3）三维移动和三维旋转

为了方便用户在三维空间中将对象选择集的移动或旋转约束到轴或平面上，AutoCAD 开发了三维移动和三维旋转的夹点工具（图 3-12）。可以将夹点工具的中心框放置在三维空间的任意位置以定义移动或旋转的基点，然后使用夹点工具上的轴句柄将移动或旋转约束到轴或平面上（图 3-13）。

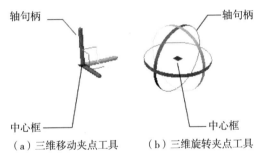

（a）三维移动夹点工具　　（b）三维旋转夹点工具

图 3-12 夹点工具

三维移动和三维旋转夹点工具分别可以通过〖面板〗上三维制作控制台中的〖三维移动〗工具 和〖三维旋转〗工具 或 3DMOVE（3M）和 3DROTATE（3R）命令来调用。如先选中实体对象或子对象并将光标在其夹点上加以停留，也可自动在该夹点处显示三维移动夹点工具。

★ 注意：①默认情况下，执行 3DMOVE 或 3DROTATE 命令时，夹点工具将出现在与当前 UCS 图标的位置并与之相对齐。如果必要，可使用 GTLOCATION 系统变量调整夹点工具的初始位置及对齐方式。

放置夹点工具后将光标悬停于轴句柄并单击，将移动约束到轴上

拖动光标对象将仅沿指定的轴移动

（a）三维移动夹点工具将移动约束到轴上

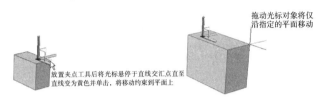

放置夹点工具后将光标悬停于直线交汇点直至直线变为黄色并单击，将移动约束到平面上

拖动光标对象将仅沿指定的平面移动

（b）三维移动夹点工具将移动约束到平面上

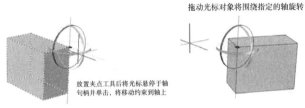

拖动光标对象将围绕指定的轴旋转

放置夹点工具后将光标悬停于轴句柄并单击，将移动约束到轴上

（c）三维旋转夹点工具将旋转约束到轴上

图 3-13 夹点工具的操作使用

②在图形文件量较大时，建议使用点筛选器来进行轴向或平面上的空间定位，以更迅速地完成操作。

③如果在动态 UCS 下使用夹点工具，夹点工具会根据指针跨越的面边来确定工作平面的方向。为避免移动和旋转的约束限制发生意想不到的改变，使用夹点工具前应先关闭动态 UCS 模式。

④夹点工具仅在已应用三维视觉样式的三维视图中才显示。如果用户已应用"二维线框"视觉样式，使用夹点工具时系统将自动将视觉样式更改为"三维线框"。

3）实体对象的空间组织

可在三维空间中移动和复制实体的三维编辑命令包括 MIRROR3D、ROTATE3D、3DARRAY（3A）和 ALIGN（AL），二维编辑命令包括 COPY（CO）、MOVE（M）、STRETCH（S）、ROTATE（R）、MIRROR（MI）和 ARRAY（AR）等（表 3-7）。

在三维空间中移动和复制实体的编辑命令　　　　　　　　　　　　　　　　　　　表 3-7

编辑命令	作用	图示说明	备注
MIRROR3D	根据镜像平面来镜像对象	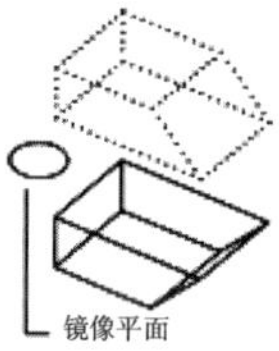 镜像平面	可利用以下子命令来定义镜像平面： 对象（O）：由所选对象所在面作为对称面； 最近的（L）：采用上次定义的对称面； Z 轴（Z）：选择两点决定 Z 轴，其 XY 平面为对称面； 视图（V）：以通过所选点平行于当前视口平面的平面为对称面； XY 平面（XY）/YZ 平面（YZ）/ZX 平面（ZX）：以通过所选点并平行于当前 UCS 的 XY / YZ / ZX 平面的平面为对称面； 三点（3）：以所选三点决定对称面
ROTATE3D	三维空间中按右手定则绕轴旋转对象	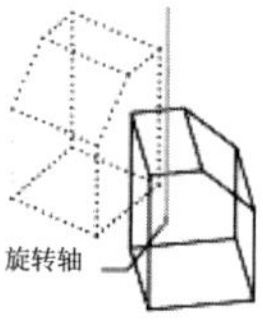 旋转轴	可利用以下子命令来定义旋转轴： 对象（O）：由所选对象定义旋转轴； 最近的（L）：采用上次定义的旋转轴； 视图（V）：以通过所选点垂直于当前视口平面的线为旋转轴； X 轴（X）/Y 轴（Y）/Z 轴（Z）：以通过所选点平行于当前 UCS 的 X/Y/Z 轴的线为旋转轴； 两点（2）：以所选两点决定旋转轴
3DARRAY（3A）	在三维空间中对对象进行阵列复制	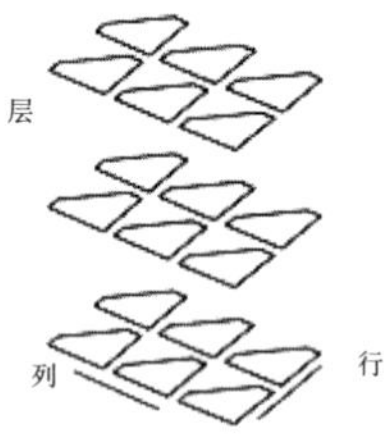 层　列　行	矩形阵列在行（X 轴）、列（Y 轴）和层（Z 轴）矩形阵列中复制对象，环形阵列绕旋转轴复制对象
ALIGN（AL）	通过源点对位目标点在三维空间中对齐对象	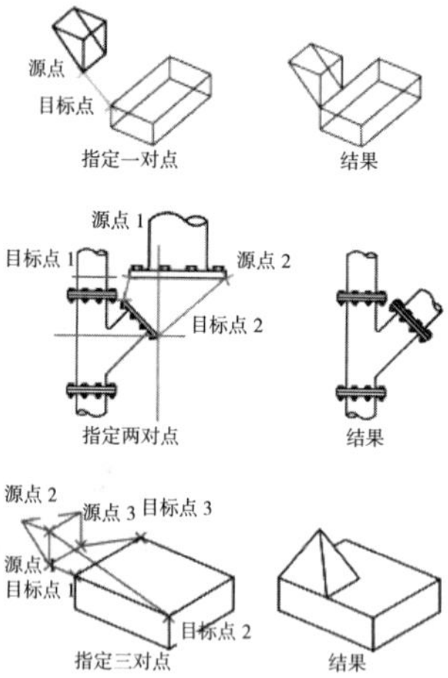	可采用一对点（源点与目标点）平移所选对象；可采用两对点平移、旋转、缩放拟合所选对象；也可采用三对点 3D 平移、旋转所选对象
COPY（CO）	在三维空间中复制实体对象	—	—
MOVE（M）	在三维空间中移动实体对象	—	如 GTDEFAULT 系统变量为 0，命令操作同二维空间； 如 GTDEFAULT 系统变量为 1，将自动启用三维移动夹点工具
STRETCH（S）	在三维空间中拉伸实体对象	—	命令操作同 GTDEFAULT 系统变量为 0 时的 MOVE（M）命令

续表

编辑命令	作用	图示说明	备注
ROTATE（RO）	以过基点并平行于当前 UCS 的 Z 轴的旋转轴旋转实体对象	—	如 GTDEFAULT 系统变量为 0，命令操作同二维空间；如 GTDEFAULT 系统变量为 1，将自动启用三维移动夹点工具
MIRROR（MI）	根据当前作图平面上的对称轴镜像对象	—	应先切换 UCS 获得所需的工作平面
ARRAY（AR）	在当前作图平面上对实体对象进行阵列复制	—	应先切换 UCS 获得所需的工作平面

★注意：①通过 ROTATE3D 命令中的"参照（R）"子命令利用参照角度旋转对象时，最好将 UCS 切换到设定转角的平面上。

②用 MOVE、STRETCH、COPY 等二维命令移动复制实体时，必要时应关闭对象捕捉模式或采用坐标过滤器，否则可能会产生意想不到的后果。

③ ROTATE、MIRROR、ARRAY 等二维命令不能改变对象的 Z 坐标。

3.3　建立透视图

利用所建的模型获得逼真的透视视觉效果以绘制透视表现图，是风景建筑三维建模的主要目的之一。为了方便对模型进行数值描述，建模时是以轴测视图来观察模型的。在完成模型的构建之后，需要切换到透视视图，并重新调整观察角度以获得满意的透视表现效果。

在 AutoCAD 中，所有与三维透视观察有关的工具都集中在〖面板〗的三维导航控制台中。

3.3.1　轴测视图与透视视图

AutoCAD 中轴测视图与透视视图的切换可通过三维导航控制台中的〖平行投影〗工具 和〖透视投影〗工具 来进行。

在 AutoCAD 中，获取透视视图的基本原理是模拟相机的拍摄机制，即通过确定目标点（通常是模型上的某一点）和相机位置（可围绕模型选择最佳视角），然后再通过变焦、调整模型在取景框中的位置进行构图修整。

★注意：当视觉样式为二维线框时，透视视图不可用。如果打开将透视视图保存在二维线框中的 AutoCAD 较早版本生成的文件，则透视视图将被显示为轴测视图。

3.3.2　利用三维动态观察建立透视图

三维动态观察是一种围绕目标移动相机位置的交互式观察方式，可方便地通过鼠标操作来即时察看透视效果的改变。在三维动态观察时，目标点是当前视图的中心，而不是正在查看的对象的中心，并且在相机位置（或视点）移动时，视图的目标将保持静止不变。因此，在进行三维动态观察前，必须先通过 ZOOM 或（Z）PAN（P）命令将模型对象调整到视图的中心部位。

三维动态观察可以通过三维导航控制台中的各种三维导航工具来进行，表 3-8 中对三维导航工具及其导航方式进行了简要的说明。

三维导航工具及导航方式说明 表 3-8

导航工具	导航方式	操作说明
受约束的动态观察 	可将动态观察约束到 XY 平面或 Z 方向	如果水平拖动光标，相机将平行于世界坐标系（WCS）的 XY 平面移动。如果垂直拖动光标，相机将沿 Z 轴移动
自由动态观察 	允许沿任意方向进行动态观察	视图显示一个导航球，目标点在球心位置。在导航球的不同部位拖动光标可获得目标显示的不同变化效果 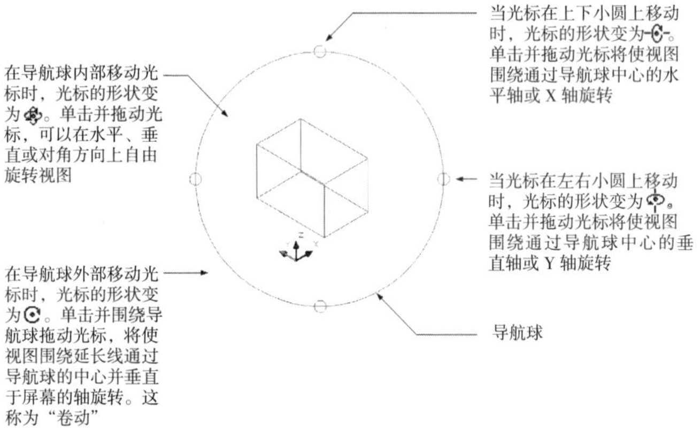 在导航球内部移动光标时，光标的形状变为。单击并拖动光标，可以水平、垂直或对角方向上自由旋转视图 在导航球外部移动光标时，光标的形状变为。单击并围绕导航球拖动光标，将使视图围绕延长线通过导航球的中心并垂直于屏幕的轴旋转。这称为"卷动" 当光标在上下小圆上移动时，光标的形状变为。单击并拖动光标将使视图围绕通过导航球中心的水平轴或 X 轴旋转 当光标在左右小圆上移动时，光标的形状变为。单击并拖动光标将使视图围绕通过导航球中心的垂直轴或 Y 轴旋转 导航球
连续动态观察 	连续地进行动态观察	在绘图区域中按住鼠标左键并沿任意方向拖动，对象即沿该方向开始旋转移动，并在释放鼠标左键后继续在该方向上进行轨迹运动。光标移动的速度决定了对象的旋转速度。可通过再次按住并拖动鼠标左键来改变连续动态观察的方向
调整视距 	模拟将相机靠近对象或远离对象	单击（按住鼠标左键）并向屏幕顶部垂直拖动光标使相机靠近对象，从而使对象显示得更大。单击（按住鼠标左键）并向屏幕底部垂直拖动光标使相机远离对象，从而使对象显示得更小
回旋 	模拟平移相机进行目标的取景构图	通过拖动光标平移更改目标在视图中的显示位置

★注意：①为了简化三维动态观察的操作，可以通过命令行键入"受约束的动态观察"命令 3DORBIT（3DO），并在必要时通过在该命令的执行状态下利用鼠标右键调用 3DORBIT 快捷菜单来访问其他的三维导航工具。

② 3DORBIT（3DO）命令处于活动状态时，无法编辑对象。

③如模型过于复杂，图形文件量太大，则三维动态观察的即时交互效果较差。此时可在启动 3DORBIT 命令之前，选择部分主要的对象作为三维动态观察的对象，则其他对象在命令执行时不会被显示，从而可加快动态显示的速度。

3.3.3 取得特定视角的透视图

在绘制风景建筑透视图时，经常需要按照人体的身高、站位等获得特定视角的透视效果。在 AutoCAD 中，这种特定的透视视角可以通过两种方式来实现：一是在进行三维动态观察操作之前先设定相机与目标点的位置，并且在进行三维动态观察时避免任何可能改变相机与目标点位置的操作；二是利用 DVIEW

（DV）命令通过命令行操作来获得所需的透视图。

1）设定相机与目标点的位置

相机和目标点位置的设定可利用三维导航控制台中的〖创建相机〗工具 来进行。通过鼠标选点定位或输入准确的坐标值，即可确定相机和目标点的位置。

★注意：相机和目标点位置一旦设定，三维导航工具中只有〖调整视距〗和〖回旋〗工具可以使用，其余三维动态观察操作均不可再进行。

2）利用 DVIEW 命令建立透视图

DVIEW（DV）命令是 AutoCAD 使用相机和目标点来定义轴测视图或透视视图的一个传统命令，借助多个子命令的集成可完全通过命令行操作来获取满意的三维观察效果。如果对于相机和目标点的最佳位置还没有把握，则可利用这一命令来不断地尝试，选择相机和目标的最佳位置点，并即时观察和调整透视效果。

要利用 DVIEW（DV）命令来获取特定视角的透视图，可遵循以下操作步骤：

◆ DVIEW（DV）↙进入命令执行状态。

◆ 在"选择对象或＜使用＞："的命令行提示下指定修改视图时在预览图像中使用的对象。可选择全部或部分模型对象，也可直接回车采用系统默认的预览图像"DVIEWBLOCK"（图 3-14）暂时代替实际模型来进行预览显示。

◆ PO↙执行"点（PO）"子命令，设定相机和目标点的位置。

◆ D↙执行"距离（D）"子命令，以打开透视视图并利用绘图区域顶部的滑块（图 3-15）调整目标与相机的距离。

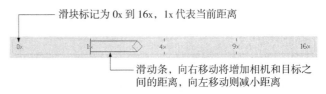

图 3-15　距离滑块

◆ 利用"平移（PA）""缩放（Z）"和"扭曲（TW）"子命令进行构图调整。其中，"平移（PA）"子命令可在取景框中移动目标图像，"缩放（Z）"子命令可模拟相机的变焦来改变所能看到的图形的范围，"扭曲（TW）"子命令可模拟相机的转动来扭转或倾斜视图。

◆ H↙执行"隐藏（H）"子命令，观察消除对象后部的隐藏线后的实际表现效果。

◆ 如对透视角度不满意，可再次执行"点（PO）"子命令修改相机和目标点的位置，也可通过"相机（CA）"或"目标（TA）"子命令来通过相对旋转调整相机和目标点的位置❶，并重新进行构图调整和消隐观察，直至获得满意的透视效果。

★注意：①预览图像中使用的对象不宜过多。选择太多对象会使图像拖动和更新变慢。

②目标的位置必须先予确定，否则运行其他子命令时会出现空视图。

③"剪裁（CL）"子命令可通过定义剪裁平面，

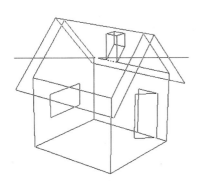

图 3-14　系统默认的"DVIEWBLOCK"预览图像

---

❶ "相机 (CA)"子命令可通过围绕目标点旋转相机来指定新的相机位置，旋转的量由与 XY 平面的夹角及 XY 平面中与 X 轴的夹角这两个角度值决定。"目标 (TA)"子命令可通过围绕相机旋转指定新的目标位置，旋转的量同样由两个角度值决定。

并遮掩前向剪裁平面之前或后向剪裁平面之后的图形部分来剪裁视图，从而获得室内部分的透视表现。

④一旦取得满意的透视图，可以利用 –VIEW（–V）命令来命名保存。

3.4 风景建筑建模实例

风景建筑建模通常依据平面和立面设计图，遵循从下（地坪）到上（屋顶）、由粗（大构件）到细（各种细部）的顺序进行。为便于利用已完成的部分通过局部修改形成新的构件（如可以利用底层模型很快地修改形成多层模型），并集等编辑操作应尽可能在完成整体模型的基本构建后再进行。此外，在建模前应对建模的目的有一个清晰的认识，以便有效地简化工作（如只需表现建筑的外观，则可以忽略其内部构件，只针对外部可见的部分进行建模）。

下面以图 3-16 中的别墅建筑的外观模型为例，对风景建筑建模的基本步骤作一详细的说明。

◆ 将练习文件"例 3.dwg"复制到电脑中并在"三维建模"工作空间中并打开，切换到"西南等轴测"视图。文件"例 3.dwg"中的建筑平、立、剖面是建模的参照。

◆ 一层地坪建模：

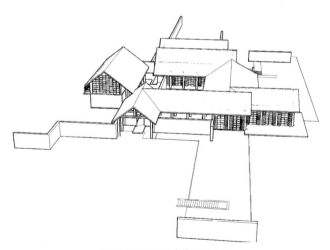

图 3-16 风景建筑建模案例

PL ↙用闭合多段线绘制一层平面中建筑部分的不同标高的地坪边界（图 3-17）。

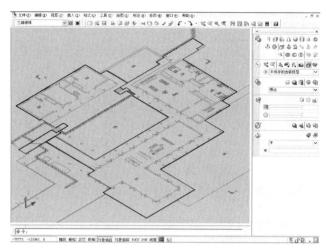

图 3-17 闭合的一层地坪边界

使用〖拉伸〗工具 以 –150 的高度将闭合多段线拉伸成地坪，并用三维移动夹点工具将其中高程为 1.2m 的部分通过约束到 Z 轴移动到相应的高度（图 3-18）。

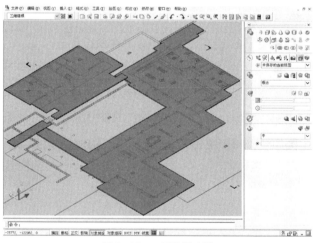

图 3-18 一层地坪建模

◆ 一层地坪台阶建模

采用"三维线框"视觉样式，在关闭动态 UCS 的状态下，UCS ↙定义用户坐标系，将连接不同标高地坪的台阶的侧面设为 XY 工作平面，并关闭对象捕捉，PL↙通过临时捕捉端点和反复用"@0，200"和"@300，0"定义线长准确绘制台阶上表面的剖切线（图 3-19）。

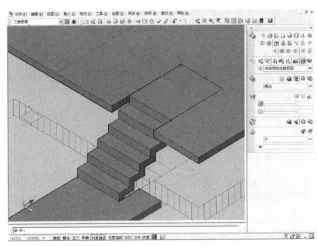

图 3-21　实体台阶

采用"三维线框"视觉样式，MI↙将完成的台阶进行镜像（图 3-22）。

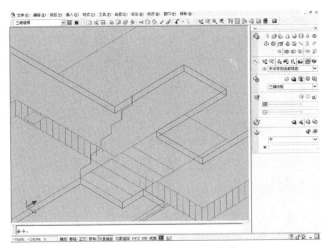

图 3-19　台阶上表面的剖切线

O↙将台阶上表面的剖切线向下方偏移 150，补绘两端闭合线并 J↙合并成闭合的台阶剖切线（图 3-20）。

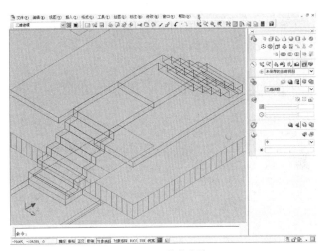

图 3-22　镜像台阶

然后将视图切换为"东南等轴测"，M↙将镜像的台阶移动到 1.2m 标高地坪的另一边对位后，通过夹点编辑使之与地坪准确衔接。完成后可切换成"概念"视觉样式观察效果（图 3-23）。

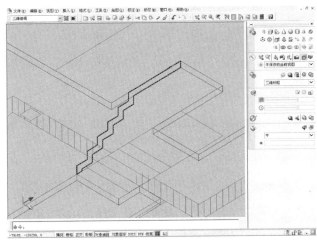

图 3-20　闭合的台阶剖切线

利用〖拉伸〗工具▢通过捕捉台阶的另一侧端点将闭合的剖切线拉伸成实体台阶。完成后可切换成"概念"视觉样式观察效果（图 3-21）。

★注意：①为方便观察、准确捕捉消隐部分的对象，并能加快视图缩放和图形生成的速度，建模工作时一般采用"三维线框"视觉样式，而在需要

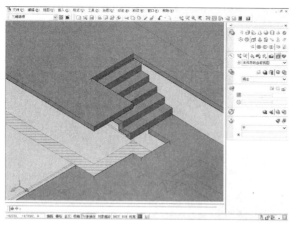

图 3-23 修改生成另一台阶

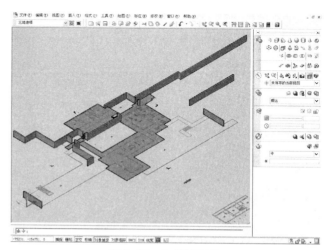

图 3-25 完成的石墙体

观察模型效果时切换到"概念""真实"等视觉样式。以下不再特别说明。

　　②三维建模工作过程中应关闭动态 UCS 并明确定义用户坐标系，以免 UCS 在工作过程中不断发生改变，引起误操作。

◆ 一层墙体建模

　　切换回"西南等轴测"视图和 WCS，利用〖多段体〗工具 将宽度设为一层平面中带斜线填充图案的墙体宽度 400，高度设为东立面中石墙的高度 2600，对正设为"右对正"，从一层平面左上角开始捕捉墙线的转角端点绘制该部分外墙（图 3-24），图 3-25 为完成

后的效果。

　　利用〖多段体〗工具 参照立面中相应的墙高补充绘制其余的外墙（图 3-26）。

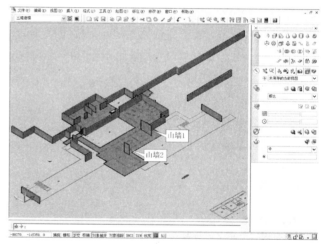

图 3-26 墙体建模

　　★注意：山墙部分的墙体顶部是斜的，可按最高处的高度绘制，待最后用屋顶底面切割。为保证两部分模型的有效衔接，建议将墙体高度适当加大到 6200 来进行绘制。

◆ 柱子建模

利用快速选择多段线选中一层平面的所有柱子

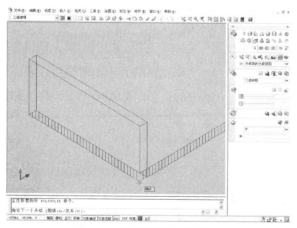

图 3-24 捕捉墙线端点绘制墙体

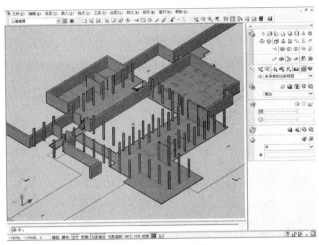

图 3-27　柱子建模

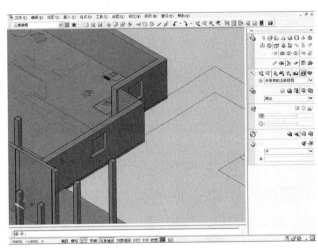

图 3-29　按住并拖动形成窗洞

后，使用〖拉伸〗工具 将其拉伸成高 6200 的立柱（图 3-27）。

★注意：为保证立柱与屋顶的有效衔接，同样建议将其高度适当加大到 6200 来进行绘制。

◆ 一层墙体开窗洞

AL 采用三对顶点将南立面中一层墙体上的两个方窗的外框分别移动对位到相应的墙体上（图 3-28）。

利用〖按住并拖动〗工具 选中方窗的外框，输入值 -200 使墙体内凹形成窗洞（图 3-29）。

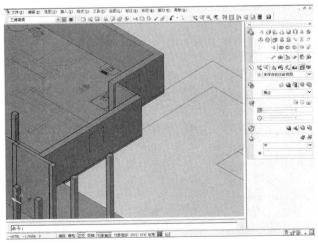

图 3-28　窗框对位

用同样的方法完成西立面和北立面中一层墙体上其余方窗的窗洞。

★注意：〖按住并拖动〗只能选中与实体表面完全贴合的面域。如操作失败，也可通过〖长方体〗工具 绘制窗洞体块后，利用〖差集〗工具 将其从墙体中减去。

◆ 一层玻璃门建模

AL 采用三对顶点将东立面中玻璃门单元的分割线（图 3-30）移动对位到一层平面左下角的立柱之间（图 3-31）。

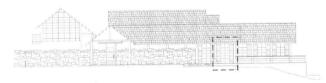

图 3-30　东立面中的玻璃门单元

用〖长方体〗工具 以分割线的下端为中心绘制底边长 20、高 6200 的分隔体（图 3-32），并用坐标过滤器将该分隔体向上移动对位后，复制并删除对位用的分割线，完成玻璃门分隔体的建模（图 3-33）。

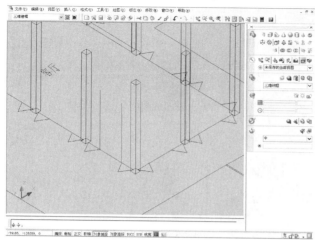

图 3-31　玻璃门分割线对位

AL↙采用三对顶点将东立面中同一部分玻璃门的玻璃分割线移动对位到完成的玻璃门分隔体旁的立柱外缘线上，利用动态 UCS 在该立柱侧面绘制边长 10 的正方形，并按立柱侧面至玻璃门分隔体侧面的长度拉伸成玻璃分隔体（图 3-34）。

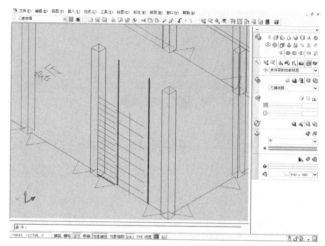

图 3-34　玻璃分隔体绘制

通过阵列、复制、夹点编辑等完成半边玻璃分隔体，移动对位后镜像到另一侧，并删除对位复制过来的玻璃分割线，完成该对立柱之间玻璃分隔体的建模（图 3-35）。

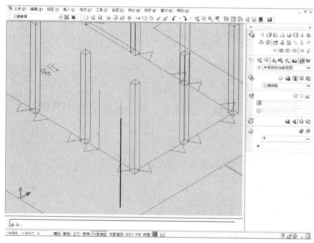

图 3-32　玻璃门分隔体绘制

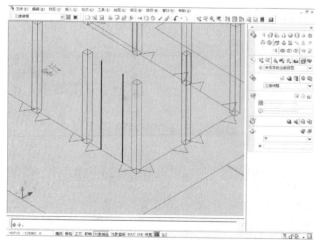

图 3-33　玻璃门分隔体对位

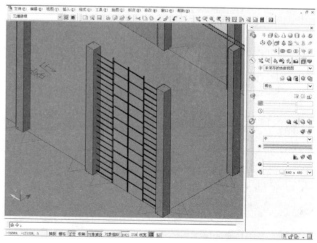

图 3-35　立柱单元之间的玻璃分隔体

利用〖多段体〗工具 🗔 在该处的立柱和玻璃门分隔体之间绘制宽 5 高 4500 的玻璃，注意分割体与玻璃的准确对位（图 3-36）。

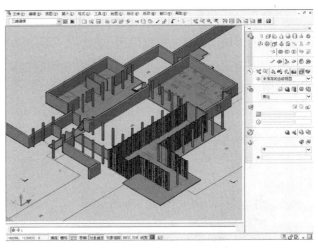

图 3-37　客厅和餐厅的玻璃门

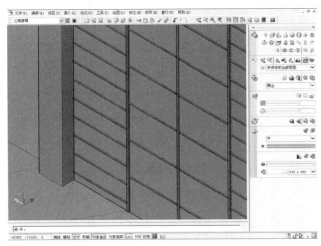

图 3-36　玻璃门单元

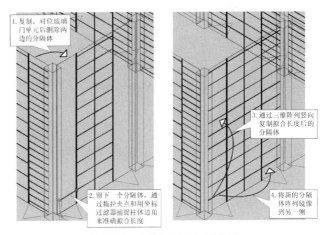

图 3-38　山墙玻璃门单元的修改

★注意：①为便于对该玻璃门单元进行选择操作和修改使用，建议将其复制到一边备用，而将原件（立柱之间的）中的玻璃和分隔体分别用〖并集〗工具 ⚙ 合并。

②如最后只需导出模型的线条透视图，则可简单地建立玻璃模型并将分割线压印到上面；如需要对模型进行渲染表现，则必须按材质的区分严格建模，否则无法表现玻璃的分割效果。

CO↙ 和 AL↙ 将经合并的玻璃门单元复制到客厅和餐厅的其他立柱之间（图 3-37）。

CO↙ 和 RO↙ 将未经合并的玻璃门单元复制到客厅山墙面左下角的立柱旁，并根据南立面中相应部位山墙的玻璃分割进行修改（图 3-38），完成山墙的玻璃门单元并按材质合并后复制到旁边的柱子之间（图 3-39）。

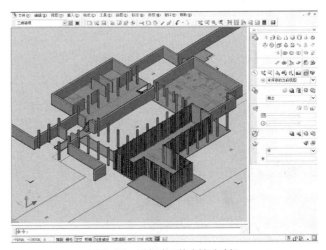

图 3-39　添加客厅的山墙玻璃门

同样可利用已完成的玻璃门单元完成内院右侧家庭室部分的玻璃门建模：复制后用〖剖切〗工具 根据柱子侧面定义剖切面加以局部修整，并按层高定义剖切面切除内柱和玻璃门的高出部分（图 3-40）。

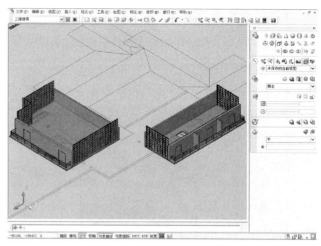

图 3-42　完成的二层平面模型

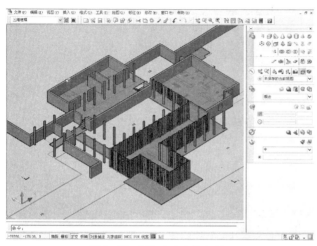

图 3-40　添加家庭室的玻璃门

◆ 一层模型的完善

补充一些可见的楼梯、门、台阶等细部，完成一层平面的建模（图 3-41）。

◆ 二层建模

按照从地面到墙体到门窗细部的顺序，用同样的方法完成二层平面的建模（图 3-42）。

★注意：其中与一层平面类似的部分（如山墙部分的玻璃门等）可以直接从一层平面的模型中复制过来并进行局部修改。

M↙将完成的二层模型移动对位到一层平面模型之上（图 3-43），并检查修改交接的细部（如楼梯部位等）。

◆ 入口梁架建模

AL↙将东立面中入口处的柱间梁架移动对位到入口的立柱上（图 3-44a），使用〖拉伸〗工具 借

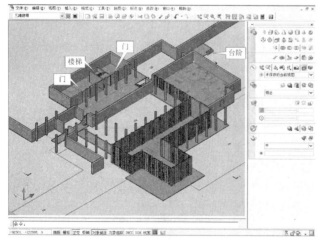

图 3-41　完成的一层平面模型

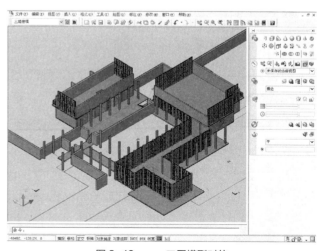

图 3-43　一、二层模型对位

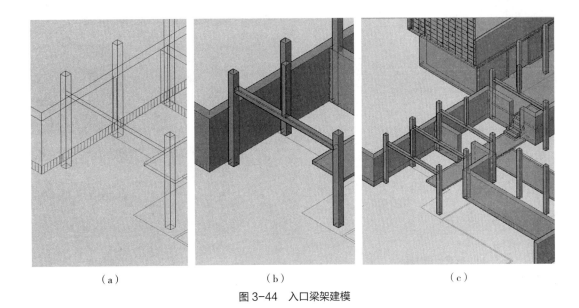

（a）　　　　　　　　　（b）　　　　　　　　　（c）

图 3-44　入口梁架建模

助动态 UCS 完成截面为 250×200 的梁架单体的建模（图 3-44b），并将其复制到入口处的各对立柱之间（图 3-44c）。为保证童柱与屋顶能顺利交接，须在拉伸后再将其适当加长。

◆ 屋顶建模：

在俯视视图下将各立面图中屋顶的侧面部分分别复制到屋顶平面的相应位置，对位并补充完整（图 3-45）。

PL ✎在 WCS 工作平面中用闭合多段线重描各屋顶的侧面部分，形成各屋顶截面的闭合剖切线，通过三维旋转使其竖起，并按剖面图中的檐口高差 1200 进行部分屋顶截面闭合剖切线的三维移动定位，删除复制对位过来的屋顶侧面线条后如图 3-46 所示。

通过竖向移动屋脊投影线、采用夹点和垂足捕捉模式移动屋面交线的端点，以及绘制必要的辅助线，完成屋顶底面的线框模型（图 3-47）。❶

使用〖扫掠〗工具 ❧沿屋脊线扫掠屋顶截面的闭

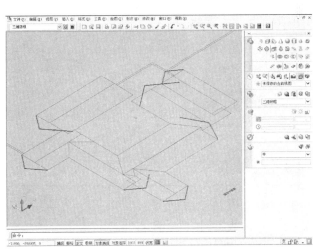

图 3-45　屋顶侧面线条的复制与对位

合剖切线，生成各屋顶实体；使用〖剖切〗工具 ❧，以各屋面的交接平面为剖切面（可参照屋顶底面线框模型中屋面交线所在的竖向平面）分割屋顶实体，并删除彼此交叠的部分；用〖并集〗工具 ⊕合并成整体的屋顶（图 3-48）。

在 WCS 下利用坐标过滤器以外墙的某一角点为 XY 坐标值参照，以立面图中一层屋顶的檐口下缘高度 3000 为 Z 坐标值参照，将完成的屋顶整体移动对位到平面模型之上，并使用〖剖切〗工具 ❧在 "三

---

❶ 此步工作还可通过检查线框模型各交点的准确性来检验屋顶设计的合理与否，以便必要时对原设计进行局部修改调整。这对于复杂的屋顶设计来说尤为重要。

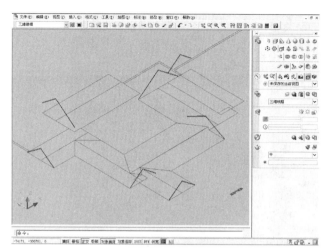

图 3-46 形成屋顶截面

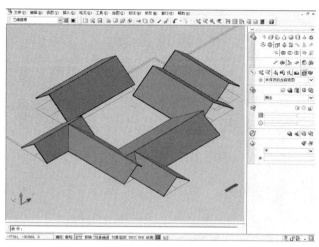

图 3-48 屋顶建模

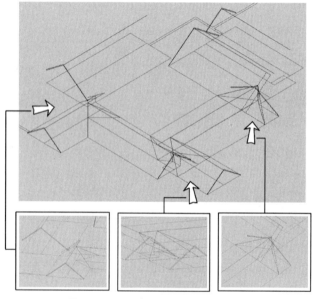

图 3-47 屋顶底面的线框模型及其细部

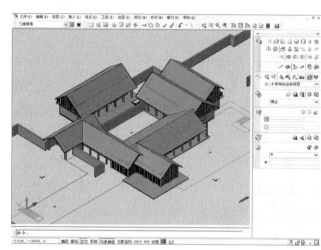

图 3-49 完成的整体建筑模型

维隐藏"视觉样式下以屋顶的下表面为剖切面剖切去除各立柱顶端、玻璃门和墙体，完成整体建筑的建模（图 3-49）。

◆ 建立透视图

DV↙选择适当的目标点和视点建立透视图（图 3-16）。

习题

1. 通过查看相应的帮助文件和试操作来熟悉三维制作控制台、三维导航控制台和视觉样式控制台的使用及各种 3D 命令的操作。

2. 按照本章第 3.4 节中的实例进行建模操作，并总结风景建筑三维建模的基本步骤。

3. 结合自己的设计实践用 AutoCAD 进行风景建筑的三维建模。

第4章　图形的基本组织与管理

AutoCAD 的图形组织和管理，最基本的是对图层和图形库的利用。

4.1　用图层来组织与管理规划设计图形

在风景园林规划设计图纸的制作中，经常会遇到特殊线型、线宽或对象颜色的表达。如道路中心线需要用点划线，地形改造后的等高线需要用虚线，岸线要加粗，部分图纸需要彩色打印输出，等等。并且，在计算机辅助风景园林规划设计的工作过程中，经常还会需要调整图形的显示内容。如风景建筑三维建模时需要隐藏上层模型以便于观察和编辑底层的模型，等等。所有这些都可通过 AutoCAD 的图层（Layer）功能来管理实现。

4.1.1　AutoCAD 的图层功能

在 AutoCAD 中，图层是部分图形的存储管理单元，是图形中使用的主要组织工具，可将信息按功能、类型等分组管理，并可分组执行线型、颜色及其他管理标准。因此，使用图层既可控制对象外观显示的特性（如颜色、线型、线宽、打印样式等），也可控制图纸信息的显示、可编辑性及打印输出特性和许可，并且便于分工合作。

为了形象地理解图层的管理方式，可以把图层视为分别绘制了不同图形信息的可以叠加的透明图纸。

每个图层都可以被赋予不同的特性（如不同的颜色等），从而使图层中所有的对象共同具有这些特性（层特性）。单独一个图层可以被抽走（不显示或不打印），抽取到最上层绘制修改（作为当前层进行编辑），或是抽出来单独打印。如果有几个人同时合作完成一张图，既可以由不同的人负责绘制不同的图层，也可以把所有的图层分成几部分由不同的人绘制完成后再拼到一起。所有的图层叠加到一起，就成了一张信息完整的图纸。

为了便于图形文件的管理和交换，必须强调统一用图层来组织与管理风景园林规划设计图，即把设计中相关的对象分类放到不同的图层中。这样一来，就可以很方便地通过层特性和层状态的设置修改来定制整个图形文件的外观要求，以及在工作过程中控制各类对象的可见性和可编辑性，从而快速有效地控制对象的显示并对其进行修改。

4.1.2　图层的建立与设置

图层的建立与设置可通过 LAYER（LA）命令或〖图层〗>〖图层特性管理器〗工具 ▤ 访问"图层特性管理器"对话框来进行。在该对话框中，可以进行图层的新建、重命名、删除等编辑，并可以设置图层的颜色和线型等特性（图 4-1）。

每个图形文件都包括有名为"0"的图层，该图层是系统默认设置的，不能被删除或重命名。该图层有

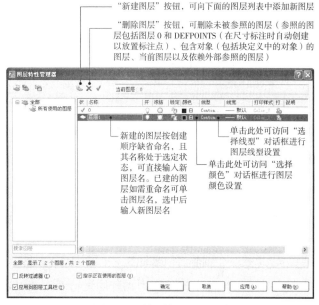

"新建图层"按钮，可向下面的图层列表中添加新图层

"删除图层"按钮，可删除未被参照的图层（参照的图层包括图层 0 和 DEFPOINTS（在尺寸标注时自动创建以放置标注点）、包含对象（包括块定义中的对象）的图层、当前图层以及依赖外部参照的图层）

新建的图层按创建顺序缺省命名，且其名称处于选定状态，可直接输入新图层名。已建的图层如需重命名可单击图层名，选中后输入新图层名

单击此处可访问"选择线型"对话框进行图层线型设置

单击此处可访问"选择颜色"对话框进行图层颜色设置

（a）"图层特性管理器"对话框

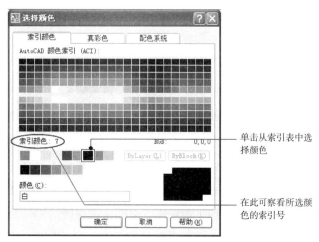

单击从索引表中选择颜色

在此可察看所选颜色的索引号

（b）"选择颜色"对话框

选择线型并点击"确定"，可将该线型设置给图层

单击可访问"加载或重载线型"对话框选择线型并加载到上面的线型表中

（c）"选择线型"对话框

图 4-1 图层的建立与设置

两个用途：

● 确保每个图形文件至少包括一个图层，以便可以直接开展绘图工作。

● 提供与块中对象的特性控制相关的特殊图层（该层对于块特性的管理具有特殊作用，详见本章第 4.2.1 节中 3）的"（3）图层 0 与块管理"）。

4.1.3 当前图层

当前图层是当前的工作图层。绘图时，新创建的对象将被置于当前图层上。

当前图层可以是默认图层 0，也可以是用户自己创建并命名的图层，但不能将冻结的图层（参见本章第 4.1.5 节）或依赖外部参照（参见第 10.2.1 节）的图层设置为当前图层。

切换当前图层的方法很多，在不同的情况下，可以灵活地选用最快捷的切换方法。常用的切换方法主要有：

● 直接指定当前图层：通过在〖图层〗工具栏的图层下拉列表中选择层名（图 4-2），或是在"图层特性管理器"对话框（图 4-1a）中选择层名后再选择对话框上部的"置为当前"按钮 ✔，可以将该图层指定为当前图层。

● 利用图形对象确定当前图层：在 AutoCAD 中，任何图形对象都必须明确地位于某一个图层上。因此，使用〖图层〗>〖将对象的图层置为当前〗工具

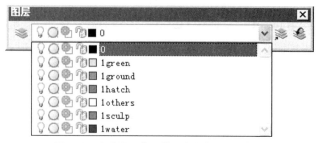

图 4-2 在〖图层〗下拉列表中指定当前图层

并选择图形对象，即可将该对象所在的图层设置为当前图层。

● 根据历史信息确定当前图层：使用〖图层〗>〖上一个图层〗工具，可以依次切换回已经使用过的前图层。

4.1.4　对象分层

图形对象的分层可以通过两种方式实现：

● 先建立图层并设为当前图层，然后在当前图层中绘制对象。

● 先绘制对象（此时所有对象均置于默认的 0 层），然后建立一系列图层，再把各个对象重新分配到不同的图层中。

其中，上述第二种将对象重新分层的方式，具体可以采用三种方法进行：

● 利用主谓法选择需要放置到同一图层的所有对象后，在〖图层〗工具栏的图层下拉列表（图 4-2）中选择相应的层名，将选中的对象分配到该图层上。

● 利用〖标准〗>〖特性〗工具访问〖特性〗选项板，选择对象后在〖特性〗选项板上改变其所属的图层（图 4-3）。

● 利用 CHANGE（-CH）命令的"特性（P）"子命令修改对象的"图层（LA）"特性。

用户可以根据实际情况，灵活地选用上述方式方法将图形对象分层。

4.1.5　对象特性、可见性、可编辑性的管理

在风景园林规划设计中，必须强调通过图层来管理控制图形对象的特性、可见性和可编辑性。

1）对象特性的管理

在 AutoCAD 中绘制的每个图形对象都具有特性。对象特性可分为两大类：一类是基本特性，如图层、颜色、线型和打印样式，多个对象可以具有同样的基

图 4-3　在〖特性〗选项板中指定图层

本特性；另一类是专用于某个对象的特性，如圆的半径和面积、直线的长度和角度等。图形管理针对的是对象的基本特性。

对象的基本特性是由其特性值决定的，可以通过 2 种方式获得：

● 通过图层特性获得：如果对象的特性值设置为"Bylayer（随层）"，则将为对象指定与其所在的图层相同的特性值。例如，如果为在图层 0 上绘制的直线指定颜色"Bylayer（随层）"，并将图层 0 的颜色特性改设为红色，则该直线的颜色将为红色。

● 通过直接指定获得：如果将对象的特性设置为一个特定值，则该值将优先于对象所在图层的特性值，而决定对象的特性。例如，如果将图层 0 上的直线指定为蓝色并将图层 0 指定为红色，则直线的颜色将为蓝色而不是红色。

对象特性值可以在〖特性〗工具栏或〖特性〗选项板的"基本"部分中选择设置（图 4-4），也可以利用

CHANGE（-CH）命令的"特性（P）"子命令来指定。

由于基本特性可以为多个对象所共有，为便于管理，必须强调通过图层特性来统一管理对象的基本特性。这样，在给对象分层之后，对象的外观显示就是已设好的图层特性的反映。如果需要改变，可以通过修改调整图层特性来改变图层上所有对象的基本特性，非常方便。

但有些时候，对象的外观显示并不能正确反映图层特性的设置。最常遇到的就是对象线型无法正确显示，如点划线仍是实线。这是由于线型的显示比例不正确，可以利用 LTSCALE 系统变量进行改动。LTSCALE 系统变量用于控制全局线型的显示比例，

（a）在〖特性〗工具栏中设置

（b）在〖特性〗选项板中设置

图4-4　对象特性设置

默认值为 1，可在命令行输入 LTSCALE（LTS）命令进行修改设置。由于 AutoCAD 无法提供线型显示比例与图纸比例的对应关系，因此线型显示比例的调整只能通过反复尝试来获得合适的比例。

2）对象可见性和可编辑性的管理

使用图层还可以控制管理图形对象的可见性和可编辑性。这一控制管理可通过 3 组图层状态项来进行：

● 开/关：该状态项用于控制图形对象的可见性。已关闭图层上的对象不可见，但在进行所有对象选择（Z↙ ALL ↙）操作时仍然会被选中，并且使用 HIDE（HI）命令时它们仍然会遮盖其他对象。切换图层的"开/关"状态时，不需要重新生成图形。

● 冻结/解冻：该状态项用于控制图形对象的可见性和可编辑性。已冻结图层上的对象不可见、不可选（因此无法被编辑）、并且使用 HIDE（HI）命令时不会遮盖其他对象。但解冻一个或多个图层将导致重新生成图形，因此比打开图层需要更多的时间。

● 锁定/解锁：该状态项用于控制图形对象的可编辑性。锁定某个图层时，该图层上的所有对象均可见但不可修改，直到解锁该图层。仍然可以将对象捕捉应用于锁定图层上的对象，并且可以执行不会修改对象的其他操作。因此，锁定图层可以防止对象被意外修改。

这些图层状态项的切换可以在"图层特性管理器"对话框的图层列表中进行，也可以在〖图层〗工具栏的图层下拉列表中进行（图4-5）。可以通过一次操作改变多个图层的可见性或可编辑性。

在风景园林规划设计中，根据工作的方便需要，可以灵活使用这 3 个图层状态项来控制图形对象的可见性和可编辑性。一般说来，在工作开始时，均应冻结所有与当前工作无关的图层，并锁定所有的参照图层以防被错误修改；而在工作过程中，可随时通过开/关、冻结/解冻图层来避免图形之间的重叠干扰。

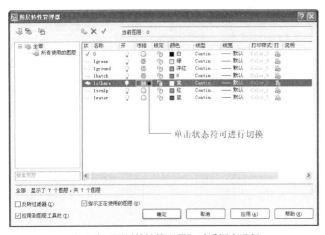

（a）在"图层特性管理器"对话框中进行

　　开/关符，在下拉列表中单击可切换状态
　　冻结/解冻符，在下拉列表中单击可切换状态
　　锁定/解锁符，在下拉列表中单击可切换状态

（b）在〖图层〗工具栏中进行

图 4-5　图层状态项的切换

　　★注意：①在通常情况下，工作文件中总有部分图层被冻结或锁定，因此在工作时应注意避免选择所有对象进行移动、旋转等操作，以免产生部分图形的严重错位。

　　②如果图形的自动生成被关闭，解冻后图层上的对象仍不会显示出来，此时必须通过执行 REGEN（RE）命令来观察。

4.1.6　基于后续操作考虑的图层组织与管理

　　在风景园林规划设计中，图层的设置、组织和管理是一个关键的技术要点，需要预先进行全盘的考虑设计。一般应注意以下几点：

　　● 图层的创建：图层的创建应基于工作内容、图形对象的类型和打印效果来加以综合考虑。在平面设计中，不同的设计元素（如道路中心线、道路缘石线、道路红线、建筑、绿化、水体、场地边界、铺地、标注等）应分别放在不同的图层上，以便以后分层输出制作平面效果图（参见第 9 章第 9.1.1 节）；而在 3D 建模中，则应将不同材质的对象放在不同的图层上，以便在后期渲染时可以按图层来赋予材质（参见第 9 章第 9.1.3 节）。并且，由于同类对象通常会包含打印线宽要求不同、材质类型或色彩存在差异的子对象（如平面设计中的建筑墙体和门窗、3D 建模中的门窗细部等），图层可能还需要进行分级的细分组织，即第一级的划分按图形对象的类型进行，第二级的划分则按同类对象的打印要求或材质差异等进行，以便于直观管理。

　　● 图层的命名：图层的名称可以是数字、字母或汉字，最长可具有 255 个字符。图层的名称应简短且能反映图层上图形的内容，便于他人理解使用。由于图层特性管理器可按名称的数字或字母顺序排列图层，因此为便于使用和管理，避免出现因层数太多而不便于选择常用层的情况，图层名称应尽量不用汉字命名，而使用拼音或英文，并且对于在当前工作中常用的图层，可以在层名前再加上阿拉伯数字 0、1 等，这样常用层在图层中的排位会自动靠前，方便选择。如在园林设计 2D 绘图时，一般可创建"1green（绿化）、1water（水体）、1ground（场地）、1hatch（铺地）、1sculp（小品）、1others（其他）、1dim（尺寸标注）、1text（文字标注）"等工作图层。分级细分的图层可用"_"连接分级名称，如"1building_wall"等。

　　● 图层颜色的设置：为便于工作，不同的图层应选用不同的颜色，具体颜色可以根据设计者的个人爱好和习惯而定。但是，在以后出图打印的时候，线条宽度、灰度等等打印设置都是根据对象颜色而定的，

即需要对不同的对象颜色色号指定不同的打印笔宽和
打印色。因此，图层颜色的设置必须考虑色号检索的
便捷性，建议主要选用 AutoCAD 提供的索引颜色中
的 1-9 号色（图 4-6）。

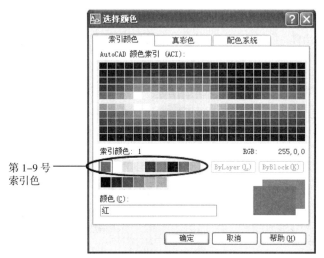

图 4-6　第 1-9 号索引色的选用

4.1.7　图层组织实例

下面将对第 2 章第 2.1.5 节中完成的园林平面设
计实例进行图层设置，以详细说明园林平面设计图中
的图层组织方法。

◆ 打开第 2 章第 2.1.5 节中完成并保存的"例
2-1.dwg"图形文件。

◆ LA↙打开"图层特性管理器"对话框，新建
各工作图层并设置图层颜色和线型（图 4-7）。

★注意：①为方便对工作图层排序并有效使
用图层特性过滤器，建议使用拼音或英语对工作图
层进行命名。并且可以设计层级式的层名，来分别
放置同一设计单元中特性不同的对象（如"Ting_
Zhu"与"Ting_Other"都属于亭这一相对独立的

图 4-7　工作图层的建立及设置

设计单元，但在打印输出时需要有不同的线宽），
以便根据具体情况控制整个单元或其局部的特性
表现。

②图层颜色的设置原则主要有 2 条：一是便
于图面识别，二是便于以颜色区分打印线宽。因
此，放置不同类型设计内容的图层颜色应有明显的
区分，并且最好能集中采用第 1-9 号索引色（参见
图 4-6）以便于在输出图形时控制打印线宽。

◆ 通过选择对象并在〖图层〗工具栏下拉列表
中指定相应的图层，或 -CH↙选择对象并改变其图
层特性，或利用〖对象特性〗选项板选择对象并重
新指定其图层，将已绘制的图形对象分配到不同的
图层。

★注意：分层时应将对象的颜色、线型、线
宽等特性均设为"Bylayer"，以便用图层来统一管
理对象的特性。

◆ LTS↙更改线型比例因子，使"Zhong
XinXian"图层的"CENTER"线型能够正常地显示。

★注意：系统预设的线型比例因子初始值为 1。合适的线型比例因子必须通过不断地尝试来得到。

4.2 利用图形库快速绘制和修改风景园林规划设计图形

在风景园林规划设计制图中，经常会遇到相同图形的多次重复绘制或批量性修改。例如，在种植设计图上同一树种会多次出现，或是出于图面美观的考虑需要对某一种树的图例进行改换。为了避免如同手工制图那样对同样的图形重复绘制的繁琐，可以利用 AutoCAD 的图形库功能反复调用同一图形。

AutoCAD 充分利用电脑的存储特性为用户提供了全面的图形库功能。在 AutoCAD 2000 以上的版本中，该功能包括可通过命令或图形资源管理器——"设计中心"来访问、批量调用及修改编辑文件内部的图形库中的"块"、文件外部的图形库中的"块文件"，以及外部文件中的图形资源——其他图形文件中的"块"或别的有名元素，从而大大提高了绘图的便捷性。下面分别加以介绍。

4.2.1 块和块文件的使用及管理规则

块（Block）是 AutoCAD 图形文件内部由一个或多个对象定义的图形组合。这些对象可以绘制在单个图层上，也可以绘制在几个不同的图层上，并且颜色、线型特性也可以不相同。块可被命名定义并保存在图形文件中一个被称作块定义表的不可见的数据区域中，从而能够被反复调用或通过重新定义进行批量修改。而块定义表就是一种最基本的 AutoCAD 图形库。

除了图形文件内部的块，AutoCAD 还允许将其他图形文件调入到当前所编辑的工作文件中作为块，则被调用的图形文件就是当前工作文件的块文件。块

文件可以是一个既有的图形文件，也可以通过将当前工作文件的部分或全部图形转存成新的图形文件来获得。这些外部图形文件能够进一步形成丰富的图形文件库，在绘制不同图纸时根据需要进行重复调用。

1）块的定义

完整的块定义包括块名、基点（再次调用时的定位点）及组成块的图形对象三项基本内容，可以使用 BLOCK（B）命令访问"块定义"对话框（图 4-8）或使用 -BLOCK（-B）命令通过命令行操作来分别加以指定。

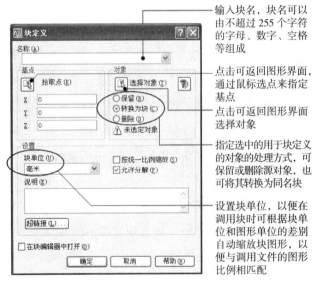

输入块名，块名可以由不超过 255 个字符的字母、数字、空格等组成

点击可返回图形界面，通过鼠标选点来指定基点

点击可返回图形界面选择对象

指定选中的用于块定义的对象的处理方式，可保留或删除源对象，也可将其转换为同名块

设置块单位，以便在调用块时可根据块单位和图形单位的差别自动缩放块图形，以便与调用文件的图形比例相匹配

图 4-8　"块定义"对话框

★注意：①块定义的基点设置应该尽量选用块图形对象中易于捕捉、可作为定位参照的几何特征点，不应任意选择块图形以外的点，以便在插入块时能直接获得有效的定位。

②如在定义块时误删了用于块定义的图形对象，可立即通过 OOPS 命令进行恢复。

③块可以互相嵌套，即某一个块可以用于定义其他的非同名块而成为其他块的嵌套块。但是，块不能被用于定义同名块。例如，如果已命名定义了

一个块后，并且发现在进行该块的定义时漏选了部分图形对象，则无法利用这个已定义的块及漏选的部分对象来对这个块进行重新定义，必须将已定义的块分解后（参见本节中的"5）块的分解"）再进行重新定义。

2）将块或图形转存为块文件

与块定义相类似，块文件的定义同样应包括块文件名、基点及组成块文件的图形对象（当前工作文件中的块或部分/全部图形对象）三项基本内容，均可在将块或部分图形转存为块文件的过程中指定。

将块或部分图形存为块文件可使用 WBLOCK（W）命令访问"写块"对话框（图4-9）实现，也可使用 -WBLOCK（-W）或 EXPORT（EXP）命令访问"创建图形文件"对话框（图4-10）或"输出文件"对话框（图4-11），指定输出文件的类型和名称后，在命令行提示下选择基点和图形对象进行输出。

3）块和块文件的调用

块和块文件是以插入的方式被调用的。在工作文件中，可以一次插入一个块或块文件，也可以将一个块或块文件一次性地批量插入。

图4-10　"创建图形文件"对话框

图4-11　"输出文件"对话框

插入的块和块文件属于当前图层。但是，由于定义块和插入块的图层通常不一致，因此在使用图层来管理块或块文件的特性时，有一定的特殊性。

（1）单个块或块文件的插入

插入块和块文件时必须提供需要插入的块/块文件名、插入点、插入变形要求等信息，可使用 INSERT（I）命令访问"插入"对话框（图4-12）来进行加以指定。

★注意：①将A文件插入B文件后，A文件中的设置（如实体特性、块、层等有名元素）被自动调入B文件中；A文件成为B文件中的块，块名为A文件名；A文件中的块则成为B文件中的

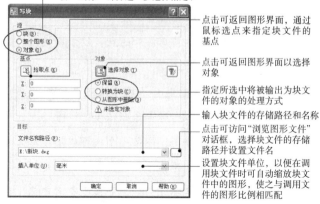

指定将被输出为块文件的图形对象类型，可以是既定义的块（需指定块名）、当前图形文件中的所有对象或部分对象（需在下方"对象"部分进一步选择指定）

点击可返回图形界面，通过鼠标选点来指定块文件的基点

点击可返回图形界面以选择对象

指定所选中将被输出为块文件的对象的处理方式

输入块文件的存储路径和名称

点击可访问"浏览图形文件"对话框，选择块文件的存储路径并设置文件名

设置块文件单位，以便在调用块文件时可自动缩放块文件中的图形，使之与调用文件的图形比例相匹配

图4-9　"写块"对话框

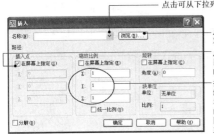

点击可从下拉列表中选择已定义的块名

点击可访问"浏览图形文件"对话框选择要插入的块文件

点击可返回图形界面,通过鼠标选点来指定块或块文件的插入点

指定插入块或块文件图形的缩放比例。如指定负的 X、Y 和 Z 值,则插入块或块文件的镜像图像。如指定彼此不同的 X、Y、Z 值,则插入块或块文件图形将发生变形

图 4-12 "插入"对话框

嵌套块,块名不变。由于 B 文件中的块定义较 A 文件的同名块具有更高的优先级,因此应避免 A 文件和 B 文件中的块名相重,否则会造成插入时 A 文件的图形发生改变。

②在插入块或块文件时,系统将通过自动拟合块或块文件的基点和插入点来对图形进行定位。如果插入的图形不匹配,可能需要重新指定基点或是更改所参照的坐标系。其中,修改基点可通过重新定义块来修改块定义中的基点或是使用 BASE 命令重新指定块文件中的基点来进行;而设置参照坐标系的通常做法是将 WORLDVIEW 系统变量设为 0,使命令执行期间以当前的 UCS 作为坐标参照系。这样,块定义的基点坐标将取决于定义块时的坐标系,而在插入时将自动拟合当前坐标系。因此,在 WCS 下定义的门、窗等 3D 块,就可以在不同的 UCS 下插入到空间的各个立面中去。

(2)批量插入

使用 DIVIDE(DIV)命令❶或 MEASURE(ME)命令❷的"块(B)"子命令,可以通过批量性地插入块快速地绘图。在园林设计中,通常借此来完成行道树、柱列等的绘制。

---

❶ 定数等分命令,可按指定数量等分线性对象,并在等分点处放置点对象或块。
❷ 定距等分命令,可按指定的间距划分线性对象,并在划分点处放置点对象或块。

以行道树绘制为例,具体的操作方法是:

◆ LINE(L)↙,在人行道上距道牙线适当距离绘制一条与道牙线平行的种植辅助线。这一种植辅助线也可通过 OFFSET 道路缘石线获得(图 4-13)。

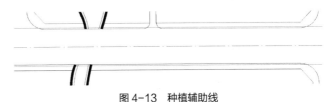

图 4-13 种植辅助线

◆ CIRCLE(C)↙,用最近点捕捉该辅助线一端上的点为圆心绘制直径为 4~11 米的圆作为树冠,并用 LINE(L)命令添加树枝,完成如图 4-14 所示的单棵行道树,并 BLOCK(B)↙将该单棵行道树定义为行道树块(也可以使用平时收集来的树木图形文件 INSERT(I)↙形成行道树块)。

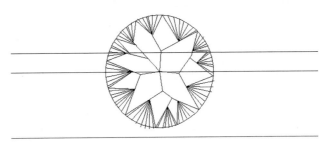

图 4-14 单棵行道树

◆ MEASURE(ME)↙,根据命令行提示选择画好的种植辅助线作为等分对象,以树冠直径为等分间隔,选择"块(B)"选项,输入行道树块名将该行道树块等距插入(图 4-15)。

图 4-15 批量插入行道树

◆ ERASE（E）✐，删除种植辅助线及多余的行道树（如位于道路交叉口、河道桥梁上），完成该路段的行道树绘制（图4-16）。

图4-16　删除多余的行道树

★注意：如不绘制种植辅助线，也可直接利用缘石线进行行道树绘制，在绘制完成后将所有行道树用MOVE（M）命令往人行道内侧移动一定的距离，具体偏移的距离值取决于道路断面设计。

（3）图层0与块管理

系统默认设置的图层0是一个与块特性（如颜色等）管理密切相关的特殊图层。在图层0上建立的块，如果插入到非0层，会自动具有插入层（非0层）的图层特性；而在非0层上建立的块，如果插入到其他层（图层0或非0层），则仍然保持有原来图层的特性。因此，在AutoCAD中，为了便于用图层特性来统一管理控制对象的特性，通常要求在图层0上定义块，然后再将块插入到所需的非0层中。

此外，对于由多图层图形组成的块文件插入的块，图层的可见性和可编辑性操作会具有一些特殊的情况：如果将多图层的A文件插入B文件，则关闭B文件中的插入层并不影响该块的可见性，只有冻结插入层才会使该块不可见，而关闭或冻结B文件中A文件的绘图层只会使A块的相应内容不可见。因此，为了能够正常地使用图层来统一控制图形中所有内容（块对象及非块对象）的可见性和可编辑性，AutoCAD通常要求将多图层的块文件插入到图层0中，而使用其他非0层来进行图形对象的可见性和可编辑性管理。

因此在实际工作中，图层0实际上可以视为专门用于块管理（定义块或插入块文件）的一个图层。

★注意：如果将A文件插入B文件，并且在A文件和B文件中存在同名层，且2个图层的特性不同，则B文件中的图层将较A文件中的同名层具有更高的特性优先级，B文件中的A块在这一图层上的对象外观将自动显示为B文件的图层特性。

4）通过重定义块、替换块或更新块文件来快速修改设计图

图中插入的块除了可通过ERASE（E）、COPY（C）、MOVE（M）、MIRROR（MI）、ARRAY（AR）、SCALE（SC）等基本编辑命令进行常规的修改编辑，还可通过重新定义块、替换块、修改并更新块文件等方法来改变图形中块的组成和形状。在风景园林规划设计中，这些功能通常被用来批量性的快速修改图纸，如将图中所有的2D块（建筑、树木等）换成相应的3D块，就可以从2D设计图快速获得3D设计图（图4-17）。

★注意：如果自动生成图形被关闭，则通过重新定义块、替换块、修改并更新块文件所改变的图纸效果需要通过执行REGEN（RE）命令来观察。

（1）块的重新定义

块的重新定义可通过与块定义类似的操作进行，块名不变，而对基点或组成块的图形对象集进行必要的改动，确定后在弹出的对话框中选择"是"，确认进行块的重新定义（图4-18）即可。一个块一旦被重新定义，图纸内所有被引用的该块均将自动反映新的特征形状。

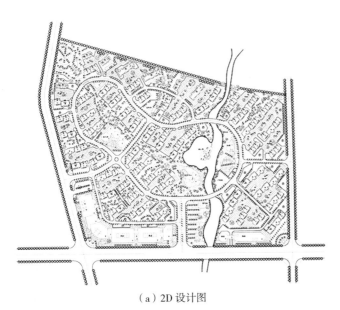

（a）2D 设计图

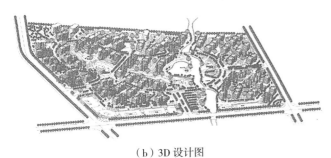

（b）3D 设计图

图 4-17　某居住小区环境设计

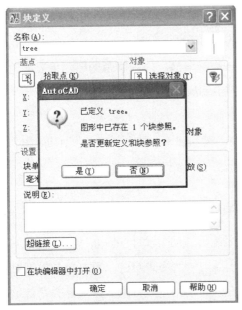

图 4-18　确认重新定义块

块定义的修改还可通过块编辑器 ❶ 来进行。具体的操作方法是：

◆ 双击图形中的任何一个块，打开"编辑块定义"对话框（图 4-19）。

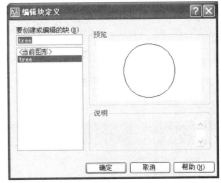

图 4-19　"编辑块定义"对话框

◆ 在该对话框中选择需要编辑修改的块名，确定后进入"块编辑器"窗口（图 4-20），在其中可通过夹点编辑或 AutoCAD 的编辑命令来修改块图形，或使用块编辑器提供的编辑工具来向块定义中添加动态行为（参数、动作等）。

◆ 块定义修改完成后，可回车并在弹出的对话框中选择"是"（图 4-21）以保存块定义并更新块参照，则图纸内所有被引用的块均将自动反映新的形状改变或特征。

（2）块的替换

块的替换就是利用块文件图形来替代当前工作文件中的某个块图形。该功能可利用 -INSERT（-I）命令通过命令行进行操作。具体操作方法是：

◆ 在命令行键入快捷命令 -I。

---

❶ 块编辑器实际上是针对动态块的定义和编辑而设计的编写区域，其所提供的编辑工具专门用于创建动态块。所谓动态块，就是在块中定义了一些自定义的夹点、特性及 / 或动态行为（动作），从而使块具有一定的灵活性和智能性，用户可以通过这些自定义夹点、自定义特性和自定义动作来操作几何图形，从而能够在必要时进行个别的在位调整修改。由于在块编辑器中也可以使用夹点编辑或 AutoCAD 的编辑命令来修改块图形，并通过保存修改后的块定义来更新图形中的块，因此也可用它来进行图形的批量性修改。

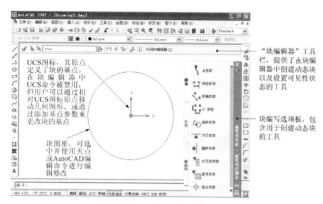

图 4-20 "块编辑器"窗口

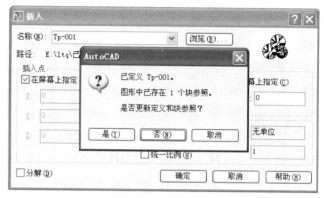

图 4-22 确认替换块

图 4-21 保存块定义并更新块参照

◆ 在"输入块名或 [?]<缺省块名>："命令行提示下输入"块名（图形文件中的要被替代的块名）＝块文件名（用于替代的块文件名）"。

◆ 回车确认，相应的块图形即全部被块文件图形所替代。

★注意：①用于替代块的块文件应保存于系统当前有效的搜索路径之下，否则必须在块文件名前输入其保存路径。

②替换后当前工作文件中的该块仍沿用旧块名，而不采用块文件名。

（3）更新块文件

块文件插入后，可通过修改原文件并重新插入，对其进行修改更新。重新插入时可在替换块的对话框中选择"是"确认后（图 4-22），按 Esc 键退出 INSERT（I）命令即可。

★注意：嵌套块必须独立于它的母块进行单独修改，也就是说，嵌套块必须在块文件中对块本身进行重定义修改，然后再在调用块文件的图形文件中重新插入块文件，嵌套块的修改效果才能在调用文件中反映出来。

5）块的分解

在 AutoCAD 中，插入的块将成为一个整体对象。如需要把图形文件中的块分解还原成多个分散的对象，可通过 EXPLODE（X）命令进行，也可在插入块时在"插入"对话框中选择"分解"选项（参见图 4-12），在插入的同时完成块分解。

块一旦被分解，块中所有图形对象立即返回其绘制层，并自动从属图形文件中该层的特性。

★注意：嵌套块的分解必须在其母块被分解了之后再进行。

6）风景园林规划设计中块与块文件的管理

在风景园林规划设计中，必须充分利用块和块文件来绘制图形中大量重复的、可能需要批量修改的对象，以提升绘图和方案修改的速度。为有效地管理这些块和块文件，应注意以下几点：

● 块和块文件的命名：在图形文件的块定义表中，块名是通过块定义或块文件名获得，并按照数字和字母顺序排列的。因此，块名和块文件名应简短且能反映块图形的内容，便于他人理解使用。

● 块和块文件的图层管理：为了便于用图层特性来统一管理控制对象的特性、可见性和可编辑性，必须强调图形文件中由单图层图形构成的块应在图层 0 上绘制并定义，然后插入到所需的非 0 层；图形文件中由多图层图形构成的块，其图形可在相应的图层上分别绘制，但块的定义和插入均应在图层 0 上完成；单图层的块文件应将所有对象都绘制在图层 0 上，然后在块文件插入时插入到所需的非 0 层；多图层的块文件则应插入到图层 0，以便通过非 0 层来正常地控制其图形对象的可见性和可编辑性。

● 外部图形文件的积累和整理：为了充分利用 AutoCAD 的外部图形库功能，必须注意外部图形文件的积累，通过随时转存有用的块文件和搜集现成的各种图形文件，并加以分类归档，建立起自己的外部图形库，以便于随时访问调用。如可以搜集整理各种树木的平、立面表现图形，分别存成单独的图形文件，形成植物图形库；此外，指北针、图框、景观石、灯具、座椅等都可以建成分类图形库。

4.2.2　利用"设计中心"调用其他图形文件中的块

设计中心是 AutoCAD2000 以上版本提供的图形资源管理器，可管理各种有名的图形对象和设计样式，如块参照、外部参照、图层定义和文字样式等。通过设计中心，用户可以对位于用户计算机上、网络位置或网站上的源图形中的图形、块、图案填充和其他设计内容进行访问和利用，以简化绘图过程。因此在风景园林规划设计中，如果需要调用所编辑的文件外部的图形资源——其他图形文件中的块，为避免将其转

换为块文件再进行调用的麻烦，可以通过设计中心来快速进行。

1)〖设计中心〗选项板

〖设计中心〗选项板的结构如图 4-23 所示，主要包括以下部分：

● 内容显示框：可分为树状图、内容区、预览区和说明区 4 部分。其中，树状图可浏览和显示源图形文件及其所包含的设计内容分类信息；内容区可显示树状图中访问对象的详细内容；预览区可显示内容区中选定的图形、块、填充图案或外部参照的预览；而说明区则可显示内容区中选定的图形、块、填充图案或外部参照的相关说明。

● 选项卡：包括"文件夹""打开的图形""历史记录"和"联机设计中心"4 个选项卡。通过选择切换，可在内容显示框的树状图中分别显示本机及联网共享的文件资源、系统当前打开的所有图形文件的列表、设计中心最近访问过的 20 个图形文件的列表或是网上的联机设计中心 Web 页中的内容。

● 工具栏：集中了用于控制在树状图和内容区中浏览和显示信息的所有工具。其中〖树状图切换〗工具、〖预览〗工具和〖说明〗工具，可分别用于控制内容显示框中是否显示树状图、预览区和说明区。

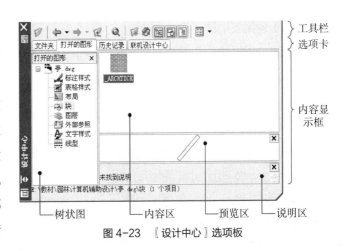

图 4-23　〖设计中心〗选项板

2）"设计中心"的使用

（1）打开和关闭

〖设计中心〗选项板的打开和关闭可通过 Ctrl+2 快捷键组合来进行。

（2）查找和访问设计内容

设计内容的查找主要依靠〖设计中心〗选项板中的树状图来进行，4 个选项卡和工具栏中用于浏览控制的一些工具则可以为在树状图中筛选或快速查找所需的浏览内容提供相当的便利。一般情况下，可利用 4 个选项卡或工具栏中的〖收藏夹〗工具 、〖主页〗工具 、〖搜索〗工具 筛选树状图中显示的浏览内容，并可使用工具栏中的〖上一页〗工具 、〖下一页〗工具 、〖上一级〗工具 来辅助查找所需浏览的内容。其中，"收藏夹"和"主页"中所包含的文件资源可通过在树状图中用鼠标右击，获取快捷菜单进行设置。

设计内容的访问则需要在内容区中进行。通过在树状图中选择需要访问的对象、利用工具栏中的〖加载〗工具 或从 Windows 资源管理器中直接选择图形文件并进行拖放操作，均可将对象所包含的具体内容信息加载到内容区中。然后在内容区中选择内容并进行拖放操作、粘贴操作或通过鼠标右键单击访问快捷菜单，就可将选中的内容添加到当前图形或工具选项板中。内容区中设计内容的显示方式，则可利用工具栏中的〖视图〗工具 来加以控制。

（3）调用其他图形文件中的块

使用"设计中心"调用其他图形文件中的块，可通过以下步骤进行：

◆ 结束当前图形文件中的所有执行命令，并打开〖设计中心〗选项板。

◆ 在〖设计中心〗选项板的树状图中查找到源文件，并将其中包含的块加载到内容区。

◆ 在内容区中选中需要调用的块，然后通过拖放操作、"插入块"快捷菜单选项（图 4-24）或使用剪

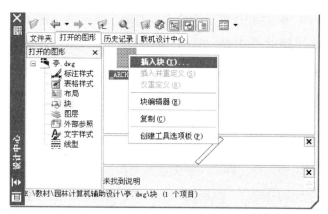

图 4-24　通过快捷菜单插入块

贴板进行粘贴，就可将所选的块插入到当前的工作图形文件的作图区内。

4.2.3　图形库使用实例

下面将对本章第 4.1.7 节中完成的园林平面设计实例，利用块文件添加、修改种植设计部分，以详细说明园林平面设计图中的图形库使用方法。

◆ 打开第 4.1.7 节中完成并保存的"例 2-1.dwg"图形文件。

◆ 在〖图层〗工具栏下拉列表中指定"ZhongZhi"图层为当前工作图层（图 4-7）。

◆ Ctrl+2 打开〖设计中心〗选项板，切换到"文件夹"选项卡，从练习文件中选择"例 4_ 种植 .dwg"文件后，在其"块"库中选择名为"Tp-027"的块并拖拽插入到绘图区域中（图 4-25）。

◆ M✓或利用夹点将插入的"Tp-027"块的中心移动对位到底图中相应的树木上，并 SC✓通过缩放调整"Tp-027"块的大小。缩放比例可以通过"参照（R）"子命令拾取"Tp-027"块的半径长度和底图中相应树木的半径长度来自动得到（图 4-26）。

◆ CO✓将"Tp-027"块复制对位到底图中其他同类树木上并在必要时通过 SC✓调整大小，完成该类树木的种植设计（图 4-27）。

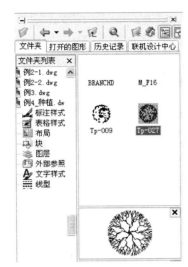

图 4-25 通过"设计中心"访问"Tp-027"块

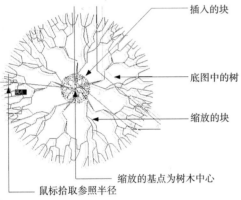

图 4-26 "Tp-027"块的对位与缩放

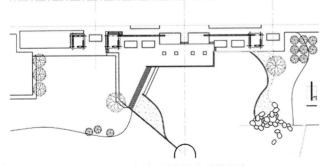

图 4-27 完成同类树木的种植设计

★注意：①可利用正交模式来实现水平或垂直方向上的种植排布。

②树阵可通过 AR✓并进行选择性的 E✓删除来迅速完成。

③规则排列的行道树也可利用 DIVIDE（DIV）或 MEASURE（ME）命令的"块（B）"子命令，通过在等分点上插入指定的块来迅速完成。

◆ 同样从"例 4_ 种植 .dwg"文件中插入"Tp-009""M_F16"和"M_F6"块，完成全部种植设计（图 4-28）。

★注意：文件中的块原则上不要随便进行分解，以便必要时可通过修改并重定义块来快速地修改图纸。

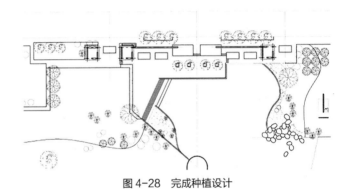

图 4-28 完成种植设计

习题

1. 按照本章第 4.1.7 节和第 4.2.3 节中的实例完成"例 2-1.dwg"的图层组织和种植设计。

2. 通过图层的可见性、可编辑性设置操作来观察"例 2-1.dwg"的图形变化。

3. 以其他的树木图形（可自绘）来重新定义"例 2-1.dwg"中的"Tp-027""Tp-009""M_F16"或"M_F6"块，并观察"例 2-1.dwg"的图形变化。

4. 设计并建立"例 3.dwg"中的三维模型的工作图层，将具体的模型对象分层后，通过图层的可见性、可编辑性设置操作来观察模型的变化。

5. 在"例 3.dwg"的三维模型中，详细设计并绘制定义"WINDOW"块，通过 UCS 的改变准确插入到各个窗洞中。然后修改并重新定义"WINDOW"块，观察模型的变化情况。

第5章 图形输出

风景园林规划设计图绘制完成后，可以使用多种方法输出：既可以将图形打印到图纸上，也可以转换成其他格式的文件以便进行查看、网络传输或到其他应用程序中进一步加工处理。这些都可以借助 AutoCAD 的打印功能实现。

5.1 图形打印功能及准备工作介绍

AutoCAD 的图形打印具备设计信息交换的扩展功能，可进行图纸打印、图形文件转换或 ePlot（电子打印）。一次打印只能输出一幅图形。

5.1.1 图纸打印、图形文件转换和 ePlot

图纸打印就是将绘制好的图形打印输出成图纸，需要有打印机或绘图仪的打印配置文件支持。

图形文件转换就是将 DWG 格式的工作文件打印输出成其他格式的文件，需要由相应文件格式的打印配置文件支持。通常用于转换高分辨率的大型光栅图像文件。AutoCAD 2007 及其后的版本还可通过指定分辨率将 DWG 文件输出成作为电子信息交换标准的 Adobe® 可移植文档格式 PDF。

通过 ePlot 则可以生成针对打印或查看而优化的电子图形文件。所创建的文件通常以 Web 设计格式 DWF❶ 存储，便于进行网上传送并支持实时平移和缩放，以及图层和命名视图的显示。ePlot 也需要由相应文件格式的打印配置文件来支持。

对于风景园林规划设计来说，最常用的是将设计成果打印成正式的图纸。此外，还经常会需要将设计图形转换为光栅图像文件到 Photoshop 中进一步加工成表现图（参见第 9 章第 9.1.1 节）。而在异地合作者或甲方也熟悉 AutoCAD 软件的情况下，则可使用 ePlot 来方便地传输阶段性成果。

5.1.2 打印配置文件的添加

在 AutoCAD 中，图纸打印、图形文件转换和 ePlot 功能是借助于不同的打印配置文件（PC3 文件）实现的。因此，根据需要向系统添加相应的打印配置文件，是图形打印前必须进行的准备工作。只有当进行图纸打印的电脑已联接有绘图仪并在操作系统中已安装了相应的驱动程序时，才可以不必再添加打印配置文件，AutoCAD 可直接选用系统打印设备来进行打印。

---

❶ DWF 文件是一种矢量格式的压缩文件，可传输图层、视图、线宽、绘图比例等信息，可通过分辨率设置控制接收者能否对图形进行打印，并可设置口令确保只有获得授权的人才能打开。接收者无法对设计进行修改，但可以使用 Autodesk DWF Viewer®、Autodesk Design Review 或任何有 Autodesk 的 WHIP! 4.0 以上版本插件的 internet 浏览器（如 Microsoft Internet Explorer 或 Netscape Communicator）打开、查看以及打印 DWF 文件。

打印配置文件可通过"添加绘图仪向导"来添加。具体步骤为：

◆【文件】>【绘图仪管理器】，打开"Plotters"对话框（图 5-1）。

图 5-1　"Plotters"对话框

◆ 双击"Plotters"对话框中的"添加绘图仪向导"快捷方式，打开"添加绘图仪 – 简介"对话框（图 5-2）。

◆ 点击"下一步"，在"添加绘图仪 – 开始"对话框中选择"我的电脑"（图 5-3），以便将打印配置文件添加到当前的工作机器上。

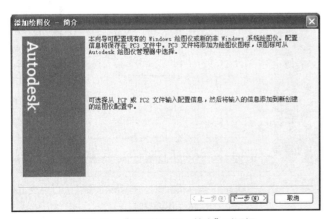

图 5-2　"添加绘图仪 – 简介"对话框

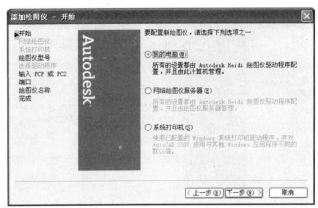

图 5-3　"添加绘图仪 – 开始"对话框

◆ 点击"下一步"，在"添加绘图仪 – 绘图仪型号"对话框中的"生产商"和"型号"列表中选择绘图仪供应商和型号（图 5-4），以指定绘图仪驱动程序类型。AutoCAD 提供了用于创建 DWF、PDF、PostScript❶、DXB 文件格式、光栅文件格式等类型文件的绘图仪驱动程序，还提供了 CalComp、HP、Océ、Xerox 等品牌的绘图仪驱动程序。根据输出的需要可进行选择。

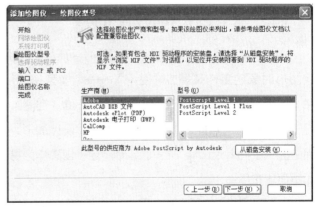

图 5-4　"添加绘图仪 – 绘图仪型号"对话框

◆ 继续点击"下一步"并接受后续对话框中的默认设置，最后在"添加绘图仪 – 完成"对话框中点击"完成"（图 5-5），即可完成打印配置文件的添加。

---

❶ 是一种光栅 / 矢量混合式文件，在 Photoshop 中打开时可调节精度，并可进行文件插入（place）。

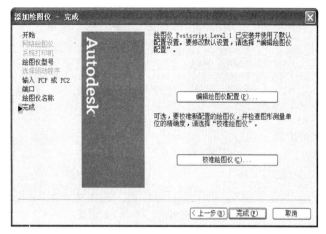

图5-5　"添加绘图仪－完成"对话框

5.2　布局组织与打印

图形在打印输出之前通常需要进行一定的排版处理，形成符合要求的打印页面。AutoCAD 使用布局来代表打印的页面，而布局是在图纸这一"空间"中绘制编辑的。因此，要熟练掌握 AutoCAD 的打印排版方法，必须先理解 AutoCAD 的"空间"和布局。

5.2.1　模型空间、图纸空间和布局

AutoCAD 提供了两种截然不同的、可以从中创建图形对象的工作环境或"空间"——"模型空间"和"图纸空间"。其中，"模型空间"是三维"空间"，用于创建由几何对象组成的工作模型，即设计图形；而"图纸空间"是二维"空间"，专门用于创建作为打印页面的布局。

"模型空间"和"图纸空间"是两个相对独立的"空间"。在"模型空间"中绘制的图形，在"图纸空间"中不可见且无法被编辑；反之亦然。但是，在"图纸空间"中，通过开设"视口"（相当于在图纸上挖洞），就可以在"视口"中显示"模型空间"中的图形，从而通过编辑"视口"来完成对"模型空间"中图形的排版。"模型空间"和"图纸空间"具有不同的 UCS

图标，可通过点击绘图区域底部的选项卡进行访问和切换（图5-6）。

布局存在于"图纸空间"中，可以命名保存。一个图形文件中可以根据需要创建任意多个布局。一个布局代表一个打印页面，上面可以开设多个"视口"以显示"模型空间"中图形的不同内容，并添加图框、图纸说明、图名等内容，从而编排组织成不同的构图效果。

尽管"模型空间"中的图形内容也可以被打印，但在"模型空间"中排版，只能通过缩放、复制、移

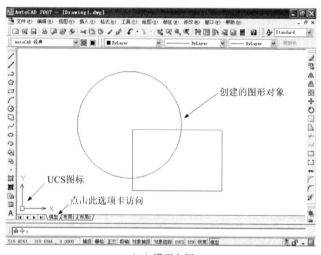

（a）模型空间

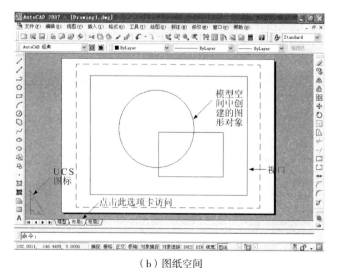

（b）图纸空间

图5-6　"模型空间"和"图纸空间"

动图形对象来使之符合打印的比例和构图要求，并且添加的图框、图纸说明、图名等内容将混于原有的图形对象中，设计图形必然会发生较大的改变。为了后期方案修改的方便，就必须要先进行文件备份，而修改之后的方案若要打印还需要重新进行排版。并且，如果打印图需要由若干幅小图拼凑而成，则图形对象的多次复制也会导致图形文件量的成倍增加。可见，使用"模型空间"来进行打印，虽然直接，但从项目过程管理的角度来考察，则有诸多的不利。

　　因此，在风景园林规划设计中，建议应使用布局来进行图纸的排版和打印。这样，"模型空间"将专用于方案规划和设计工作，可保持一贯的工作状态并随时进行修改，而修改的结果则可即时反映到布局的视口中。并且，同一文件可以根据需要，设置多个布局进行不同内容和要求的排版打印，生成一系列图纸。

5.2.2　创建布局

　　默认情况下，新图形一般具有两个默认的布局："布局 1"和"布局 2"。用户可以直接使用它们来进行排版编辑，或修改它们的名称和设置后再用来进行排版编辑。

　　如果需要创建新的布局，则可使用以下方法之一：

　　● 创建一个未进行设置的新布局，然后访问该布局并在"页面设置管理器"中指定其设置。

　　● 使用"创建布局"向导创建并设置布局。

　　● 从当前图形文件复制既有布局及其设置。

　　● 从现有的 DWT 图形样板文件（参见第 10 章第 10.1.1 节）或 DWG 图形文件输入布局及其设置。

　　由于一个布局对应于绘图区域底部的一个布局选项卡，并且布局的各种操作可通过在布局选项卡上单击鼠标右键，访问布局快捷菜单来方便地进行，因此建议在创建布局时，可先创建布局选项卡，再进行布局的设置或设置修改。通常的步骤是：

　　◆ 在默认的布局选项卡上单击鼠标右键，通过布局快捷菜单来获得所需的布局选项卡（图 5-7）。如欲使用默认的布局选项卡，可通过"重命名"菜单项更改其名称，使之能恰当地反映打印内容和要求以便于识别；如欲使用新的布局选项卡，可通过"新建布局"菜单项创建新的布局选项卡；如欲使用现有布局设置创建新的布局，则可通过"移动或复制"菜单项选择布局并创建其副本，再通过"重命名"菜单项更改该副本布局选项卡的名称。

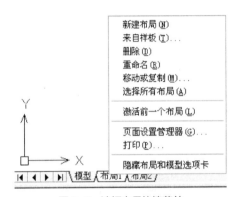

图 5-7　访问布局快捷菜单

　　◆ 用鼠标左键点击所获得的布局选项卡，切换到该布局的图纸空间中。

　　◆ 在该布局选项卡上单击鼠标右键，选择"页面设置管理器"菜单项（图 5-8）打开"页面设置管理器"对话框（图 5-9）。默认情况下，每个新布局都有一个与其关联的页面设置，以"* 布局名称 *"命名。

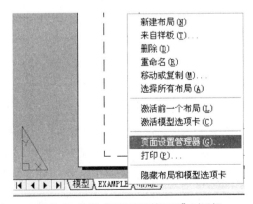

图 5-8　访问"页面设置管理器"对话框

图 5-9　"页面设置管理器"对话框

（a）"页面设置"对话框

　　◆ 在"页面设置管理器"对话框中点击"修改"，打开"页面设置"对话框进行该布局的详细设置。设置内容主要包括选择打印机／绘图仪和指定图纸尺寸这两项（图 5-10）。由于打印机／绘图仪的名称列表中只显示已存储有打印配置文件（PC3 文件）的打印机／绘图仪，因此必须确保所需使用的打印机／绘图仪的打印配置文件已经被添加。图纸尺寸则应根据打印图纸的实际裁剪尺寸设定，以确保打印内容的完整。

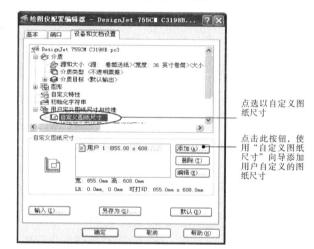

（b）"绘图仪配置编辑器"对话框

图 5-10　页面设置

　　★注意：①页面设置可以命名保存以便于在其他布局中选择使用。具体方法是：在"页面设置管理器"对话框中点击"新建"，访问"新建页面设置"对话框（图 5-11）输入页面设置的名称，确定后在弹出的"页面设置"对话框中进行具体设置，即可创建页面设置。创建的页面设置将显示在"页面设置管理器"对话框的"页面设置"列表中，如需使用可选中该页面设置并点击"置为当前"。

　　②如果需要，也可从其他图形输入已命名的页面设置。具体方法是：在"页面设置管理器"对话框中点击"输入"，在弹出的"从文件选择页面设置"对话框（图 5-12）中选择图形文件并点击"输

图 5-11　"新建页面设置"对话框

入"，再在弹出的"输入页面设置"对话框（图 5-13）中选择页面设置并点击"确定"，即可输入所选的页面设置。输入的页面设置将同样显示在页面设置管理器的"页面设置"列表中。

图 5-12　"从文件选择页面设置"对话框

图 5-13　"输入页面设置"对话框

5.2.3　在布局中排版

一旦修改了当前布局的图纸尺寸，则该布局的图纸尺寸就会发生相应的改变以反映实际的图纸尺寸，从而便于按照所需的打印效果进行排版工作。

在布局中进行排版的基本步骤包括：①绘制图框；②创建视口以显示模型空间的图形对象；③依次从每一视口访问模型空间，使模型空间的图形对象能够以适当的比例和内容在各个视口中显示；④返回图纸空间并组织视口排布以调整构图；⑤在图纸空间中添加图名、图纸说明等内容。

其中，第 1 步的图框绘制可以直接使用绘图命令进行，也可以通过插入块文件来实现，第 5 步的图名、图纸说明的添加则可通过文字标注来进行，在此不再赘述。下面仅对第 2~4 步的实现方法进行详细的介绍。

1）在布局中创建视口

在布局中创建视口可使用【视图】>【视口】中的菜单项或〖视口〗工具栏（图 5-14）中的工具来进行，也可通过 VPORTS 命令访问"视口"对话框的"新建视口"选项卡（图 5-15）或使用 MVIEW（MV）命令通过命令行操作来进行。

图 5-14　〖视口〗工具栏

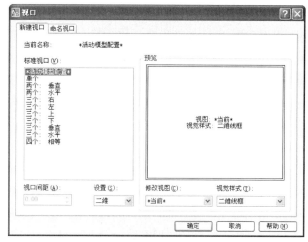

图 5-15　"视口"对话框"新建视口"选项卡

布局视口的创建一般可分为以下 4 种情况，可分别通过不同的方法来达成：

● 创建单一矩形视口：可使用【视图】>【视口】>【一个视口】菜单项、〖视口〗>〖单个视口〗工具或 MVIEW（MV）命令通过鼠标选点创建单个的矩形视口，也可使用"视口"对话框创建布满整个布局的单一矩形视口。

● 创建多个规则排布的矩形视口：可使用【视图】>【视口】菜单项、MVIEW（MV）命令或"视口"对话框的相应选项来创建指定范围内或布满整个布局的多个规则排布的矩形视口。

● 创建具有非矩形边界的视口：可使用【视图】>【视口】>【多边形视口】菜单项、〖视口〗>〖多边形视口〗工具 或 MVIEW（MV）命令的"多边形（P）"子命令通过绘制多边形来创建多边形视口；也可先在图纸空间中绘制代表非矩形边界的对象（如圆、多边形、闭合的多段线等），然后通过【视图】>【视口】>【对象】菜单项、〖视口〗>〖将对象转换为视口〗工具 或 MVIEW（MV）命令的"对象（O）"子命令将所绘制的对象转换为视口。

● 创建多个规则或非排布规则的相同视口：可选中任一的矩形或非矩形视口的边界，并使用 COPY（C）或 ARRAY（AR）命令通过复制该视口创建多个新的规则或非排布规则的相同视口。

2）从布局视口访问模型空间

可以从布局视口访问模型空间，以编辑对象、冻结和解冻图层或调整视图。通常采用双击图面不同位置的方法来达成对布局视口的访问。被访问的布局视口即为当前视口。

在布局排版时，从布局视口访问模型空间主要是为了冻结和解冻图层以控制在当前视口中显示的模型空间的图形内容，并调整视图以使模型空间的图形对象能够以适当的比例在视口中的适当位置显示。具体方法是：

● 开始布局视口访问：可双击视口边界内部的任意位置。则该视口成为当前视口，其视口边界将变粗，且所有视口的左下角将显示模型空间的 UCS 图标，而移动光标时只在当前视口中可见十字光标（图5-16a）。

● 结束布局视口访问：可双击当前视口以外

区域的任意位置。则当前视口将恢复为普通的活动视口，其边界将重新变细，视口左下角的模型空间 UCS 图标将消失，且十字光标将在整个绘图区域中可见（图 5-16b）。在访问布局视口时所作的更改将显示在视口中。

在当前视口中，冻结和解冻图层，以及调整视图显示的具体操作方法是：

● 冻结和解冻图层：可在"图层特性管理器"对话框或〖图层〗工具栏的图层下拉列表中通过"冻结当前视口"或"在当前视口中冻结或解冻"项

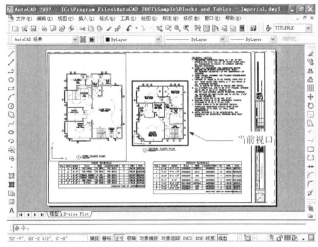

（a）访问状态

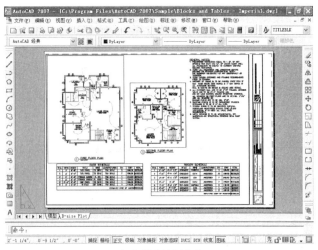

（b）退出访问状态

图 5-16　开始或结束布局视口访问

（图 5-17）来控制当前视口中显示的图形内容。这一操作将不会影响到模型空间中或其他布局视口中显示的图形内容。

● 调整视图的比例：可使用 ZOOM（Z）命令的"比例（S）"子命令，以 nXP 的形式指定模型空间中的图形对象在图纸空间中的显示比例。例如，1∶100 比例的视图可输入 0.01xp，即将模型空间中的图形缩小到原来的百分之一在图纸空间中显示。如果缩放后图形对象未能显示在视口的中央，则可使用 PAN（P）命令平移视图进行调整。

★注意：①如果图纸中的图形在模型空间中需使用不同的 UCS 得到正视图，可将 UCSVP 系统变量设置为 1，使各视口可保存独立的 UCS，并在访问各布局视口时先使用 UCS 和 PLAN 命令使之恢复所需的正向视图。例如，平、立、剖面图就可通过这一方法打印在同一张图纸上，而它们在模型空间中仍按各自的 UCS 方向排布，便于后续的修改编辑。

②如果要打印三维视图，可先在模型空间中命名保存满意的视图（如特定透视角度的视图），然后在访问布局视口时使用 -VIEW（-V）命令恢复该视图。

③如果通过从布局视口访问模型空间获得了满意的视图显示，则可在结束布局视口访问后，选中该布局视口的边界并在〖特性〗选项板中锁定该视口（图 5-18），以避免在后期操作中可能因误操作更改该视口的显示视图。

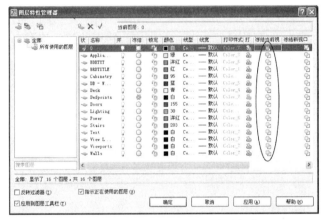

（a）在"图层特性管理器"对话框中操作

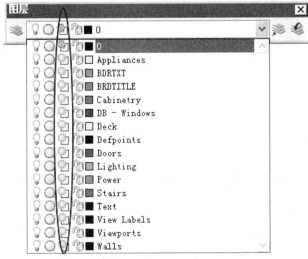

（b）在〖图层〗工具栏中操作

图 5-17　在当前视口中冻结或解冻图层

图 5-18　锁定视口

3）组织布局视口

创建并经访问调整后的布局视口可以根据需要更改其形状、大小并对其进行移动。如果要更改布局视口的形状或大小，可以选中该视口的边界并使用夹点编辑其顶点。如果要移动布局视口，可以选中该视口的边界并使用 MOVE（M）命令来进行移动。如果打印时只需要打印图形内容而不需要打印布局视口的边界，则可以将创建的布局视口放置在单独的图层上，并在打印时关闭该图层的可见性。

★注意：在调整视口位置时应尽量避免视口重叠，以免在后续访问视口的操作中难以访问到所需编辑的视口。

5.2.4　按比例打印布局

完成布局排版之后，就可进行打印输出了。打印方法如下：

◆ 确保在访问打印布局的状态下，用鼠标右键单击需要打印的布局选项卡，在快捷菜单中选择"打印"，访问"打印"对话框。

◆ 在"打印"对话框中进行必要的打印设置。一般需要指定打印样式表、打印区域和打印比例（图5-19）。如打印的是 3D 图形，还需勾选"打印选项"部分的"隐藏图纸空间对象"选项，以使消隐效果能应用于布局视口中的对象并反映到打印预览和结果中。

◆ 点击"打印"对话框左下角的"预览"按钮，查看打印效果。由于 AutoCAD 2000 以上版本的打印功能实现了"所见即所得"，因此通过打印预览可以有效地检查实际的打印效果。

◆ 预览后可通过回车返回"打印"对话框。如预览不满意，可在该对话框中重新修改打印设置；如预览满意，就可点击"应用到布局"按钮将在"打印"对话框中所做的打印设置保存到该布局中，然后点击"确定"进行打印输出。如果打印使用的是联机的打印机/绘图仪，则"确定"后图纸信息即被传输到打印机/绘图仪上开始打印作业；如果打印使用的是用于图形文件转换或 ePlot 的虚拟打印机/绘图仪，则"确定"后可在弹出的对话框中指定打印图形的保存路径和文件名，将图形打印成相应格式的文件（图5-20）。

图 5-20　将打印图形保存为 TIF 文件

要取得满意的打印效果，打印设置非常关键。在风景园林规划设计中，打印设置遵循的基本原则是：

● 使用颜色相关打印样式来控制图形对象的线宽和色彩。

● 用布局视口的视图显示比例来控制图形的打印比例，"打印"对话框中的打印比例确保为"1 毫米 =1 单位"。

图 5-19　打印设置

● 使用一些系统变量来控制个别图形对象的特殊打印要求，常见的如使用 FILL 系统变量控制 SOLID 图案填充、带宽度的多段线等对象的填充，使用 LTSCALE 系统变量控制非连续线型的外观，等等。

下面将对颜色相关打印样式和图形打印比例进行详细的说明，以便读者理解掌握上述原则。

1）颜色相关打印样式的使用和设置

打印样式是对象特性之一，专门用于控制对象的一系列打印特性，如颜色、线型、线宽、抖动、灰度等。布局中所有图形对象的打印样式以打印样式表的方式被集中保存，形成打印样式集合。

AutoCAD 提供了两种类型的打印样式：颜色相关打印样式和命名打印样式，它们的打印样式表分别为 CTB 和 STB 文件。其中，颜色相关打印样式是用图形对象的颜色来确定打印特征，例如图形中所有红色的对象均以相同的方式打印，具有相同的打印样式；而命名打印样式则通过向对象指定打印样式来确定其打印特征，因此图形中具有相同颜色的对象可能会使用不同的打印样式，以不同方式打印。一般情况下，系统默认采用的是颜色相关打印样式，此时"打印"对话框右上部打印样式表的下拉列表中，列出的是 CTB 打印样式表。如果需要从命名打印样式切换到颜色相关打印样式，可使用 CONVERTPSTYLES 命令修改图形中使用的打印样式表类型。

使用颜色相关打印样式的好处在于，可以按照图层颜色赋予打印样式，而无须针对具体对象一一考虑其打印特征，从而能够沿袭图层对于图形对象的统一管理功能，有效地提升工作效率。

颜色相关打印样式的使用通常可分为 3 种情况：

● 直接使用已有的打印样式表：在当前所有打印对象的打印要求与已有打印样式表中的相应颜色的打印样式均符合的情况下，可直接使用该打印样式表来进行打印。方法是从"打印"对话框中右上部的打印样式表的下拉列表中选中所需的打印样式表。

● 使用已有打印样式表中的部分打印样式设置：如果当前打印对象中的大部分能够直接使用已有打印样式表中的相应颜色的打印样式设置，则可以通过修改该打印样式表中其他颜色的打印样式设置来满足当前的打印要求。这些设置修改将被保存到这一打印样式表中，从而替代了原来的打印样式设置。具体方法是从"打印"对话框中右上部的打印样式表的下拉列表中选中所需的打印样式表，然后点击下拉列表旁的〖编辑〗工具，访问"打印样式表编辑器"对话框，选择相应的颜色相关样式并修改其设置（图 5-21）。

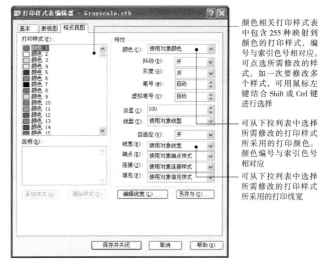

颜色相关打印样式表中包含 255 种与映射到颜色的打印样式，编号与索引号相对应。可点选所需修改的样式。如一次要修改多个样式，可用鼠标左键结合 Shift 或 Ctrl 键进行选择

可从下拉列表中选择所需修改的打印样式所采用的打印颜色。颜色编号与索引色号相对应

可从下拉列表中选择所需修改的打印样式所采用的打印线宽

图 5-21　在"打印样式表编辑器"中设置打印样式

● 创建并使用新的打印样式表：如果当前所有打印对象的打印要求与现有的打印样式表中的打印样式基本不符合，则可以创建并使用新的打印样式表。方法是从"打印"对话框中右上部的打印样式表的下拉列表中选择"新建"（图 5-22），使用"添加颜色相关打印样式表向导"创建新的打印样式表并使用到当前图形中（图 5-23~ 图 5-25）。

2）按比例打印输出

由于风景园林规划设计图纸中经常会包含有不同比例的图形，因此不能在"打印"对话框中设置统一

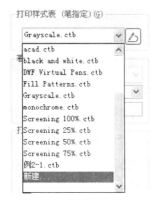

图 5-22　新建打印样式表

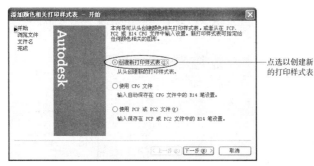

图 5-23　添加颜色相关打印样式表 – 开始

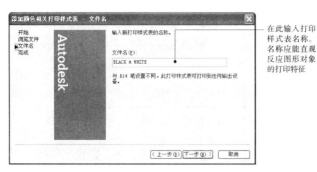

图 5-24　添加颜色相关打印样式表 – 文件名

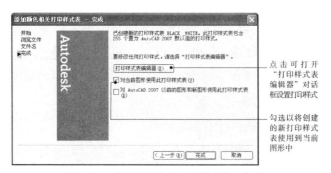

图 5-25　添加颜色相关打印样式表 – 完成

的特殊打印比例，而应充分利用各个布局视口的视图显示比例来控制图形的打印比例。

为了确保打印输出比例与布局视口的视图显示比例相一致，必须对图形中的一些相关比例进行检查设置。这些比例包括：

● 图纸单位与图形单位的缩放比例：图纸单位是在图纸空间中使用的单位，一个单位表示打印图纸上的图纸距离。由于打印图纸尺寸一般指定为图纸的剪裁尺寸，因此其单位是毫米。图形单位则是在模型空间中使用的单位。如要使用布局视口的视图显示比例控制打印输出比例，则该缩放比例应为 1：1，即不作任何缩放折算。这一缩放比例的调整可通过【格式】>【比例缩放列表】访问"编辑比例缩放列表"对话框进行，应确保列表中"1：1"的比例缩放代表 1 图纸单位 =1 图形单位（图 5-26），否则应点击"编辑"按钮访问"编辑比例"对话框（图 5-27），修改该比例缩放值为"1 图纸单位 =1 图形单位"。

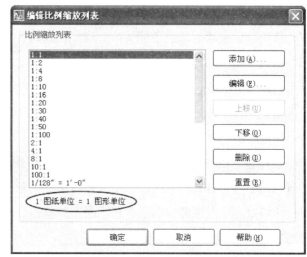

图 5-26　"编辑比例缩放列表"对话框

● 打印比例：该比例在"打印"对话框中设置，用于控制图形单位与打印单位之间的缩放比例。该比例同样应设为"1：1"（参见图 5-19）。

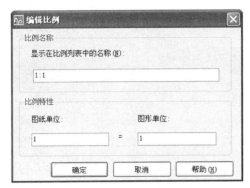

图 5-27　"编辑比例"对话框

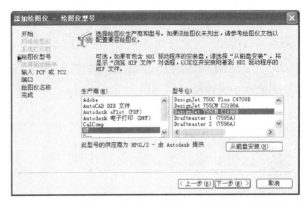

图 5-28　添加"HP DesignJet 755CM C3198B"打印配置文件

5.3　图形打印实例

下面将对第 2 章第 2.2.2 和 2.3.5 节中完成的亭子设计图进行打印排版和设置，以输出比例为 1：50 的标准 A1 图纸，借此来详细说明风景园林规划设计图的打印方法。

◆ 打开第 2 章第 2.3.5 节中完成并保存的"例 2-2.dwg"图形文件。

◆【文件】>【绘图仪管理器】，添加所需的打印配置文件。

★注意：①如电脑已连接并安装有绘图仪，可无须添加新的绘图仪而在打印时直接选用系统默认的打印设备。

②如电脑未连接绘图仪，则需要添加打印时将要使用的绘图仪的打印配置文件。本例中将选择添加能打印大幅图形的"HP DesignJet 755CM C3198B"的打印配置文件（图 5-28）。

◆ 用鼠标右键点击绘图区域左下角的"布局 1"标签，从快捷菜单中选择"重命名"，将"布局 1"重命名为"A1"。

◆ 用鼠标左键点击"A1"标签，切换到该布局的图纸空间中。

◆ 用鼠标右键点击"A1"标签，从快捷菜单中选择"页面设置管理器"，新建"A1"页面设置并进行设置后，将其置为当前页面设置（图 5-29）。

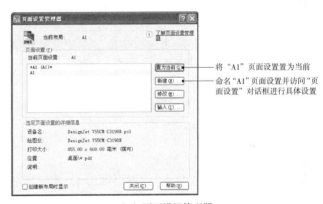

将"A1"页面设置置为当前

命名"A1"页面设置并访问"页面设置"对话框进行具体设置

（a）页面设置管理器

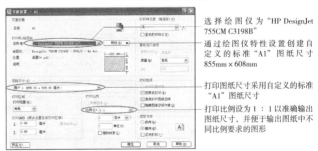

选择绘图仪为"HP DesignJet 755CM C3198B"

通过绘图仪特性设置创建自定义的标准"A1"图纸尺寸 855mm × 608mm

打印图纸尺寸采用自定义的标准"A1"图纸尺寸

打印比例设为 1：1 以准确输出图纸尺寸，并便于输出图中不同比例要求的图形

（b）"A1"页面设置

图 5-29　新建"A1"页面设置并置为当前

★注意：创建自定义图纸尺寸时应将可打印区域的"上""下""左""右"边界的打印距离均设为 0，以保证图纸上的所有图形内容均能打印输出。

◆ LA↙新建"TuKuang"图层并设为当前工作图层，I↙从练习文件插入 A1 标准图框"例 5_图框 .dwg"。从图 5-30 可见，该图框的裁剪边界与自定义的图纸边界正好吻合。

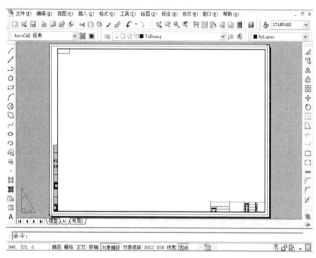

图 5-30　插入图框

★注意：插入点应指定为坐标原点"0，0"，以使图框与图纸准确匹配。

◆【视图】>【视口】>【三个视口】，捕捉图框的对角点开设三个视口（图 5-31）。

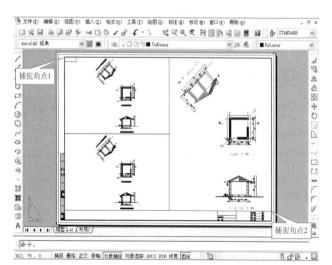

图 5-31　开设视口

★注意：①如布局中已有系统默认开设的视口，可先行删除。

②视口排列方式应选"右（R）"，以使最大的视口排列在右边。

◆ 双击右边最大的视口区域，进入该视口的模型空间；Z↙ S↙ 0.02xp↙，利用 ZOOM（Z）命令中的"比例（S）"子命令将该视口中图形的显示比例设为 1：50 的准确比例；P↙通过视图平移将亭子的平面部分调整到视图的中间部位；双击该视口以外的非视口区域返回图纸空间，选择该视口的边界并利用夹点编辑调整其大小，使视口正好与亭子的平面视图相匹配（图 5-32）。

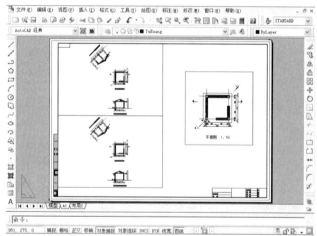

图 5-32　平面视图匹配

◆ 用同样的方法调整另两个视口的视图，使亭子的Ⅰ - Ⅰ剖立面和Ⅱ - Ⅱ剖立面也以 1：50 的准确比例显示并与视口大小相匹配，然后通过在图纸空间中调整视口的大小并移动视口获得较为满意的布局构图（图 5-33）。

★注意：①为避免在访问其他视口时已调整匹配好的视口的显示视图发生改变，可将其"显示锁定"特性设为"是"。

②调整Ⅱ－Ⅱ剖立面的视图时，应在该视口的模型空间中先通过 UCS 和视图转换获取该剖立面的正视图。

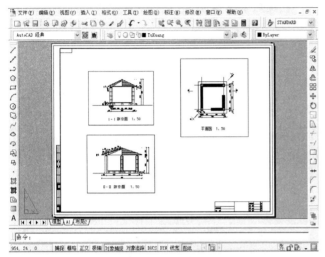

图 5-33　布局构图

◆ LA↙新建 "ShiKou" 图层并关闭其可见性，将三个视口的边界分配到 "ShiKou" 图层使其不可见。

◆ T↙或 DT↙在图框的标签部分完成必要的文字输入（图 5-34）。

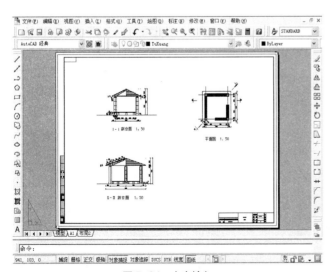

图 5-34　文字输入

★注意：①通常情况下，建议图名也在布局中输入，以保证图纸中不同比例的图形的图名具有相同的外观。

②同理，也可在布局中进行尺寸标注，以获得统一的尺寸标注外观。

◆ 用鼠标右键点击 "A1" 标签，从快捷菜单中选择 "打印"，在 "打印—A1" 对话框中进行打印设置（图 5-35），预览效果（图 5-36）满意后使用 Esc 键返回 "打印—A1" 对话框，点击 "应用到布局" 按钮保存所有打印设置以便下次需要打印时使用，然后点

（a）打印设置

（b）打印样式表设置

图 5-35　打印设置

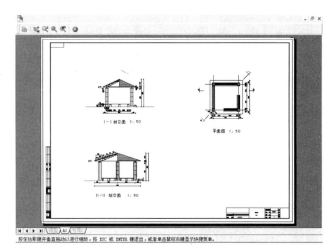

图 5-36　预览效果

击"确定"按钮进行打印输出，或点击"取消"按钮退出"打印—A1"对话框。

习题

1. 按照本章第 5.3 节中的实例完成"例 2-2.dwg"的打印排版和设置。

2. 用布局对第 3 章中完成的风景建筑模型"例 3.dwg"进行排版，尝试开设多个视口，并通过访问视口和恢复命名视图使同一图纸中排布多个不同角度的透视图。

提高篇

第6章 大尺度景观的用地规划辅助

对风景园林规划而言，由于景观对象的空间尺度变大，形态设计变得相对次要，用地调整和规划成为工作的核心内容。在"多规合一"的国土空间规划架构下，风景园林规划涉及城市绿地系统、风景游赏区域（如风景名胜区、旅游度假区等）、田园综合体等一系列城乡生态、生活和生产空间，对全面构建生态安全优先、人与自然和谐共生的国土空间格局具有重要作用。

风景园林用地规划的工作主要有两项：一是用地类型的空间划分，二是用地指标的统计和规定。在实际工作中，根据具体的规划对象和任务目的，用地分类可仍然参照专业的规范标准，如《城市用地分类与规划建设用地标准》GB50137-2011、《城市绿地分类标准》CJJT85-2017、《风景名胜区总体规划标准》GB/T50298-2018，也可参照自然资源部的《市县国土空间规划分区与用途分类指南（试行、送审稿）》中的国土空间规划用途分类。

用地划分和指标的统计、规定通常会有一个反复调整修改的过程，工作量非常大。利用计算机辅助风景园林用地规划，可以大大简化这一繁复的工作。目前能够实现这一辅助工作的软件产品较多。不同的软件由于自身功能的差异，会有不同的优势特征。本章将对如何使用 Civil 3D 和鸿业的城市规划软件进行风景园林用地规划进行介绍和比较。

6.1 风景园林用地规划的图纸表达

风景园林用地规划图上着重需要表达的是分类用地的分布情况及控制指标要求，主要借助分类用地的界线和地块指标的标注来表现。在总体规划、控制性详细规划等不同的工作阶段，由于具体工作内容和图纸比例的不同，图纸表达上也有差异：

● 用地分类的深度各有不同。总体规划的用地分类一般以大类为主，中类为辅；控制性详细规划的用地分类一般以小类为主，中类为辅。

● 总体规划图纸比例一般在 1：5000~1：25000，控制性详细规划的图纸比例一般为1：2000。图纸比例不同，相应的图面字体大小、道路设计深度、线型比例、粗细也有所不同。

● 地块指标的标注要求不同。总体规划图纸只要求标注各地块的用地性质，而控制性详细规划的图纸则要求标注各地块的容积率、绿地率等建设控制性指标。并且，总体规划图纸更多的是以彩图来表现，用地性质可通过地块色彩来反映；而控制性详细规划的图纸则更多的是以黑白图表现，必须进行细致的地块指标标注。

● 为便于察看用地指标情况，用地规划图上还需要插放指标统计或汇总表格：总体规划图纸要求插放通过面积统计获得的用地平衡表，控制性详细规划的图纸则要求插放图上所有地块的指标汇总表。

从图 6-1 中可以看出总体规划图和控制性详细规划图的地块指标标注差异。虽然总体规划和控制性详细规划的图纸表达有差异，但是基本的工作方法类似。因此本章针对地块标注较为复杂的控制性详细规划，具体介绍 Civil 3D 和鸿业的城市规划软件的基本工作原理、步骤和技术要点。

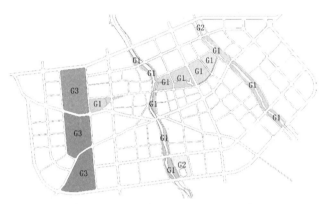

（a）总规层面的城市绿地系统规划图（局部）

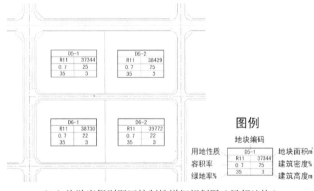

（b）旅游度假别墅区控制性详细规划图（局部地块）

图 6-1 用地规划图的地块指标标注示例

6.2 相关软件的比较介绍

6.2.1 AutoCAD

AutoCAD 可以进行风景园林用地规划，主要是利用 AutoCAD 软件强大的二维绘图功能完成规划图纸的制作，通过绘制边界要素实现用地或地块划分，通过面积查询命令手工进行查询计算和汇总统计用地

或地块面积，通过单色填充或文字标注表现总体规划中的用地性质，借助属性块实现控制性详细规划的地块指标标注，从而可以通过输出块属性来快速生成地块指标汇总表。具体工作方法可参见本书第一版第 6 章第 6.2 节。利用 AutoCAD 进行风景园林用地规划是一种完全靠计算机制图功能实现的、较为传统的计算机辅助用地规划方法，在地块划分、指标统计、方案修改等方面并无优势，工作量相对较大。

6.2.2 Map 3D

Map 3D 是在 AutoCAD 的基础上开发的 GIS 软件，因此同样可利用其图形功能进行风景园林用地规划。但是 Map 3D 借助空间数据拓扑关系的建立实现了空间数据和属性数据之间的关联，可以同时处理空间数据（图形）和非空间数据（属性），并可实现相关数据库信息的访问、编辑和处理，因此可以基于 CAD 图形对象创建地块多边形拓扑，利用用地空间数据来自动创建用地面积等属性数据并进行查询、编辑和处理，在用地规划的指标的计算、统计方面提供极大的辅助便利。因此，与 AutoCAD 相比，使用 Map 3D 辅助用地规划具有两大明显的优势：一是可以根据用地或地块划分自动生成精确、可靠的用地面积，并可进一步汇总用地面积，计算用地平衡表，避免了手工查询面积和计算统计的麻烦；二是可利用多边形用地边界自动生成填充，从而避免出现 AutoCAD 中经常会遇到的填充失败的问题。具体工作方法可参见本书第一版第 6 章第 6.3 节。

6.2.3 Civil 3D 和鸿业的城市规划软件

Civil 3D 具有智能性地块功能，进行风景园林用地规划时，不仅可以直接创建 Civil 地块对象来进行用地或地块的划分，借助动态关联的数据库和定制的地块标签来提供符合规范的规划指标标注，还可以通过

AutoCAD 的对象编辑命令（包括夹点编辑）来修改地块，并且所有的图面修改都可以即时反映到指标标注中。因此，Civil 3D 实现了对用地规划更具交互性的过程性辅助。与 AutoCAD 相比，Civil 3D 同样具有辅助用地指标统计和自动生成填充的优势；而与 Map 3D 相比，它则在辅助用地划分和修改方面更具有优势。Map 3D 虽然可以在用地规划的指标统计等方面提供极大的辅助便利，但是，地块多边形拓扑必须基于 CAD 图形对象创建，并且其修改必须使用拓扑编辑命令才不会丧失拓扑的完整性；如果使用 AutoCAD 的对象编辑命令修改拓扑，则可能会丢失重要的数据，必须手动更新或重新创建多边形拓扑；而拓扑一经修改之后，改动部分的地块指标还需要重新进行注释或刷新，因此一旦规划方案需要改动，则操作比较麻烦。

　　鸿业规划日照系列软件中的城市规划软件包含了地块功能模块，按照用地规划的工作程序，可绘制、划分地块，编辑地块性质，并按照国家标准设置用地分类，也可由用户建立自己的本地标准，便于用户按需要设置地块的颜色、填充图案、图层、指标进行自动标注、填充、自动统计创建地块指标表和图例，地块属性调整时会自动更新指标表，地块指标可支持 DWG 和 Excel 互动。虽然其交互性不如 Civil 3D，但因软件体量小，运行速度快，同样具备一定的智能特性，在硬件设备局限时，可替代 Civil 3D 完成风景园林用地规划。

6.3　用 Civil 3D 辅助用地规划

　　Civil 3D 的地块功能是通过场地这一拓扑集合来实现的。

6.3.1　工作原理

　　在 GIS 领域，过去通常将拓扑仅仅视为是一种空间数据结构，旨在保证彼此相关联的空间数据和属性数据（图 6-2）间能够形成一种一致而清晰简洁的空间结构。而在 Civil 3D 中，拓扑被认作是一组规则和关系的集合，以约束图形对象的行为和属性。这样，拓扑就可以为集合内图形对象的连续变形和外观显示提供一个基于行为规则、属性域以及默认值的模型框架，从而能够通过计算机描述的空间对象真实地模拟现实或规划的状况。

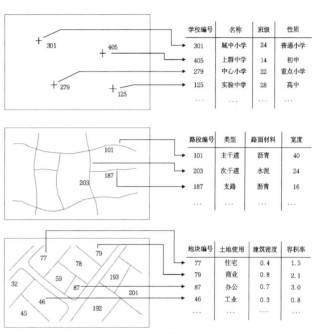

图 6-2　GIS 中空间数据与属性数据的对应关系及表示方法

　　1）Civil 3D 的场地和地块

　　在 Civil 3D 中，场地是一个包括了路线、纵断面、地块、横断面和放坡组等子集的拓扑集合，每一子集中都包含了相应的对象，从而形成分级的从属关系。如地块包含在地块子集中，而地块子集又包含在场地集合中。这种从属关系显示在〖工具空间〗选项板〖快捷信息浏览〗选项卡中的"场地"树中（图 6-3），在这里可以对场地及其从属对象进行访问和编辑。

　　场地是按照子集合（地块、路线和放坡等）共有的拓扑来收集或编组这些子集的。场地拓扑集合中的

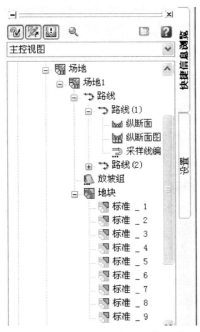

图6-3　〖快捷信息浏览〗中的"场地"树

所有对象共享公共拓扑（场地拓扑），并且每一对象各自的拓扑彼此相关。这样一旦编辑了单个对象，就会更改与该对象共享同一个拓扑的其他对象。如在场地中添加了一条路线，这条路线就会将它所穿过地块划分开来。

在 Civil 3D 中，场地的拓扑是独立的，因此一个图形文件中可以包括任意多个场地，并且多个场地可以在保持独立的同时相互重叠。这样就可以通过组织场地来将一个项目划分成不同的部分。在不希望一个功能与另外一个相互作用的时候，就把相关的对象放到不同的场地上。例如，如果把路线放到一个场地，而地块放进另一个，那么这条路线在穿过地块时，就不会将地块划分开来。因此，在风景园林规划中，可以用不同的场地来重叠放置与现状用地、规划用地、用地适宜性分析等相关的地块对象，并方便地查看和比对它们的边界叠合情况。

尽管图形中可以包括任意多个场地，但对于每一类型的子集合，每个场地只能包含一个，并且一个对

象（如一条路线、一个地块或一个放坡）只能存在于一个场地中。因此，每个场地只能包含一个地块集合，而一个地块也不能属于多个场地。地块集合中的地块可以不接触（如彼此相邻），也可以接触，但不能重叠。如果两个地块重叠，那么重叠区域将被定义为第三个地块。

2）地块组件及外观管理

地块是闭合的多边形。其组件包括地块边界、地块标签和地块表。这些组件彼此相关。如果一个组件被更改，则其余组件将被自动更新。

任何一个地块都具有地块边界和区域标签（面积）（图6-4），还可以具有线段标签（直线或曲线）和地块表。边界由线段和节点（线段连接处的点）组成。线段的类型有两种：直线和曲线。每个地块均维持有关其边界线段和节点的信息，以及有关这些线段和节点所封闭的区域的信息。这些有关该地块的信息可通过地块标签和地块表进行分类显示。其中，区域标签可以显示整个地块区域的信息（如面积、周长等），线段标签可以显示边界线段和节点的信息，而地块表则可以将全部或部分地块的信息组织到一起合并显示。标签和地块表中还可以包含用户定义的特性字段（如规划的容积率、绿地率等与地块自身信息无关的指标）。

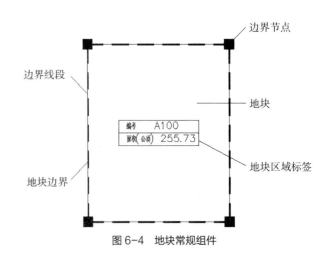

图6-4　地块常规组件

地块、地块标签及地块表的外观分别可以通过地块样式、标签样式或表格样式来控制。这些样式被集中在〖工具空间〗选项板〖设置〗选项卡中的"地块"树中（图 6-5），在这里可以对上述各种样式的设置进行访问和编辑。

图 6-5　〖设置〗中的"地块"树

事实上，场地本身就是一个地块，叫场地地块。其边界就是整个场地的边界。

6.3.2　工作步骤

使用 Civil 3D 辅助控制性详细规划层面的用地规划主要包括以下 5 个步骤。如需进行总体规划层面的用地规划也可采用基本相似的工作步骤。

◆ 前期准备

主要是用 AutoCAD 命令绘制多边形、多段线、直线或圆弧，以形成闭合的用地边界，以及用地边界内自然要素（如水体等）的边界，作为地块创建的依据。

◆ 创建基本地块

建立场地，并利用前期准备时绘制的边界对象在场地的地块集合中创建基本地块。

◆ 地块细分

通过在场地中添加路线（即规划道路的中心线）、从路线向两侧或单侧缩进红线距离生成道路用地界，以及按指定方法插入分地线（如指定新地块的面积大小，或移动分地线所依据的捕捉增量）来拆分既有地块，通过编辑修改任何划分地块的边界对象（AutoCAD 对象、路线、道路用地界和分地线）来调整改变地块的形状，并对地块的编号进行调整，完成用地规划方案。

◆ 地块图面表现调整以反映用地性质和地块指标

通过各种样式的设置修改来获得需要的图面表现效果。如在总体规划中，可通过创建各种具有不同填充色彩的地块样式并指定给相应用地性质的地块，来实现各类用地的自动填充；在控制性详细规划中，可通过创建各种用户自定义特性（容积率、建筑密度、绿地率、建筑限高等指标）、将与地块信息相关联的公共特性元素（如地块面积、地块编号、分类代码）和用户自定义特性添加到面积标签样式的文本内容中、在面积标签样式中添加块或直线组件来表现指标辅助线框、并通过面积标签样式中各组件的 X/Y 偏移量调整来匹配各项指标文本与辅助线框的位置关系，获得符合规范的地块控制指标标注。

◆ 输出地块报告并制作用地平衡表或地块指标汇总表

Civil 的地块表是动态对象，能随着地块的修改而自动更新，但只能用于在图面上添加用地平衡表而无法输出成外部报表文件。并且，地块表本身只是对各个地块信息的组织合并，无法对多个地块信息进行统计计算。若要使用它反映用地分类面积、占总用地的百分比等数据，则必须通过地块并集合并分类地块的指标，并且向地块标签添加比例指标等自定义标签特性，操作过程比较繁琐。如地块较多且镶嵌复杂，还容易遗漏出错。因此，建议通过输出地块报告将地块信息生成一个 HTML 格式的报表，然后将该报表全部或部分保存到 Microsoft Excel 进行编辑，生成用地平衡表或地块指标汇总表后，再将其作为 OLE 对象插回图形文件中。

　　★注意：①要将 AutoCAD 对象转换为 Civil 地块，这些对象必须不具有图形错误（例如交点处存在间隙），可在绘制时通过对象捕捉来避免发生图形错误。

　　②道路用地界可创建狭窄的地块（道路地块），因此只能用于表现道路红线，其余规划道路的要素则必须通过 AutoCAD 对象来绘制。编辑道路用地界可以影响其两侧的地块形状。但它并未动态链接到路线，因此一旦移动或编辑了路线，道路用地界不会发生相应的改动，必须删除它并重新创建。

　　③由于输出的地块报告与图形中的地块数据不发生链接，因此建议用地平衡表或地块指标汇总表的制作应在用地规划方案调整完毕后进行。如之后又发生了地块的划分修改，则必须重新输出地块报告、制作用地平衡表或地块指标汇总表。

6.3.3　技术要点说明

　　可见，使用 Civil 3D 辅助用地规划时，需要掌握的技术要点包括：①地块的创建；②地块的编辑和编号；③地块样式和地块标签样式的定制；④地块报表的输出。

1）地块的创建

Civil 3D 可以采用 3 种方法来创建地块：

● 从 AutoCAD 图形对象创建地块：即通过选择多边形、闭合的多段线及直线或圆弧等 AutoCAD 图形对象，将它们转换为地块。

● 按布局创建地块：即使用〖地块布局工具〗工具栏（图 6-6）创建地块。该工具栏提供了两种基本的地块创建工具类型：徒手画工具（分地线工

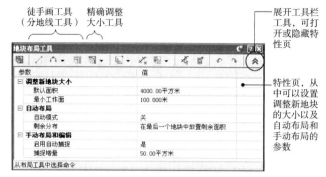

图 6-6　〖地块布局工具〗工具栏

具）和精确调整大小工具。前一类工具可使用对象捕捉功能，通过绘制一组直线、曲线或多段线网作为地块边界来直接绘制地块，或作为分地线来拆分现有地块；后一类工具则可以通过控制分地线的角度、方向及新地块的面积等特性来绘制分地线，以拆分现有地块。该工具栏中各种地块创建工具的具体功能可参见表 6-1。

● 沿路线创建地块：使用"创建道路用地界"命令可以沿路线创建狭窄的地块（道路用地）。创建道路用地界时，相邻的地块边界都可从路线的每一侧偏移指定的距离，并可具有该道路用地界与地块边界的所有交点处的圆角或倒角以及该道路用地界与路线和其他道路用地界的交点处的圆角或倒角。

　　在风景园林用地规划中，通常使用 AutoCAD 图形对象创建一些基本的地块，然后通过向场地添加路线（规划道路的中心线）并沿路线创建道路用地界来形成规划道路红线规定的地块边界，最后利用各种地块布局创建工具通过拆分基本地块不断细化用地划分。下面将使用"例 6_Civil 用地规划 .dwg"练习文件，以一处旅游度假别墅区的局部进行地块划分规划为例来进行详细的步骤说明。

◆ 创建场地地块

【地块】>【从对象创建】，选择图形中表示别墅区局部规划用地边界的红色闭合多段线后回车，在"创

地块布局创建工具一览表　　　　　　　　　　　　　　　　表 6-1

工具类型	工具	图标	作用	操作说明
徒手画工具 （分地线工具）	添加固定直线 – 两点		以直线段的形式绘制分地线	在图形中单击起点和终点
	添加固定曲线 – 三点		以曲线段的形式绘制分地线	定义起点、通过点和终点
	添加固定曲线 – 两点和半径		以曲线段的形式绘制分地线	定义起点、半径值、曲线方向和终点
	绘制切线 – 切线（没有曲线）		绘制连接在一起的一系列直线段的分地线	单击分地线的序列顶点
精确调整大小工具	滑动角度 – 创建		依据某一条或一段需进行进一步划分的地块边界，通过指定分地线与该边界线的相交角度及新建地块的面积来定义一条或多条新的分地线	按照命令行提示选择要再拆分的地块中的点，定义边界线上分地线分布的起点和终点（工作面），以及分地线与该边界线的相交角度和新建地块的面积。角度必须为正值，范围从 0°（指向终点）到 180°（指向起点）
	滑动方向 – 创建		按给定的分地线绝对方向及新建地块的面积来创建一条或多条的新分地线	按照命令行提示选择要再拆分的地块中的点，定义边界线上分地线分布的起点和终点（工作面），以及分地线的绝对方向和新建地块的面积。定义方向可以使用方位角、方向角或图形中的两点
	转动直线 – 创建		根据最小面积和边界线的限制，通过地块非创建用边界线上的固定摆动点向创建用边界线上摆动分地线来定义的分地线	先在特性页设置默认面积值用于限制最小面积，按照命令行提示选择要再拆分的地块中的点，定义一侧边界线上分地线分布的起点和终点（工作面），以及另一侧边界线上的固定摆动点，滑动光标转动新分地线到所需的位置，单击选点以固定该分地线
	自由形式创建		借助随光标改变的自由辅助线创建新的分地线	移动光标，先定义一个附着点，然后定义方向角、方位角或第二个附着点

建地块 – 从对象"对话框中对"场地""地块样式""面积标签样式"等进行设置（图 6-7）后，点击"确定"创建"别墅 A"场地并生成场地地块。此时，规划用地边界内将出现一个自动生成的区域标签，并且多段线的颜色将发生改变（图 6-8），而〖工具空间〗＞〖快捷信息浏览〗的"场地"树中将出现"别墅 A"集合，其中包含了一个命名地块（图 6-9）。

◆　创建路线

〖路线〗＞〖从多段线创建〗，选择图中规划用地内表示规划道路中心线的黑色多段线，在"创建路线—从多段线"对话框中对"场地""路线标签集"等进行设置（图 6-10）后，点击"确定"在"别墅 A"中创建"路线 1"，则该路线将"别墅 A"划分为 2 个地块（图 6-11）。

图 6-7　"创建地块 – 从对象"对话框

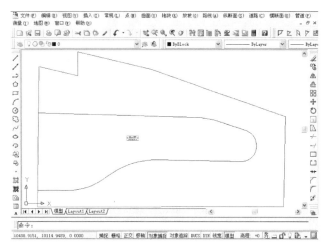

图 6-8　生成场地地块

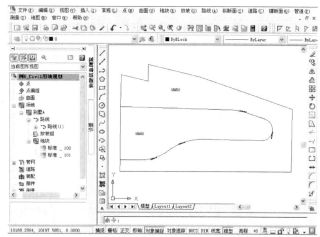

图 6-11　场地被划分为 2 个地块

图 6-9　〖快捷信息浏览〗中的"别墅 A"集合

将新建路线置于"别墅 A"场地

路线将按创建顺序编号命名

路线样式为"道路中线"

路线标签样式为"无标签"

去除勾选保留原始多段线

图 6-10　"创建路线—从多段线"对话框

★注意：多段线转换的路线尽管以"无标签"显示，其曲线部分仍会保留切线交点和中点里程的标注。因此必须保留原始多段线，以便在用地规划完成后关闭放置路线的图层的可见性，使用原始多段线完成规划道路的绘制和表现。

◆ 创建道路用地界

【地块】>【创建道路用地界】，按住 Shift 键点击地块标签选中图上的两个地块并回车，在"创建道路规划线"对话框中输入路线偏移和圆角半径，并将交点的修整方法设为"倒角"（图 6-12），点击"确定"后在路线的两侧生成规划道路红线，将两个地块进一步划分成了 4 个：在界线内侧的是道路用地，外侧的是居住等用地（图 6-13）。

图 6-12　"创建道路规划线"对话框

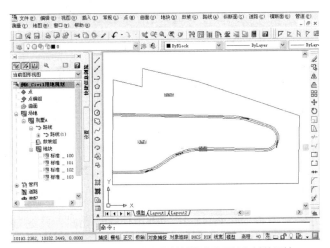

图 6-13　生成规划道路红线并划分道路用地和其他用地

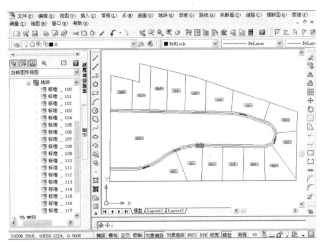

图 6-15　别墅地块细分

◆　细分地块

【地块】>【按布局创建】，在〖地块布局工具〗工具栏中点击右侧的〖折叠工具栏〗工具❤显示特性页并进行设置（图 6-14）后，选择〖滑动角度 - 创建〗工具❤，在规划道路外侧的居住用地中点击地块标签，指定其为将被再拆分的地块，选择其道路中心线侧的边界端点作为工作面的起点和终点，输入边缘地带处的角度为"90"使分地线与工作面保持垂直，回车接受地块面积为 10000 平方米，将自动创建一系列面积为 10000 平方米的地块，并将剩余的面积放到最后一个地块中（图 6-15）。按两次 Esc 结束命令。

图 6-14　地块布局特性设置

★注意：①尽管自动生成的地块标签并不符合用地规划指标标注的要求，但也不可将其取消或隐藏。因为地块选择需要通过单击区域标签来实现，保留这些标签对于后面的工作是非常必要的。

②如细分地块时需要划分面积不等的地块，可将〖地块布局工具〗工具栏特性页"自动布局"中的"自动模式"设为"关"，然后在使用地块布局工具创建地块时在命令行输入不同的面积值替代特性页中已设置的"默认面积"值，逐一创建细分地块。

2）地块的编辑和编号

在用地规划中，地块的编辑修改主要是更改地块的大小和形状，主要可采用 3 种方法：

●　使用夹点编辑，通过改变地块边界线段的位置来更改该地块的大小和形状。

●　使用 ERASE（E）命令，通过选择地块边界线来删除或合并地块。只有当地块具有一个或多个未与其他地块共享的边界线段、并且选择该线段时，才可以删除该地块。而要合并两个地块，则可删除这两个地块共享的边界线段。

●　使用〖地块布局〗工具栏中的地块编辑工具（图 6-16）编辑地块边界。该工具栏中的地块编辑工具包括了 2 种基本类型：精确调整大小工具和专门工具。前者可通过更改分地块线的角度、方向或地块面积等来改变细分地块的大小和形状；后者则可提供诸如向地块边界添加交点之类的专门编辑操作。

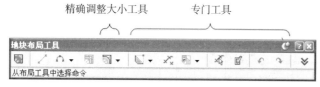

图 6-16　地块布局编辑工具

表 6-2 是〖地块布局〗工具栏中各种地块编辑工具的具体介绍。

　　本教材将地块创建和地块编辑分开介绍只是为了表述的方便。其实在实际操作中，地块的创建和编辑通常是同步进行的。尤其使用〖地块布局〗工具栏进行的地块细分工作实际上是一个不断尝试以获得满意的划分方案的过程，随时需要使用工具栏中的编辑工具修改已作的划分，然后再继续进行新的划分。读者可自行使用各种地块编辑方法改动"例 6_Civil 用地规划 .dwg"中已完成的地块划分方案，以熟悉地块的编辑。例如，可以 ERASE 删除场地左上角的 2 个细分地块，并使用〖添加固定直线 - 两点〗工具 ✎ 捕捉场地边界的角点向道路红线的垂足获得与场地边界更为

主要的地块布局编辑工具一览表   表 6-2

工具类型	工具	图标	作用	操作说明
精确调整大小工具	滑动角度 - 编辑		以指定角度移动选定的地块分地线，直到所需的位置	选择要调整的分地线，指定分地线与其创建时指定的划分边界线（工作面）的角度（可以保留或更改原角度）、要调整的地块和面积，并在分地线需要移向的一侧单击以指定滑动分地线的搜索区域。也可不指定地块的调整面积，通过手动定位滑动分地线来移动分地线
	滑动方向 - 编辑		按指定方向移动选定的地块分地线，直到所需的位置	与"滑动角度"操作相似，可以保留或更改分地线的原有绝对方向
	转动直线 - 编辑		通过从分地线的一端进行摆动来改变该分地线到所需的位置	与"滑动角度"操作相似，系统将以分地线与其创建时指定的划分边界线（工作面）的交点作为摆动点
专门工具 交点编辑工具	插入交点		在地块界上的单击点处插入顶点，可用于多顶点地块边界的修改	在要插入顶点处选点
	删除交点		删除在地块界上选择的顶点，可用于多顶点地块边界的修改	在要删除顶点处选点
	断开交点		在所选顶点处将边界按指定的分隔距离断开。注意断开交点不会删除或合并地块，而只会使地块变得不完整。受到影响的线段将还原为几何元素，地块标签也将消失。如果重新连接松散的顶点以形成闭合图形，几何元素将再次变成地块	选择顶点并指定分隔距离
其他工具	删除子实体		删除地块子图元（整条分地线或地块边界线段）。如果删除未被其他地块共享的子图元，那么将删除整个地块。如果删除分地线将合并共享该子图元的两个地块。注意如果删除折线边界中的线段将不会删除或合并地块，而只会使地块变得不完整。受到影响的线段将还原为几何元素，地块标签也将消失。如果重新连接松散的顶点以形成闭合图形，几何元素将再次变成地块	选择要删除的地块子图元
	地块并集		将两个地块的数据合并后反映在第一个选择地块的标签中，而这两个地块的划分不受影响。可用于统计同类用地的面积	选择要并集的两个地块
	解除地块并集		将合并后的地块数据仍然分解到两个并集地块的标签中。用于消除错误的地块并集	选择具有并集标签的地块

续表

工具类型	工具	图标	作用	操作说明
其他工具	拾取子实体		选择地块子图元，以便显示在"地块布局参数"对话框中。该工具必须配合〖子实体编辑器〗工具使用	选择地块子图元
	子实体编辑器		打开"地块布局参数"对话框，利用〖拾取子实体〗工具查看或编辑选定的地块子图元的属性。对话框中显示为黑色文本的属性是可以编辑的属性，暗淡（灰色）的区域是无法编辑的区域。子实体的约束定义确定了其在对话框中显示的参数	—
	放弃		取消上一项地块布局编辑操作	—
	重做		恢复取消的地块布局编辑操作	—

匹配的地块划分方案；还可使用〖删除子实体〗工具删除道路红线内的场地边界（图 6-17）。

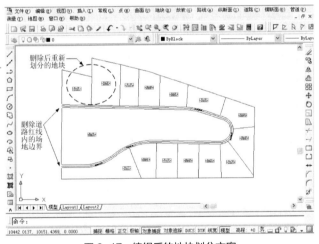

图 6-17　编辑后的地块划分方案

在创建和编辑地块过程中，图中各处地块的生成顺序一般是混乱的。但 Civil 3D 按名称模板自动赋予各个地块的名称，则是按地块生成的顺序进行编号的。因此，在完成了地块划分规划之后，必须对地块重新进行命名和编号，使之满足控制性详细规划中对规划地块进行分级编号的要求。

具体操作步骤为：

◆【地块】>【地块重新编号/重命名】，在"地块重新编号/重命名"对话框中选中"重新编号"选项、指定需要重命名的场地并设置起始编号和增量值（图 6-18），点击确定后在"指定起点"和"指定终点"的命令行提示下画一条选择线依次穿过细分的别墅地块（图 6-19），两次回车结束命令后，在〖工具空间〗>〖快捷信息浏览〗中"别墅 A"树的"地块"集合中，以及在相应的地块标签中，可以看到刚才所选定的地块的编号发生了变化（图 6-20）。

◆【地块】>【地块重新编号/重命名】，在"地块重新编号/重命名"对话框中选中"重命名"选项、指定需要重命名的场地并通过设置名称模板指定地块

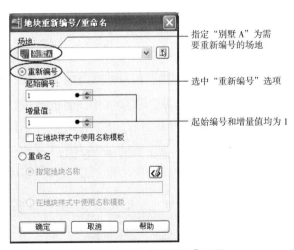

图 6-18　地块"重新编号"设置

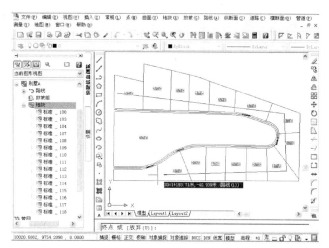

图6-19 重新编号地块的选择

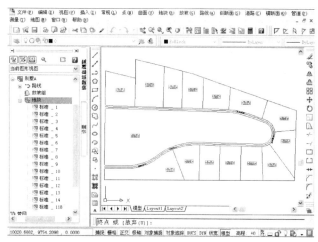

图6-20 地块被重新编号

名称为"A1-<[地块编号]>"（图6-21），点击确定后同样在"指定起点"和"指定终点"的命令行提示下画一条选择线穿过已重新编号的别墅地块，两次回车结束命令后，在〖工具空间〗>〖快捷信息浏览〗中"别墅A"树的"地块"集合中，以及在相应的地块标签中，可以看到刚才所选定的地块的名称发生了变化（图6-22）。

◆ 通过同样的操作（先重新编号，后重命名），将规划道路围合的地块重新编号/命名为"A2-1"。

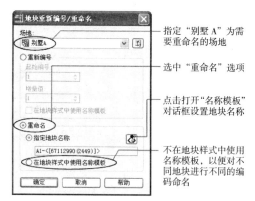

右侧标注：
指定"别墅A"为需要重命名的场地
选中"重命名"选项
点击打开"名称模板"对话框设置地块名称
不在地块样式中使用名称模板，以便对不同地块进行不同的编码命名

（a）"地块重新编号/重命名"对话框设置

右侧标注：
在下拉列表中选择"地块编号"特性字段
点击该按钮将特性字段插入名称中
在名称中键入地块编码

（b）名称模板设置

图6-21 地块"重命名"设置

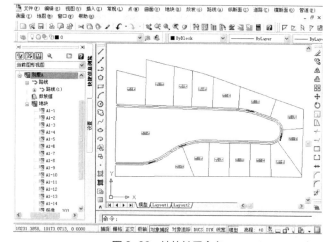

图6-22 地块被重命名

★注意：①在画选择线选择需要重新编号的地块时，应注意使地块按编号顺序被选中。如遇到不需重新编号的地块，则可使用回车结束选择线的绘制，跳过不用编号的地块后再继续画选择线。

②对于个别需要重新编号 / 命名的地块，也可以通过编辑该地块的地块特性（图 6-26）来实现。如"A2-1"地块的命名就可以通过访问其"地块特性"对话框并更改其名称（图 6-23）来方便地完成。

图 6-23　编辑地块的名称特性

3）地块样式和地块标签样式定制

地块样式控制着地块在图形中的显示方式（地块边界和填充的颜色、形式、可见性等）。Civil 预定义的图形模板默认均使用"标准"样式 **❶**。如果需要改变地块样式的外观，可创建新的地块样式指定给地块，或者通过编辑样式改变"标准"地块样式的设置。新样式可通过新建样式创建，也可基于现有样式创建。新建样式可在〖工具空间〗>〖设置〗中，用鼠标右键点击浏览树中的样式集名称（图 6-24）；现有样式的复制（以基于现有样式创建新样式）和编辑则可在〖工具空间〗>〖设置〗中，用鼠标右键点击浏览树中的样式名称（图 6-25）。

在风景园林用地规划中，可利用地块样式来表现

图 6-24　新建地块样式　　图 6-25　复制或编辑"标准"地块样式

各个地块的用地性质 **❷**。为便于直观地管理文件，建议通过新建样式（而非编辑"标准"样式）来控制对象的外观。为便于操作，一般在工作时应首先创建与各种用地性质相应的新样式，并在创建对象时将其指定给对象，到后期再通过编辑该样式获得满意的图面效果。

由于"例 6_Civil 用地规划 .dwg"采用的是"_Civil 3D China Style.dwt"图形模板，并且在创建地块时使用的是默认的"标准"地块样式，因此可利用图形模板中现成的各类用地的地块样式来替换具体地块的"标准"地块样式，并通过各类地块样式的编辑来获得满意的地块外观效果。具体操作步骤为：

◆ 地块样式的替换更改

在图上选中左上方别墅地块"A1-1"的地块标签，右键单击，在快捷菜单中选择"地块特性"（图 6-26），打开"地块特性 -A1-1"对话框，在其"信息"选项卡中"对象样式"的下拉列表中选择"R11"地块样式（图 6-27），点击"确定"后将该地块的地块样式更改为"R11"地块样式。同样更改其余地块的地块样式，

---

❶ 不同的 Civil 预定义图形模板中包含有各种不同的预定义样式，但所有这些模板中均包含"标准"样式，并在创建 Civil 对象时将其用作默认样式。

❷ 由于用地性质不同的地块要求有不同的填充色，因此风景园林用地规划的地块样式一般按用地性质来建立并命名，这样不同性质的地块可以通过采用相应的地块样式来获得所需的填充色，便于直观管理。在一些系统预定义的图形模板（如"_Autodesk Civil 3D China Style.dwt"）中，已经按城市规划的分类用地标准创建了各类用地的地块样式供选用。

其中规划道路围合的"A2-1"地块采用"R14"地块样式（图6-28）。

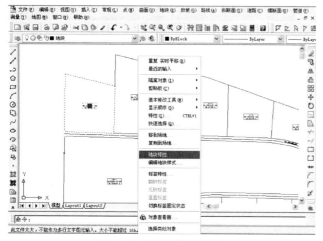

图 6-26　编辑"地块特性"

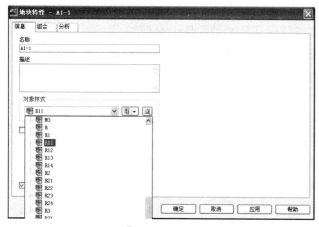

图 6-27　"地块特性 -A1-1"对话框

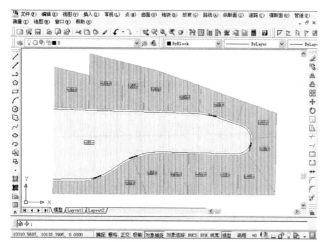

图 6-28　地块样式更改后的地块外观

★注意：在规划地块较少的情况下，可以通过编辑"地块特性"来一一更改个地块的地块样式。但在规划地块较多的情况下，为简化工作，最好在创建地块时即指定相应的地块样式，而只是通过编辑"地块特性"来修改需要在修改方案时变更用地性质的局部地块。

◆ 地块样式编辑

在总体规划中，地块需要以色彩填充的方式加以表现；而在控制性详细规划中，地块的填充则是不必要的。因此，可通过地块样式编辑来开启或关闭填充的可见性。具体方法是：在〖工具空间〗>〖设置〗中，用鼠标右键点击浏览树中的需要编辑的地块样式名称，在快捷菜单中选择"编辑"（参见图6-25），打开"地块样式"对话框，在"显示"选项卡中对"地块面积填充"的可见性进行设置（图6-29）。必要时，还可以改变填充的颜色。

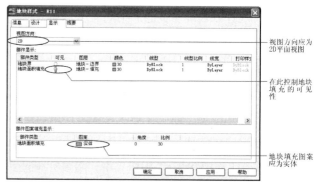

图 6-29　地块填充的设置

★注意：如需正常填充地块，除了在"地块样式"对话框的"显示"选项卡开启"地块面积填充"的可见性外，还需在该对话框的"设计"选项卡中确保"观察填充距离"不被勾选（图6-30），以将填充应用到整个地块。

图 6-30 取消观察填充距离

地块标签样式则控制着地块标签的外观及其中包含的信息。Civil 3D 的地块标签样式包括面积标签样式、直线标签样式和曲线标签样式 3 种,风景园林用地规划可利用面积标签样式来表现控制性详细规划的地块指标（参见图 6-1b）。Civil 3D 在〖工具空间〗>〖设置〗的地块标签样式浏览树中已预定义了一些面积标签样式（图 6-31）,但均不符合控规地块指标的规范形式要求（图 6-32）,需要新建地块标签样式并指定给地块。并且,图 6-32 的各个指标项中,只有"地块编码"可通过地块编号特性获得,"地块面积"可通过软件的自动测算获得,其余指标都需要先通过用户自定义地块特性、并对各个地块赋予这些特性的具体指标值后才可获得。

地块编码	
用地性质	地块面积
容积率	建筑密度
绿地率	建筑限高

图 6-32 控制性详细规划地块指标的常规形式

"例 6_Civil 用地规划 .dwg"在创建地块时使用的是默认的"标准"面积标签样式,通过用户自定义地块特性、新建地块标签样式并指定给各个地块,可获得满意的地块指标外观效果。具体操作步骤为:

◆ 创建用户定义的特性分类和地块特性

在〖工具空间〗>〖设置〗中,用鼠标右键点击"用户定义的特性分类",单击"新建"打开"用户定义的特性分类"对话框（图 6-33）,创建"详细规划"特

图 6-31 Civil 3D 预定义的面积标签样式

（a）新建用户定义的特性分类

（b）"用户定义的特性分类"对话框

图 6-33 创建"详细规划"特性分类

性分类。展开"用户定义的特性分类"浏览树，用鼠标右键点击"详细规划"特性分类，单击"新建"打开"新建用户定义的特性"对话框，创建"容积率"地块特性并设置特性字段类型和边界（图6-34），反复这一操作直至按地块指标要求创建所有特性。

图6-34　创建"详细规划"特性

◆ 将用户定义的特性分类和地块特性指定给地块

在〖工具空间〗>〖快捷信息浏览〗中，用鼠标右键点击"地块"集合，单击"特性"（图6-35）打开"场地地块特性"对话框，在"组合"选项卡中从"用户定义的特性分类"下拉列表中选择用户定义的分类指定给"地块"集合（图6-36）。展开〖工具空间〗>〖快捷信息浏览〗中的"地块"集合、以鼠标右键点击编号的地块并单击"特性"，或者直接在图上以鼠标右键点击地块的面积标签、在快捷菜单中选择"地块特性"（图6-37），访问各个编号地块的"地块特性"对话框（图6-38），设置各个地块的规划指标。

◆ 创建地块标签样式并定制标签外观和内容

在〖工具空间〗>〖设置〗中，用鼠标右键点击"地块""标签样式"中的"面积"标签样式，单击"新

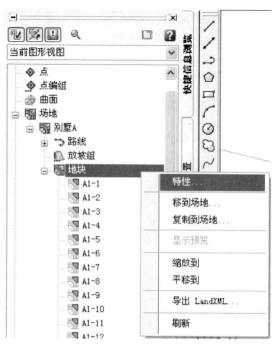

图6-35　访问场地地块特性

图6-36　在"场地地块特性"对话框中指定用户定义的特性分类

建"（图6-39）打开"标签样式生成器—新建地块面积标签样式"对话框创建"详细规划标签"样式（图6-40），切换到"布局"选项卡定制标签外观和内容：点击 A 展开组件类型下拉列表（图6-41），以"块"组件添加绘制好的地块指标线框（图6-42），以"文本"组件依次命名添加各项地块特性指标至"组件名称"列表中，点击 访问"文本部件编辑器—内容"设置

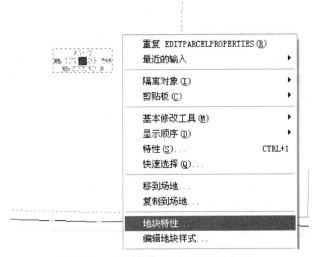

图 6-37　点选地块标签访问"地块特性"

图 6-38　"地块特性"对话框

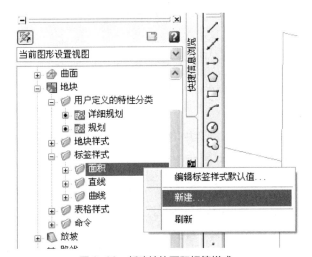

图 6-39　新建地块面积标签样式

图 6-40　"标签样式生成器—新建地块面积标签样式"对话框

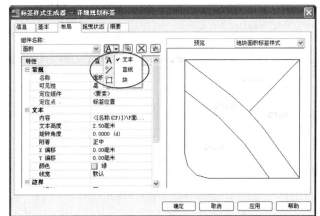

图 6-41　组件类型下拉列表

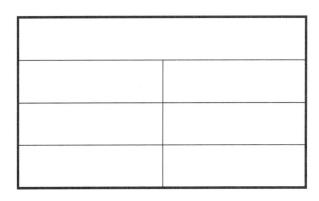

图 6-42　地块指标线框

文本内容（图 6-43、图 6-44），返回"标签样式生成器"设置文本字高并修改 X/Y 偏移量以调整各项指标文本的位置与地块指标线框相匹配（图 6-45），获得满意的地块指标标签外观。

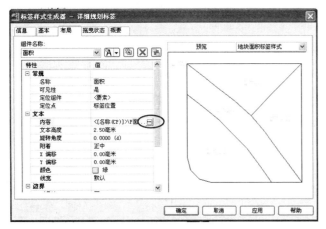

图 6-43　访问文本内容编辑器

点击展开地块特性下拉列表并从中选取所需特性

点击将所选特性添加到右侧的内容框中

图 6-44　设置文本内容

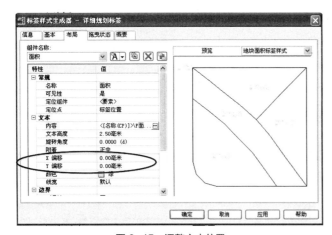

图 6-45　调整文本位置

★注意：Civil 的部分版本（如 Autodesk Civil 2007）因自身缺陷，地块的用户自定义特性无法对各个地块分别赋值，控制性详细规划的地块指标和指标信息的输出可通过隐藏 Civil 3D 的地块面积标

签并借助 Map 的"注释"功能和 AutoCAD 的"属性提取"功能来实现（可参见本书第一版第 6 章第 6.3 节和第 6.2 节）。要隐藏 Civil 3D 的地块面积标签，可以在〖工具空间〗>〖设置〗中，用鼠标右键点击浏览树中"标准"面积标签样式，在快捷菜单中选择"编辑"，打开"标签样式生成器－标准"对话框，将"基本"选项卡中"标签"的"可见性"设为"否"（图 6-46），使所有地块的面积标签不可见。地块面积标签应通过关闭其可见性进行隐藏，而不要通过将地块的面积标签样式设为"无标签"来实现。因为一旦规划方案需要修改，仍然要开启地块面积标签的可见性，通过选择地块面积标签来选中整个地块进行编辑。

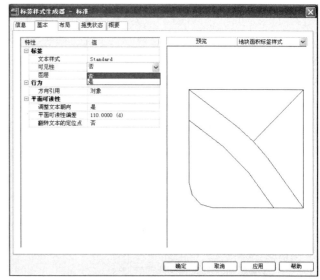

图 6-46　关闭地块面积标签的可见性

4）输出和制作用地平衡表

Civil 3D 中的报告有两种类型：LandXML 和 VBA。LandXML 报告使用 LandXML 数据输出来生成报告，并使用预定义或自定义的 XML 样式表来格式化报告数据。VBA 报告使用自定义对话框来选择报告的数据和选项。

LandXML 报告和 VBA 报告均可在 Internet 浏览器中查看，并可通过"另存为"将整个报告保存为指定的文件类型。如果不希望保存整个报告，可使用标准的 Windows 复制方法选择要保存的报告部分，然后将数据粘贴到 Microsoft Word、Microsoft Excel 或其他编辑器中。如果这些文件是以逗号或空格分隔的文件格式保存的，还可以直接在 Microsoft Excel 打开它们，将它们导入到 Microsoft Excel 电子表格中。

用 Civil 3D 输出地块信息制作用地平衡表，一般可通过"地块面积报告"这一预定义的 XML 样式表来创建 LandXML 表格报告，并采用部分保存报告的方式将地块编号和面积数据粘贴到 Microsoft Excel 中，编辑生成用地平衡表。

具体的操作方法为：

◆【常规】>【报告管理器】，〖工具空间〗选项板上将增加一个〖工具箱〗选项卡。展开"报告管理器"树中的"地块"结点，双击"面积报告"（图6-47）后将弹出"导出到 LandXML"对话框。在该对话框

图 6-47　利用面积报告输出地块报告

中清除"场地"的勾选框里默认的小勾，然后勾选"地块"，以选中所有地块（图 6-48），确定后将生成一个 HTML 格式的报表（图 6-49）。

图 6-48　"导出到 LandXML"对话框

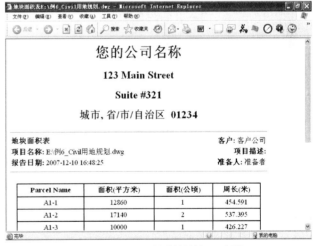

图 6-49　HTML 格式的地块面积报告

◆ 选中该 HTML 报表中各栏中的所有内容，利用 Windows 粘贴板将其粘贴到新建的 Excel 文档中并命名保存（图 6-50）后，即可在 Excel 中进行分类统计，编辑生成用地平衡表。

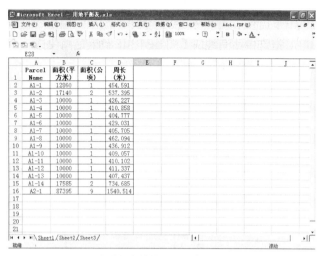

图 6-50　部分保存地块面积报告到 Excel 文档中

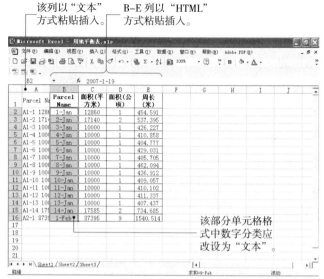

图 6-51　HTML 报表的粘贴处理

★注意：①〖工具箱〗选项卡也可使用【常规】>【工具箱】菜单项打开或关闭。

② 粘贴到 Excel 中的 HTML 报表中，"Parcel Name"列可能因单元格数字类型不匹配，必须进行一些处理以获得正确的地块编号。具体方法是：

◆ 在 Excel 中采用"选择性粘贴"，将 HTML 报表分别以"文本"和"HTML"方式粘贴到不同的列中。

◆ 对以"HTML"方式粘贴的"Parcel Name"列中数据单元格的格式进行设置更改，将数字分类设为"文本"。

◆ 从以"文本"方式粘贴的报表内容中将各地块的编号粘贴到以"HTML"方式粘贴的"Parcel Name"列中的相应单元格中。

参见图 6-51。

6.4　用鸿业的城市规划设计软件辅助用地规划

鸿业城市规划设计软件 HY-CPS，是国内较早研制并推出的、在 AutoCAD 环境内由规划专业人员和计算机专业人员共同开发的二次开发软件 ❶，可以快速高效地进行城市规划设计及绘图、提高成图效率并保证成果图的规范统一，主要应用于城市总体规划和分区规划、详细规划的设计、计算、绘图。

6.4.1　工作原理

HY-CPS 辅助用地规划主要借助软件的地块、分图和小区规划功能实现。软件按照国家标准设置用地分类，并可由用户建立自己的本地标准。软件可自动标注、填充、自动统计出表，指定分图范围和地块就可快速分图，自动创建地块指标表和图例，地块属性调整时会自动更新指标表，还可快速统计小区各种用地性质，自动统计居住区用地平衡表等。

相较于 Civil 3D，HY-CPS 辅助用地规划的工作流程更符合在 CAD 系统中绘制用地规划图的过程，但是人机交互、辅助规划的性能，如地块的创建和修改方式，则相对较弱、缺少灵活性。

---

❶ 随着 AutoCAD 的不断升级，HY-CPS 软件也历经扩充升级。本节的操作说明均基于 HY-CPS 8.1 版。

6.4.2　操作界面

HY-CPS 的操作界面（图 6-52）完全沿袭 AutoCAD，将自身的功能全部集中于单独的菜单行，通过菜单选项配合鼠标进行使用操作。

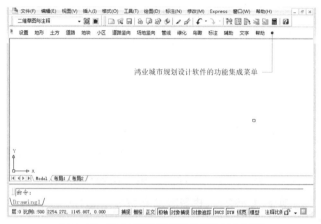

图 6-52　鸿业城市规划设计软件的操作界面

6.4.3　工作步骤和技术要点说明

使用 HY-CPS 辅助控制性详细规划层面的用地规划主要包括以下 4 个步骤：①设置标准；②生成地块；③设置、编辑、关联地块属性；④分图输出。如需进行总体规划层面的用地规划也可采用基本相似的工作步骤。

1）设置标准

【设置】>【标准设置】打开"标准设置"对话框，检查当前正在使用的标准。如当前标准与预期不符，可切换至"标准配置"表头，指定或导入所需的标准并设置为当前标准（图 6-53）。

2）生成地块

可利用已绘制完成地块分割图形的"例 6_ 用地规划 .dwg"练习文件（图 6-54），通过【地块】>【绘制地块】访问"绘制地块"对话框（图 6-55），把闭合线、线段连接处有缝隙或者连接边有交叉以及跨越其他地

图 6-53　在"标准设置"对话框中配置标准

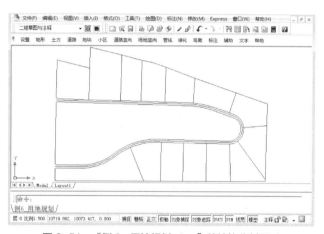

图 6-54　"例 6_ 用地规划 .dwg"的地块分割图形

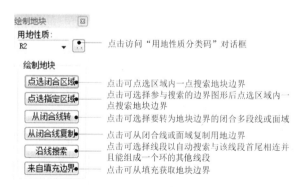

图 6-55　"绘制地块"对话框

物的实体对象构建成用地边界线。也可使用【地块】>【分割地块】对已划分好的地块进行分割处理。

通过"绘制地块"对话框可进一步访问"用地性质分类码"对话框（图 6-56），从大、中、小类用地

图6-56 "用地性质分类码"对话框

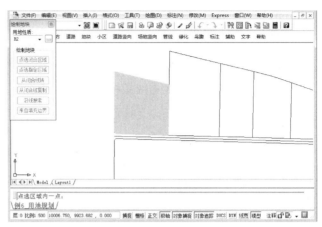

图6-57 生成的地块以色块填充显示

性质中选取地块的用地性质；"绘制地块"对话框还提供了多种方法构造地块边界，包括点选闭合区域、点选指定区域、从闭合线转、从闭合线复制、沿线搜索，以及来自填充边界。

★注意：①对于已经存在闭合多段线（或面域）地块边界的情况，应使用"从闭合线转"功能进行定义，否则会生成重复的边界。

②对于地块带洞（岛）的情况，可生成带洞的多边形，然后使用"从闭合线转"或"从闭合线复制"功能进行定义；也可以做成填充，然后使用"来自填充边界"功能进行定义。

③与"从闭合线转"不同，从闭合线或面域复制用地边界，原来的闭合线或面域并没有被删除，只是被覆盖。

通过构造地块边界生成的地块将以默认的地块外观显示。如图6-57中，生成的地块是按用地性质进行标准色块填充，其余未生成的地块仍显示地块分割线。

3）设置、编辑、关联地块属性

通过【地块】>【设置】>【地块填充设置】访问"填充设置"对话框，将图6-57的色块填充显示方式更改为按用地性质的标准图案填充方式（图6-58）。通过【地块】>【设置】>【地块标注设置】访问"地块标注设置"对话框，在列表中依次从下拉指标列表中点选所需的指标，设置地块标签的指标内容（图6-59）。此时若重新生成图6-57的地块，则其外观显示将更改为图6-60所示：色块填充变为图案填充，按用地性质的标准填充图案填充地块；添加了地块标注表，标注表中地块编号和用地代码均为用地性质代码，用地面积为CAD系统自动测量的地块面积值，其余指标则空白显示。地块标注表可利用夹点移动至地块中央。

完成所有地块的生成之后，可进一步通过对地块编号进行排序设置，修正各个地块的编号值；通过编辑各个地块的属性，将地块的规划指标指定给各个地块。

图6-58 "填充设置"对话框

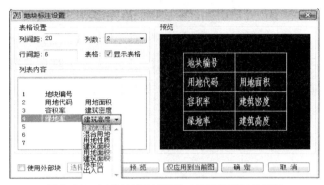

图 6-59 在"地块标注设置"对话框设置地块指标

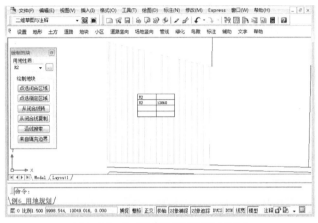

图 6-60 生成的地块按设置外观显示

◆【地块】>【地块编号排序】，在命令行内输入第一个地块的编号，用鼠标左键按照地块的排序逐一单击地块标注表，系统自动将地块编号加 1 再赋予地块，对地块编号进行排序。图上地块标注表中的地块编号也相应发生改变（图 6-61）。

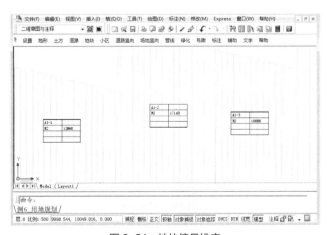

图 6-61 地块编号排序

◆ 鼠标左键逐一双击各个地块标注表，访问"地块属性编辑器"对话框（图 6-62），输入各个地块的规划指标，图上地块标注表中的空白指标处将显示编辑录入后的地块规划指标（图 6-63）。

图 6-62 "地块属性编辑器"对话框

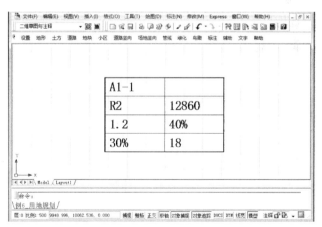

图 6-63 地块规划指标录入

★注意：①地块标注表的边线只能设置显示或不显示，无法进行表格单元合并等操作。如需严格按地块标签格式获取显示外观，可在设置地块标签外观时选择不显示表格，并在完成地块规划指标录入后在每个标签处插入按地块标签格式绘制的 CAD 图块。

②鸿业的地块属性功能沿袭了 AutoCAD 的属性块功能。如习惯使用 AutoCAD 的属性块功能辅助用地规划(可参见第一版第 6.2 节)，可利用【地块】中的相关菜单项，定制并创建地块属性块、将图上的地块编号标注文字转换为地块属性块、以自动方式或手动方式将地块标注与地块边界进行关联、利用 AutoCAD 的块编辑器或【地块】▷【地块属性编辑】编辑地块属性块外观。

③在完成地块编号排序后，可使用【地块】>【DWG 到 Excel】将所有地块的指标项导出为 Excel 表格文件，在 Excel 中录入所有地块的规划控制指标（图 6-64），然后在 Excel 表中选中所有地块行，使用【地块】>【Excel 到 DWG】将所有地块的规划指标批量添加为地块属性数据。可能会有个别地块产生错误，需要仔细检查并手工修正。如需修改地块指标，也可先在 Excel 表进行修改，然后【地块】>【DWG 与 Excel 同步】更新地块标签表。

4）分图输出

完成所有地块的规划指标录入和校核之后，可使用【地块】>【分图则出图】>【分图 ...】，利用分图向导设置分图名称、比例、排版模板、包含的地块、图例项并指定区位图文件（图 6-65），自动输出控制性详细规划图则。

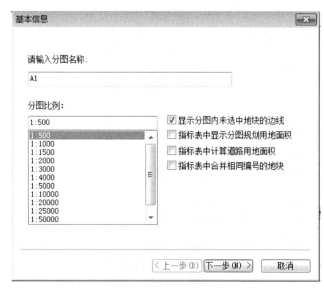

（a）设置分图名称、比例

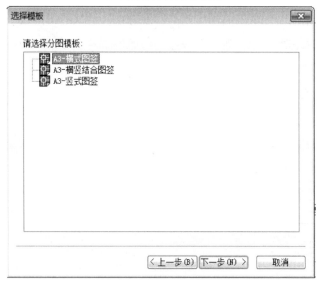

（b）设置分图的排版模板

图 6-65　分图向导

图 6-64　导出地块指标表并在 Excel 中录入地块的规划控制指标

（c）设置分图所包括的地块

（d）设置分图的图例指标项

（e）指定区位图文件

图 6-65　分图向导（续图）

习题

1. 利用"例 6_ Civil 用地规划 .dwg"和"例 6_ 用地规划 .dwg"进行操作实践，以掌握本章介绍的技术要点。

2. 结合自己的规划实践用 AutoCAD、Civil 3D 和 HY-CPS 进行风景园林用地规划。

第7章 基于数字地形模型的规划设计分析

在风景园林规划设计中非常强调方案的科学性与合理性，这必须通过大量的分析工作来达成。在宏观规划尺度下，针对地形地貌条件进行地形、流域和径流分析，可辅助实现合理的空间布局决策；在微观的场地设计尺度下，同样可针对场地的地形特征和平整方案，估算土方量并进行土方平衡，从而因地制宜、尽可能地减少工程量。因此，创建数字地形模型，进行地形相关分析和土方分析，是计算机辅助风景园林规划设计分析的重要工作内容。这些工作可以利用 Civil 3D 或鸿业的相关软件产品来完成。

7.1 数字地形模型的创建

数字地形模型（Digital Terrain Model，简称 DTM）是利用离散数据（如高程点、等高线）产生的连续曲面模型，用于地形分析、显示。

计算机软件对于数字地形模型的描述方法通常有 3 种：

● 曲面方程：用数学方程式来准确描述地面的起伏状况。

● 三角网：利用不规则分布的采样数据形成大量相互连接的三角形面来拟合地面的起伏状况（图 7-1a），适合于表示边界走向不规则的河流、道路和湖泊等的影响。

● 方格网（栅格）：利用均匀分布的采样数据

形成大量相互连接的矩形面来拟合地面的起伏状况（图 7-1b），适合于表现坡度变化较均匀的曲面。

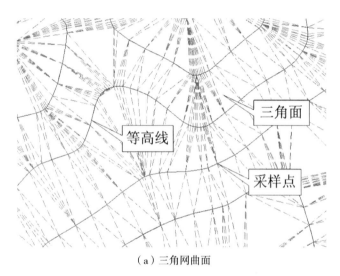

（a）三角网曲面

（b）栅格曲面

图 7-1 曲面类型

7.1.1 利用 Civil 3D 生成三角网地形模型

Civil 3D 中的数字地形模型采用的是三角网和栅格描述方法，可利用不同的数据类型分别生成三角网曲面和栅格曲面两种类型的曲面（表 7-1）。相比之下，三角网曲面的加载时间更长，所需磁盘空间更多，但支持的数据类型更为全面。因此在风景园林规划的地形分析中，出于能方便地构建数字地形模型、能准确描述复杂地形，及能直观反映等高线变化情况等的考虑，通常采用三角网曲面类型的数字地形模型。

不同类型曲面支持的数据类别　　表 7-1

数据类别	三角网曲面	栅格曲面
边界	支持	支持
特征线	支持	不支持
等高线	支持	不支持
DEM❶ 文件	支持	支持
图形对象	支持	不支持
点文件	支持	不支持
点编组	支持	不支持

★注意：①三角网曲面和栅格曲面都可以按用户要求根据采样点划分三角面或矩形面来显示，即三角网曲面可以显示为栅格状的，而栅格曲面也可以显示为三角状的，但这并不影响到它们的实质类型。

②Civil 3D 中和曲面相关的命令都集中在【曲面】下拉菜单中，基本的操作则可通过〖工具空间〗选项板的〖快捷信息浏览〗选项卡或〖设置〗选项卡中相应图形文件的树型结构中的"曲面"部分来方便地进行。

---

❶ 数字高程模型（Digital Elevation Model），是在规则间距水平栅格上生成的高程阵列。

在 Civil 3D 中，生成三角网曲面一般遵循的步骤为：①获取、编辑地形数据；②创建曲面并进行曲面定义；③添加地形数据生成曲面。可以利用点数据（汇集测绘点坐标和标高数据的点文件文本数据或是 AutoCAD 或 Civil 3D 中生成的三维空间点或点编组数据）、线数据（多边形边界、特征线或以多段线绘制的等高线）、AutoCAD 图形对象（包括直线、点、块、文本、三维面和多面）或数字高程模型文件（.dem 标准文件，其他测量数据文件必须先转换为 DEM 文件）等多种数据类型来生成三角网曲面。

由于等高线设计是风景园林规划设计的一项重要的工作内容，并且通常情况下等高线地形图是最容易获得的基础地形资料，因此规划分析时最常用的是利用等高线地形图生成数字地形模型。等高线地形图如为 CAD 数据，则可利用三维等高线数据直接生成三角网曲面；等高线地形图如为纸质平面图，则需扫描成光栅图形并矢量化成三维等高线数据，再生成三角网曲面。如果地形较平坦、等高线较为稀疏，由于可使用的等高线数据较少，可结合测绘的高程点数据，并在必要时通过对图中的等高线进行插点判读处理获得较为密集的点数据，来生成较为可靠的三角网曲面；对于较为密集的等高线，则可直接利用等高线生成三角网曲面。

下面以"例 7_ 地形 .dwg"练习文件（图 7-2）为例对以点数据和等高线数据生成三角网曲面这两种工作方法分别加以详细的说明。在"例 7_ 地形 .dwg"文件中，扫描的现状等高线放置在"dgx"图层。

1）利用点数据生成地形模型

点数据是使用点坐标值和高程值来描述空间点的。在 Civil 3D 中插值生成三维空间点、并利用点数据生成数字地形模型的基本步骤包括：①设置点外观并创建点阵；②将点数据进行编组管理；③利用点编组生成三角网曲面。

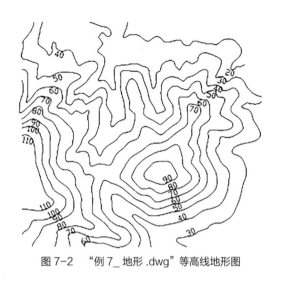

图 7-2 "例 7_ 地形 .dwg"等高线地形图

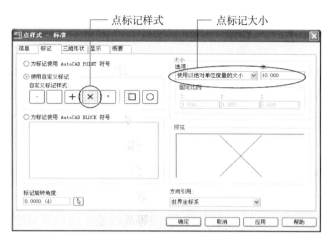

图 7-4 点标记设置

◆ 将文件"例 7_ 地形 .dwg"和"例 7_ 地形 .jpg"
复制到电脑中，在 Civil 3D 中打开"例 7_ 地形 .dwg"，
并新建"点"图层和"现状地形"图层。

◆〖工具空间〗>〖设置〗，用鼠标右键点击浏览
树中的"标准"点样式，在快捷菜单中选择"编辑"
（图 7-3），打开"点样式"对话框，在"标记"选项
卡中设置点标记的样式和大小（图 7-4）；同样用鼠标
右键点击浏览树中的"标准"点标签样式并选择"编辑"
（图 7-5），打开"标签样式生成器"对话框，在"布局"
选项卡中设置点编号、点高程及点描述等组件的样式
文本高度、精度等（图 7-6）。图 7-7 是设置完成后
的点外观。

图 7-5 编辑点标签样式

图 7-3 编辑点样式

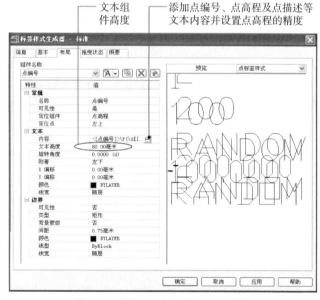

图 7-6 点编号、点高程及点描述设置

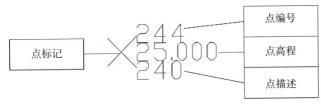

图 7-7　设置完成后的点外观

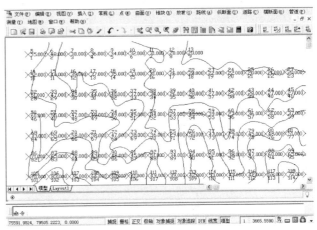

图 7-10　生成点阵

◆ 设置 50m×50m 的栅格及栅格捕捉间距，来帮助获得规则的空间点。

◆〖工具空间〗>〖快捷信息浏览〗，用鼠标右键点击"点"，在快捷菜单中选择"创建"（图 7-8），打开〖创建点〗工具栏（图 7-9），利用〖其他：手动〗工具 ✛ 创建点。

图 7-8　创建点

图 7-9　〖创建点〗工具栏

◆ 根据命令行提示利用栅格捕捉按顺序选择每个点，输入点编号及高程值，在 Civil 3D 中生成点阵（图 7-10）。

◆〖工具空间〗>〖快捷信息浏览〗，用鼠标右键点击"点编组"，在快捷菜单中选择"新建"（图 7-11），打开"点编组特性"对话框来创建"现状地形"点编组并置于"点"层，并在"点编组"选项卡下勾选"所有点"点编组（图 7-12），将已生成的点阵加入"现状地形"点编组。

图 7-11　新建点编组

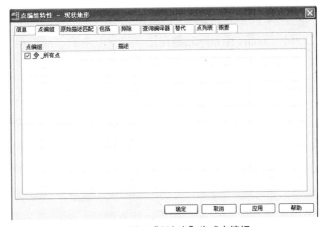

图 7-12　利用"所有点"生成点编组

◆〖工具空间〗>〖快捷信息浏览〗，用鼠标右键点击"曲面"，在快捷菜单中选择"新建"（图 7-13），打开"创建曲面"对话框来创建"现状 DTM"三角网曲面并置于"现状地形"层（图 7-14）。

图 7-13　新建曲面

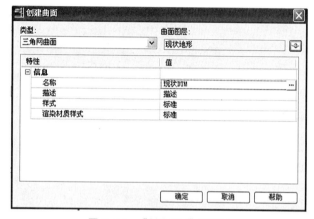

图 7-14　"创建曲面"对话框

图 7-15　添加点编组

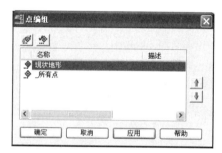

图 7-16　添加"现状地形"点编组

◆〖工具空间〗>〖快捷信息浏览〗，展开"现状
DTM"曲面，用鼠标右键点击"定义"中的"点编组"
项，在快捷菜单中选择"添加"（图 7-15），打开"点
编组"对话框，选中"现状地形"点编组，点击"确
定"将其中的点数据添加到曲面"现状 DTM"中
（图 7-16）。生成的现状三维地形如图 7-17 所示。

2）利用等高线生成地形模型

利用扫描的等高线数据矢量化成三维等高线数据、
进而生成数字地形模型的基本步骤包括：①等高线矢
量化；②通过赋予等高线相应的高程值将其转换为三
维等高线；③利用三维等高线生成三角网曲面。

◆ 将文件"例 7_ 地形 .dwg"和"例 7_ 地形 .jpg"
复制到电脑中，在 Civil 3D 中打开"例 7_ 地形 .dwg"，
并新建"dxg_ 矢量"图层和"DTM_ 现状"图层。

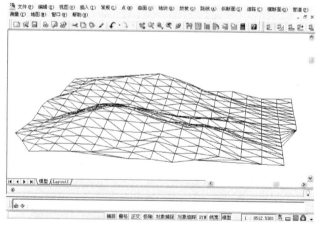

图 7-17　利用三维动态观察生成的地形模型

◆ 在"dxg_ 矢量"图层中用拟合的 Pline 曲线
描绘等高线地形图中的等高线，完成后冻结"dgx"图
层并切换到三维视图进行观察（图 7-18）。

图 7-18　Pline 拟合曲线描绘的二维等高线

　　★注意：可用于创建三角网曲面的等高线必须是多段线对象。如在 CAD 平面图中使用样条曲线 Spline 绘制等高线，则必须利用【Express】>【Modify】>【Flatten Objects】菜单项（需安装"Express Tools"）将其转换为多段线。但过于屈曲的样条曲线转换后往往会发生改变，需要手动调整或删除重画。

　　◆【曲面】>【实用程序】>【等高线赋值】，输入起始高程值（最低或最高的一根等高线的高程值）和增量高程值（两根相邻等高线间的高程间隔值），并通过选择起点和终点拉线贯穿同一增量系列的等高线，即可按实际高程一次性对多条二维等高线赋高程值，将其转换为三维等高线（图 7-19）。

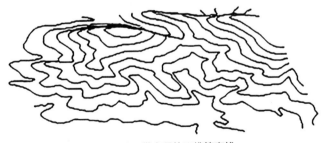

图 7-19　带高程的三维等高线

　　★注意：如有局部等高线因未 JOIN 成一条完整的等高线而没有被成功地一次性赋值，也可使用【特性】工具栏单独赋给其 Z 值，或直接将其移动到相应的高程上。

　　◆ 将"DTM_现状"设为当前工作图层。〖工具空间〗>〖快捷信息浏览〗，在"例 7_地形"文件的树型结构中用鼠标右键点击"曲面"，在快捷菜单中选择"新建"（图 7-20），打开"创建曲面"对话框创建"DTM_现状"三角网曲面并置于"DTM_现状"层（图 7-21）。

图 7-20　新建曲面

图 7-21　"创建曲面"对话框

　　◆ 在"曲面"浏览树中展开"DTM_现状"曲面，用鼠标右键点击"定义"中的"等高线"选项，在快捷菜单中选择"添加"（图 7-22），打开"添加等高线数据"对话框（图 7-23），接受默认设置并点击"确定"，在命令行的"选择等高线"提示下选取所有等高线，将等高线数据添加到"DTM_现状"曲面中。生成的现状三维地形如图 7-24 所示。

图 7-22　添加等高线数据

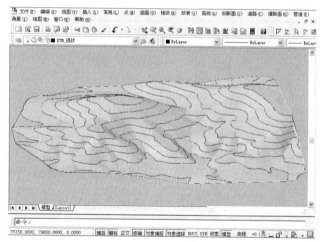

★注意：①利用等高线生成三角网曲面时，三角面顶点是沿等高线取样生成的。顶点数量越多，曲面与原始等高线的拟合程度越好，但文件量也越大。Civil 3D 是通过顶点消除因子和补充因子的设置（参见图 7-23）来控制顶点数量的。其中顶点消除因子可忽略彼此距离小于剔除距离且其偏转小于剔除角度的顶点，从而减少沿等高线生成的点数目；补充因子则可参照补充距离和凸度因子沿等高线添加顶点（图 7-25）。一般情况下使用默认设置即可取得较好的拟合效果。如果生成过程中报错过多，可在等高线的平直部位和弯曲部位分别通过选点来设置新的顶点消除因子和补充因子，以取得满意的拟合效果。

图 7-23　"添加等高线数据"对话框

如果 (L1+L2) 小于剔除距离并且剔除角度大于θ，则将删除顶点

（a）顶点消除因子的作用

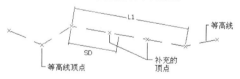

如果 L1 大于补充距离，则将按照小于或等于 SD 的相同增量添加顶点

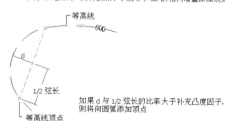

如果 d 与 1/2 弦长的比率大于补充凸度因子，则将向圆弧添加顶点

（b）补充因子的作用

图 7-24　利用三维动态观察生成的地形模型

图 7-25　顶点消除因子和补充因子的作用

②在曲面的生成过程中，经常会产生错误事件报告，这通常是由于 Civil 3D 在自动运算时发生局部数据争用引起的，可依次点击"事件查看器"中"详细信息"列中的"缩放到"链接（图 7-26），查看具体错误部位的详细情况。如不影响整体模型的创建，也可暂时忽略不计，待进一步检查后修正拟合（参见本节"4）地形模型的 2D 表现与模型的检查和修正"）。

图 7-27　新建曲面样式

图 7-28　基于"标准"样式创建新曲面样式

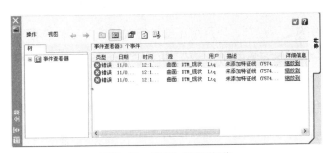
图 7-26　曲面生成错误报告

性"（图 7-29），在"曲面特性"对话框的"信息"选项卡中重新指定（图 7-30）。

● 修改曲面样式的设置：可在〖工具空间〗选项板〖设置〗选项卡中当前工作文件的树型结构中用鼠标右键点击所需修改的曲面样式名，在快捷菜单中选择"编辑"（图 7-31）来编辑曲面样式。

3）曲面样式与曲面的外观显示

在 Civil 3D 中，曲面的外观显示是由曲面样式控制的。可以通过创建并使用用户自定义的曲面样式，或修改现有曲面样式的设置来改变曲面的外观显示。具体的操作方法是：

● 创建曲面样式：可在〖工具空间〗选项板〖设置〗选项卡中当前工作文件的树型结构中用鼠标右键点击"曲面样式"，在快捷菜单中选择"新建"（图 7-27）进行创建；也可在〖工具空间〗选项板〖设置〗选项卡中当前工作文件的树型结构中用鼠标右键点击所需的曲面样式名，在快捷菜单中选择"复制"（图 7-28）来创建基于现有曲面样式的新曲面样式。

● 使用曲面样式：可在创建曲面时指定（参见图 7-14 和图 7-21），或在〖工具空间〗选项板〖快捷信息浏览〗选项卡中当前工作文件的树型结构中用鼠标右键点击具体的曲面名称，在快捷菜单中选择"特

图 7-29　访问曲面特性

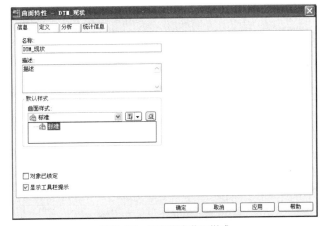
图 7-30　重新指定曲面样式

图 7-31　编辑曲面样式

曲面样式的所有设置内容都集中在"曲面样式"对话框（图 7-32）中，创建和编辑曲面样式的操作都可以访问该对话框。在"曲面特性"对话框的"信息"选项卡中指定曲面样式时，也可通过样式下拉列表旁的下拉按钮 ，选择"新建"或"编辑当前选择"项来访问该对话框（图 7-33）。

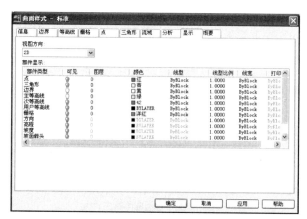

图 7-32　"曲面样式"对话框

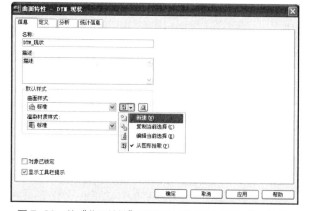

图 7-33　从"曲面特性"对话框中访问"曲面样式"对话框

"曲面样式"对话框共包含了 10 个选项卡。使用"信息"选项卡可以更改曲面样式名称和描述信息，还可查看详细信息；使用"边界""等高线""栅格""点""三角形""分析""流域"选项卡可分别指定曲面对象的相应部件 ❶ 的具体特性；使用"分析"选项卡可以为具有公共视图特性的曲面分析显示指定显示参数；使用"显示"选项卡可以控制组成曲面的部件的可见性和显示；使用"概要"选项卡可以查看所有的曲面样式特性。

曲面的外观显示是由"显示"选项卡中对曲面部件的显示控制，以及可见部件在其相应的部件选项卡中的特性设置共同决定的。其中，"显示"选项卡通过"视图方向"与"部件显示"部分的对应设置可以指定部件对象在二维环境或三维环境中的不同显示方式，而每一部件的具体特性则根据其部件选项卡中的设置来显现。

★注意：①在"曲面样式"对话框"显示"选项卡上输入的值一般优先于其他 AutoCAD 特性设置和 AutoCAD 图层设置。

②如果曲面的外观显示与曲面样式的设置不符，则需要检查 AutoCAD 中的相关设置。一般说来，2D 视图方向的设置只能通过二维视图来体现，而 3D 视图方向的设置只能通过三维视图来体现。

4）地形模型的 2D 表现与模型的检查和修正

在风景园林规划设计中，平面地形图通常以标注高程的等高线形式表现（参见图 7-2）。在 AutoCAD 中，等高线的高程标注只能通过对等高线逐条进行文字标注，然后用 ROTATE 命令根据等高线的走向逐一旋转调整标注文字的方向来实现。如果等高线密集，

---

❶ 曲面样式的部件是指利用曲面数据生成的曲面组成要素。

则工作量非常大。而 Civil 3D 则可以通过在 2D 视图方向显示三维地形模型的等高线部件，并添加等高线标签来迅速实现平面地形图的表现。

此外，通过比较三维地形模型的等高线部件与扫描的原始等高线，还可以方便地发现拟合不佳的部位，并通过进一步的编辑来修正地形模型。

"例 7_ 地形 .dwg"文件中生成的"DTM_ 现状"曲面采用的是默认设置的"标准"曲面样式。下面将通过修改"标准"曲面样式的 2D 显示设置、修正三维等高线数据对"DTM_ 现状"曲面进行局部修正、并添加等高线标签，来说明地形模型的 2D 表现与检查修正的方法。

◆ PLAN↵ 将视图切换为平面视图，并通过【视图】>【视觉样式】>【二维线框】确保视觉样式为"二维线框"。

◆〖工具空间〗>〖设置〗，在"例 7_ 地形"文件的树型结构中用鼠标右键点击"标准"曲面样式，在快捷菜单中选择"编辑"打开"曲面样式"对话框，对其中的"显示"选项卡和"等高线"选项卡分别进行如图 7-34 和图 7-35 所示的设置，确定后"DTM_ 现状"曲面即可获得如图 7-36a 所示的显示效果，其

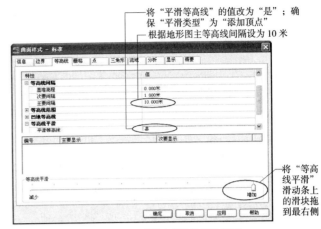

图 7-35　"等高线"选项卡设置

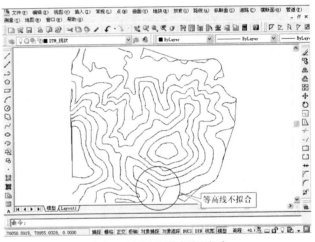

（a）2D 显示局部等高线不拟合

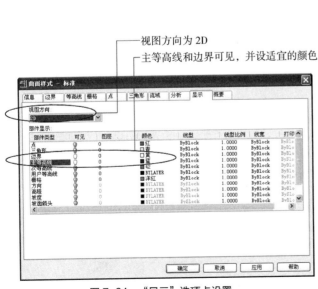

图 7-34　"显示"选项卡设置

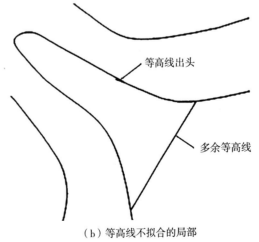

（b）等高线不拟合的局部

图 7-36　"DTM_ 现状"曲面的 2D 显示

中曲面的右下角部分（图 7-36b）和外围边界附近有局部的等高线明显不拟合，有待修正。

★注意：①曲面拟合检查时应确保放置原始等高线和曲面的图层都是可见的，以便直观地比较二者的拟合状况。必要时可通过改变两个图层的可见性来进行确认。需要注意理解的是，原始等高线是之前矢量化绘制的拟合多段线，曲面图层显示的等高线则是所生成的三角网曲面的等高线部件，如果生成的曲面基本拟合原始地形，则这两种等高线也应彼此拟合。

②由于矢量化等高线操作的差异，读者在实际操作中发生的等高线不拟合情况可能与图 7-36 中所示的有所不同。

◆ 关闭"DTM_现状"图层的可见性，可发现矢量化得到的三维等高线在该处交接不严格。TR ✎ 修剪掉出头的三维等高线后，〖工具空间〗选项板〖快捷信息浏览〗选项卡中的"DTM_现状"曲面名及其定义、等高线项前均出现了❗错误类型符号，此时用鼠标右键点击"DTM_现状"曲面名，在快捷菜单中选择"重新生成"（图 7-37），即可将更改的等高线数据反映到曲面中，去除掉图 7-36b 处的等高线不拟合情况（图 7-38）。

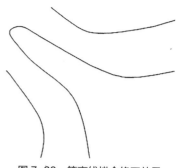

图 7-38　等高线拟合修正效果

◆ 关闭动态 UCS 和对象捕捉模式，用鼠标右键点击〖工具空间〗选项板〖快捷信息浏览〗选项卡"DTM_现状"曲面"定义"下的"编辑"项，在快捷菜单中选择"添加点"（图 7-39），沿边界添加新的高程点，逐步消除边界附近所有错误的等高线连接（参见图 7-40）。

★注意：准确的地形模型是进行可靠的地形分析的基础。为了获得尽可能准确的地形模型，对曲面进行细致的检查和修正是非常重要的。

上述的人工检查可以发现并修正明显的不拟合部位。此外，还可以通过【曲面】>【实用程序】>【检查等高线问题】菜单项，利用专门的实用程序来检查等高线问题，并通过"事件查看器"缩放

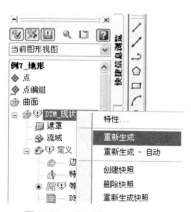

图 7-37　曲面错误及重新生成

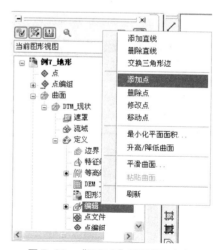

图 7-39　"添加点"编辑曲面定义

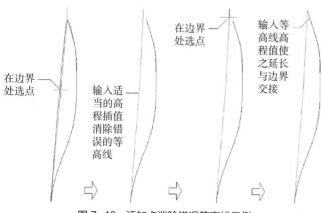

在边界处选点

输入适当的高程插值消除错误的等高线

在边界处选点

输入等高线高程值使之延长与边界交接

图 7-40 添加点消除错误等高线示例

到相应的位置（参见图 7-26），根据实际情况——加以修正。

曲面修正的方法主要有 3 种，分别适用于不同的拟合情况：

①如果等高线的拟合非常差，大量的弯曲部位均不拟合，则必须删除已生成的曲面，然后重新设置顶点消除因子和补充因子生成新的曲面。

②如果因局部等高线数据不精确而导致不拟合，则可以通过修改曲面数据来修正曲面。除了直接修改原始等高线来修正外，还可以使用数据编辑操作修改曲面定义来修正曲面。在曲面生成之后，在〖工具空间〗选项板〖快捷信息浏览〗选项卡该曲面的定义树中即会出现"编辑"项，通过鼠标右击访问其快捷菜单（参见图 7-39），可以为现有曲面添加新的三角网线、删除曲面中的三角网线或栅格线、改变曲面模型中两个三角面的方向从而实现使三角形的边与山脊或洼地匹配等目的、为曲面模型添加点、删除曲面的点并删除不准确或不必要的数据、更改单个曲面点的高程、将现有曲面点移动到新位置并对该曲面重新进行三角剖分、更改等高线数据添加后的平面点位和平面边的包含方式、或在系统确定的高程处添加点以平滑曲面（可得到平滑等高线）。

③如果曲面的边界形状不理想，或地形中存在悬崖、陡坎等剧烈的局部变化，则可通过继续向曲面添加边界或特征线部件来更好地拟合原始地形。具体操作类似于添加等高线生成曲面。

其中，特征线类型包括：

● 标准：特征线上每个顶点的 X、Y 和 Z 坐标都将被转换为三角网顶点。

● 近似：特征线定义将自动捕捉到最接近每个多段线顶点的 X、Y 和 Z 坐标的曲面点。

● 陡壁：提供整个特征线的偏移侧，以及每个顶点或整个特征线的高程差。

● 虚特征线：将在虚特征线对象在曲面上的投影线与曲面三角形的边的每个交点处，以及虚特征线对象的每个顶点在曲面上的投影点处创建曲面点，可保持原始曲面的完整性。

边界类型包括：

● 外部边界：定义曲面的外边界；位于外边界之内的所有三角形都是可见的，位于外边界之外的所有三角形都是不可见的。

● 隐藏边界：遮罩三角剖分的区域使区域内的等高线不可见，从而形成带孔洞的曲面（可使用"隐藏边线"项控制是否删除隐藏的曲面区域，从而决定整个曲面是否保持完整）。

● 显示：显示位于边线内的所有三角形，可用于在隐藏边线内创建可见区域。

一般可利用陡壁特征线来添加悬崖、陡坎线；还可利用闭合的多段线添加外部边界并指定其为虚特征线（图 7-41），从而剔除掉边界外的数据，使模型边界与规划用地边界相匹配。

◆ 新建"dxg_ 标注"图层。〖工具空间〗>〖设置〗，展开"例 7_ 地形"文件下"曲面"树型结构，用鼠标右键点击"标准"等高线标签样式，在快捷菜单中选择"编辑"（图7-42）打开"标签样式生成器"对话框,对等高线的高程标注样式进行如图7-43和图7-44所示的设置。

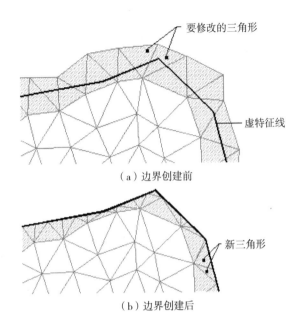

（a）边界创建前

要修改的三角形

虚特征线

（b）边界创建后

新三角形

图7-41 虚特征线创建外部边界

图7-42 编辑"标准"等高线标签样式

◆【曲面】>【标签】>【添加等高线标签】,调用『创建等高线标签』工具栏并对创建要求进行设置（图7-45）后,在曲面上拉线贯穿需要标注高程值的等高线,即可完成等高线的高程标注（图7-46）。

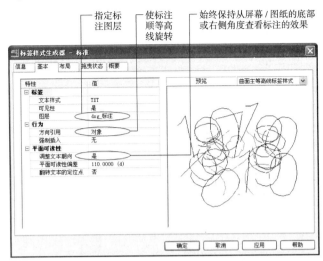

指定标注图层

使标注顺等高线旋转

始终保持从屏幕/图纸的底部或右侧角度查看标注的效果

图7-43 等高线标签的基本设置

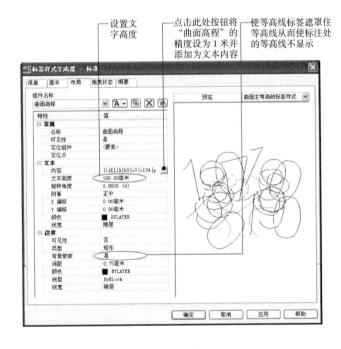

设置文字高度

点击此处按钮将"曲面高程"的精度设为1米并添加为文本内容

使等高线标签遮罩住等高线从而使标注处的等高线不显示

图7-44 等高线标签的布局设置

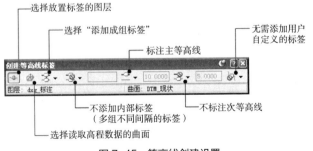

选择放置标签的图层

选择"添加成组标签"

标注主等高线

无需添加用户自定义的标签

不添加内部标签（多组不同间隔的标签）

不标注次等高线

选择读取高程数据的曲面

图7-45 等高线创建设置

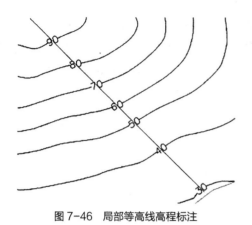

图 7-46　局部等高线高程标注

★**注意**：根据等高线的分布特征，如一次拉线无法完成所有等高线的高程标注，可继续在需要的部位拉线直至完成所有的标注。

◆ 新建"dxg_标注线"图层，将标注等高线高程时的拉线放置到该图层并关闭其可见性，即可完成地形模型的 2D 表现（图 7-47）。

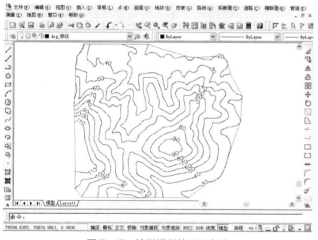

图 7-47　地形模型的 2D 表现

5）地形模型的 3D 表现

在风景园林规划设计中，对地形模型进行 3D 表现是为了直观地反映地形的起伏特征。一般采用三种表现形式：

● 网格拟合：将曲面样式更改为 3D 视图方向并将可见部件设为三角形或栅格，利用三维视图或三维动态观察就可获得由三角形网格或栅格网格拟合的起伏曲面（图 7-48a）；

● 着色渲染：将曲面样式更改为 3D 视图方向并将可见部件设为三角形，并对曲面进行着色或渲染处理（参见第 3 章第 3.1.3 节"2）视觉样式"），可以观察或输出其着色或渲染效果（图 7-48b）；

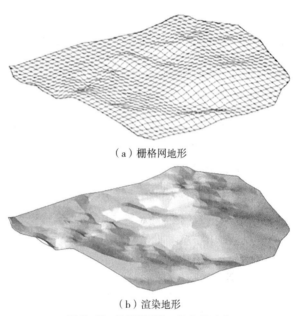

（a）栅格网地形

（b）渲染地形

图 7-48　地形模型的三维表现形式

● 模拟现实：从 Civil 3D 2008 开始，用户还可将规划区域的航片或遥感图像附着到曲面上，从而更为真实地表现实际地形地貌的情况。

7.1.2　利用鸿业软件的地形土方功能生成三角网地形模型

鸿业公司在研制 CAD 系列软件之初，较早实现的是地形、土方功能，并在国内率先推出了土方计算设计软件，具有各种方便快捷的绘图、计算工具，能够辅助设计人员进行自然地形、设计地形的分析及处理，智能化、自动化地完成包括地形三维、土方三维效果图制作以及土方量计算、土方优化计算、土方量统计出表等工作。这一软件经过多年的扩充升级，最新版本 HYECS For C3D 依托 Civil 3D 平台，地形数据完全基于真实三维数据，在三维地形数据的计算、三维地形模拟、场地放坡、特殊地形的处理方面，有较为快速、准确和直观的表现，是国内推出的第一款在 Civil 3D 上开发的土方计算软件。

由于规划设计类专业需要开展大量基于地形的分析、表现工作，鸿业公司将这一地形、土方功能也整合进了鸿业城市规划设计软件 HY-CPS，故本节仍然基于 HY-CPS 8.1 版进行操作说明。

1）鸿业数字地形模型的类型和生成方式

与 Civil 3D 一样，鸿业的数字地形模型也分为三角网曲面和栅格曲面 2 种。其中三角网曲面可通过【地形】>【自然等高线】>【构三角网】或【土方】>【网格法土方】>【地形预处理】快速生成，可用于三维地形表现和土方计算；栅格曲面则是由【地形】>【三维地形】生成，生成速度慢，且只能用于三维地形的表现展示。

相较于 Civil 3D，HY-CPS 只有利用软件可识别的离散点数据，才能生成数字地形模型。因此，虽然 HY-CPS 同样可借助矢量等高线数据、高程点数据（可以是绘制的矢量点、由矢量化地形图中的标高文字自动辨别的标高点或者是测绘点数据的 ASCII（文本）文件）和特征线数据生成数字地形模型，但是这些数据都必须在检查确认之后、被转化为软件可识别的离散点数据，才能进一步使用。

2）鸿业数字地形模型的生成步骤

不论是利用等高线、高程点和特征线数据中的一种或几种构建数字地形模型，HY-CPS 都必须遵循三步走的程式：①检查编辑原始数据；②快速转化和离散数据；③构建地形曲面。下面以上一节（7.1.1 节）

在"例 7_ 地形 .dwg"中用拟合的 Pline 曲线描绘的等高线数据文件"例 7_ 鸿业地形 .dwg"为例，说明 HY-CPS 生成自然地形三角网曲面的步骤。

◆ "例 7_ 鸿业地形 .dwg"中除了用拟合的 Pline 曲线描绘的等高线数据，还有用四边形绘制的设计场地边线。构建自然地形曲面的过程中，可以冻结设计场地边线所在的 0 层，以免干扰自然地形的操作（图 7-49）。"例 7_ 鸿业地形 .dwg"中的等高线已被赋予了高程值，可通过【地形】>【自然等高线】>【修改】，逐根点选等高线查询、修改其高程值，也可通过【地形】>【自然等高线】>【标高检查】，设定最大、最小标高值并让软件自动检查自然等高线高程是否在设定范围内。HY-CPS 在【地形】>【自然等高线】还提供了【绘制】【逐根定义】【成组定义】【成组搜索定义】【搜索定义】【三角网定义】【高程刷】等命令，可手工描绘等高线，也可通过输入等高线标高值、规定递增或递减的等高距、自动搜索彼此相连的所有线段并转化为多段线后赋标高值、通过高程点定义等高线高程、借助已经定义的自然等高线来定义其他未定义的等高线多种方式，快速灵活地定义等高线高程。

◆【地形】>【自然等高线】>【快速转化】，点选样线以确定等高线所在图层后，选择所需的等高线，

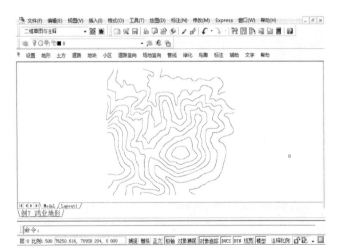

图 7-49　等高线数据文件

将图形中等高线所在图层上的、具有高度的 Line 或 Polyline 转化为软件所能识别的等高线。转化后的等高线被自动放置在软件自动生成的"HY_DX_DGXZ"层，原本的矢量等高线数据则被自动删除（图 7-50）。【地形】>【自然等高线】>【离散】，在绘制好并检查确认的等高线上按一定的间距插入离散点，以便软件可以进一步计算自然点高并借此构建地形曲面。离散点的存在是计算自然点高的前提，因此在等高线绘制完成后必须进行离散。本例中，如以默认的离散参数执行离散命令，则将离散出 1731 个离散点，并被自动放置在软件自动生成的"HY_ZRDX_PT"层（图 7-51）。

◆ 可通过【地形】>【自然等高线】>【构三角网】

图 7-50　快速转化等高线

图 7-51　离散等高线获得离散点

构建三角网地形曲面，或通过【地形】>【三维地形】构建栅格地形曲面（polyface），构建的三角网地形曲面被自动放置在软件自动生成的"HY_ZR_SJW"层，构建的栅格地形曲面被自动放置在软件自动生成的"HY_ZR_3D"层（图 7-52）。

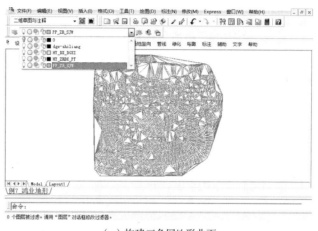

（a）构建三角网地形曲面

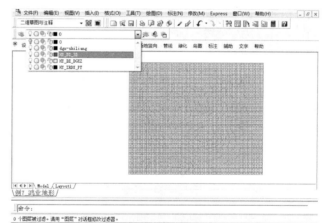

（b）构建栅格地形曲面
图 7-52　构建地形曲面

★注意：①相较于 Civil 3D，鸿业软件体量小，人机交互功能相对简单，其地形功能在编辑处理等高线等原始数据时相对更为便捷，但数字地形模型一旦构建完毕，就缺乏了可以进一步编辑修改的可能性，因此在转化离散点和构建模型之前，必须检查确认等高线、高程点和特征线数据准确无误。

②特征线数据与等高线数据的处理方法相似，也要经过快速转化和离散才能构建地形曲面。高程点数据则可直接转化为离散点，用于构建地形曲面。两类数据的绘制、编辑、转化和离散命令分别归集在【地形】>【自然标高离散点】和【地形】>【自然特征线】菜单项中。

③在绘制地形断面图、生成三维地形图及土方中用离散点定义标高时，必须先离散等高线。如图中已有离散点而等高线没有全部离散，此时，未离散的等高线所反映的高程将不被提取，则有可能造成设计和计算的错误。

3）鸿业数字地形模型的表现

HY-CPS 生成的地形曲面可通过【地形】>【视点转换】观看其三维效果，并通过【消隐】【着色】【渲染预处理】【三维渲染】进行表现和展示（图 7-53）。

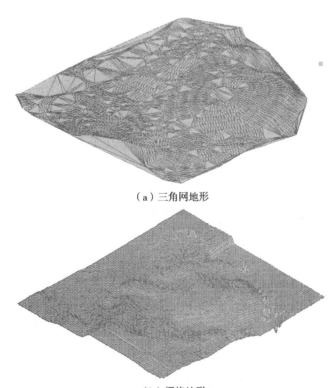

（a）三角网地形

（b）栅格地形

图 7-53　转换视点观看三维地形效果

鸿业软件在表现展示数字地形模型时，也无法灵活控制模型各个部件的显示效果，相较于 Civil 3D，只能实现模型三维效果的粗略展示。

7.2　地形分析

在建立数字地形模型反映现状地形之后，可以通过对现状地形模型的判读来识别坡度、坡向等地形条件对于开发建设的制约性，并基于现状地形模型进行计算分析以辅助设计，在设计数据与地形模型间建立动态关联，从而能够即时查看、查询和显示设计、分析与修改情况。

Civil 3D 具有较强的地形分析功能，而且在分析过程中具有较好的人机互动体验。相对而言，鸿业软件的地形功能虽然也可通过对地形曲面高程的分段显示来实现简单的高程分析，但并不能达成略为复杂的分析工作。因此，下面仅介绍 Civil 3D 的地形分析功能。

7.2.1　Civil 3D 地形分析概述

Civil 3D 可以利用曲面进行各种地形分析。具体的工作方法大致可分为三类：

● 通过分类表现曲面数据进行分析：可以通过曲面特性和曲面样式的结合使用对曲面数据进行分类表现，完成等高线、坡向、高程、坡度、坡面箭头和流域等一些常规的地形分析。其中，使用"曲面特性"对话框中的"分析"选项卡（图 7-54）可以指定分析内容并创建实际的分析要求，使用"曲面样式"对话框可控制相应部件的显示和样式。

● 利用专门的实用分析程序进行分析：Civil 3D 还开发提供了一些单独的实用程序可进行专项分析工作。如可以使用专门的程序执行径流分析❶。

---

❶ 径流实用程序可以追踪水流经曲面的路径，使用二维或三维多段线绘制流量线，以分析沿等高线的不同点处的水流量、查询排水区域等。

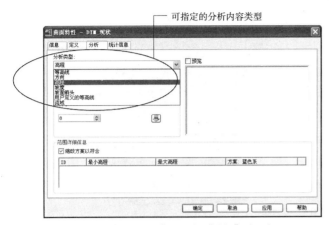

图 7-54　"曲面特性"对话框"分析"选项卡

● 在曲面上创建其他 Civil 对象辅助分析：通过在曲面上创建路线及其纵断面、按道路断面设计创建道路并计算其土方情况，可以检验道路选线及设计的合理性。

本节将对风景园林规划设计中经常会遇到的坡度、坡向、高程分析和复杂地形下的道路选线进行详细介绍。Civil 3D 的流域分析和径流分析将在本章第 7.4 节结合鸿业的暴雨模拟软件一并介绍。

7.2.2　坡度、坡向和高程分析

Civil 3D 中的坡度、坡向和高程分析都是通过结合使用曲面特性和曲面样式对曲面数据进行分类表现来实现的，操作方法非常类似。基本的操作步骤包括：①通过曲面样式设置显示相应的曲面部件；②通过曲面特性设置创建实际的分析要求；③插入分析图例表并进行表格外观的调整设置。本教材仅以坡度分析为例来进行详细说明。

下面对本章第 7.1.1 节"例 7_ 地形 .dwg"中利用等高线生成的"DTM_ 现状"曲面进行坡度分析。

◆ 在〖 工具空间 〗>〖 设置 〗中访问"标准"曲面样式的"曲面样式"对话框，对其进行设置修改，使"DTM_ 现状"曲面以坡度方式显示：在"显示"选项卡中设置视图方向为 2D，部件显示"坡度"

（图 7-55）；在"分析"选项卡中展开"坡度"选项，设置坡度分析的显示参数（图 7-56）。

★注意：①图 7-56 中的范围数是可显示的分析区段数，应不小于图 7-58 中的设置数。

②图 7-56 中的范围精度是实际分析时采用的精度。

◆ 点击"确定"后"DTM_ 现状"曲面将如图 7-57 所示显示坡度信息。

◆ 在〖 工具空间 〗>〖 快捷信息浏览 〗中访问"DTM_ 现状"曲面的"曲面特性"对话框，根据实际分析要求设置坡度分析的具体参数（图 7-58）。

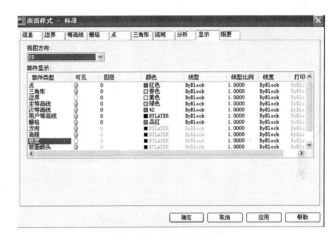

图 7-55　显示坡度部件

图 7-56　坡度显示参数设置

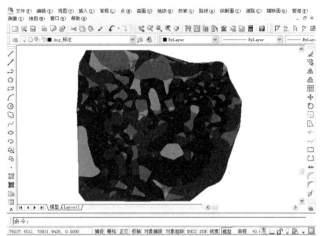

图 7-57　曲面坡度信息显示

图 7-59　曲面坡度分析

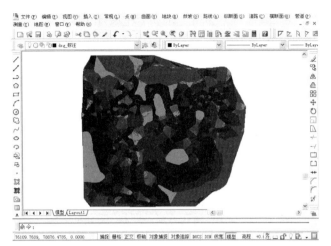

图 7-58　"曲面特性"对话框

②默认情况下，插入的图例表位于 0 层，因此必须保证 0 层是可见的。

◆ 选中插入的图例表，点击鼠标右键并在快捷菜单中选择"编辑表格样式…"命令，打开"表样式"对话框，在"数据特性"选项卡中设置合适的文字高度和样式、并编排表格内容（图 7-60），在"显示"选项卡中设置需要显示的表格组成部件及其色彩和线宽等（图 7-61）。

◆ 点击"确定"后图例表即添加完成（图 7-62）。

★注意：图例表绘制完成后应放入单独的层以便于管理。

◆ 点击"确定"后"DTM_现状"曲面的坡度信息显示将发生改变（图 7-59）。

◆ 利用【曲面】>【添加图例表...】菜单项添加坡度分析的图例表：在命令行"输入表类型"的提示下输入 S，指定表类型为"坡度（S）"，并选择"动态"行为定义项，在分析图右下角选点插入坡度分析的图例表。

★注意：①插入图例表时必须选择"动态"行为定义项，以便一旦需要修改分析参数更新分析结果时，图例表中的数据也会自动修正。

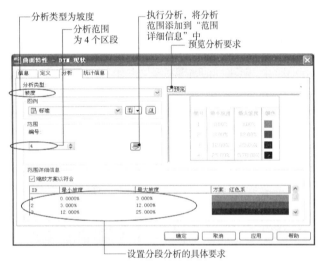

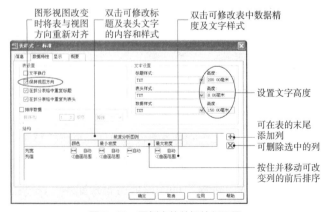

图 7-60　图例表的数据特征设置

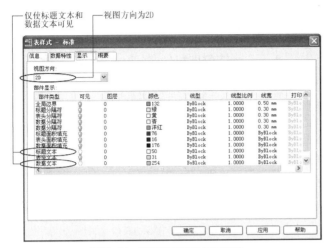

图 7-61　图例表的部件显示设置

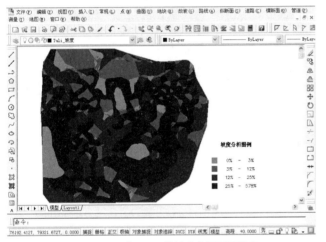

图 7-62　现状 DTM 的坡度分析及图例表

7.2.3　复杂地形下的道路选线

在风景园林规划中，经常需要在复杂的山地地形中进行规划道路的选线，以保证道路纵坡与原始地形能很好地结合，既能满足机动车、非机动车或游人通行的基本要求，又能减少工程土方量。在 Civil 3D 中，可利用坡面箭头分析帮助用户识别符合坡度要求的线路走向，并可通过创建路线及其纵断面来检验路线的纵坡。由于 Civil 的曲面、路线和纵断面之间维持着实时的动态关联，对路线或曲面的任何修改都将自动引起纵断面的更新，因此一旦局部路线纵坡不符合要求，

即可通过调整路线走向并观察纵断面的更新情况来获得符合要求的道路选线。

道路选线的基本工作步骤包括：①按道路纵坡的分段要求进行坡面箭头分析；②以坡面箭头的条带状排列为参照走向创建路线；③由曲面和路线创建地形纵断面并检查路线纵坡是否符合要求；④如其中部分路段的纵坡不符合要求，则通过改动路线走向来调整纵坡。

其中，坡面箭头分析的操作与坡度分析相类似，在此不再赘述。而 Civil 的路线对象功能是按道路工程设计的要求开发的，相对比较复杂，有必要先针对风景园林专业的使用需要做一简单的介绍。

Civil 的路线图元 ❶ 有三种基本的约束类型：固定、浮动和自由。

● 固定：固定线元是完全独立的；编辑时，它们不会和其他线元维持相切关系。

● 浮动：浮动线元的一端或另一端将附着在其他线元（固定或浮动的）之上；编辑时，它们自动维持着与那些线元的相切关系。而未被附着的另一端则是可以修改的。

● 自由：自由线元则是根据两端都与其他线元（固定或浮动的）相切而确定的。自由直线线元不能编辑，因为两个对象之间的切线方案只有一种。而对于自由曲线线元，则可以修改它的半径，而不是修改其附着点的位置。

不同的路线创建方法会生成不同类型的路线图元（表 7-2），从而满足用户的不同需要。

此外，在车行道路设计时，为了在切线（直道）和圆形曲线（弯道）之间以及两条具有不同曲率的圆形曲线之间逐渐引入曲率和超高以保证车速的连续性，通常需要使用各种参数来设计缓和线（图 7-63 和

---

❶ 路线的每一段具有相同参数的直线或曲线被认为是一个线性图元。道路路线可由许多个线元组成。

路线创建与图元约束类型　表 7-2

路线创建方法		创建方法说明	图元约束类型
从多段线创建		绘制多段线，然后把它转化为路线对象	固定
按布局创建	导线法	使用带有曲线或不带曲线的切线来创建路线。曲线既可以是圆曲线也可以是回旋线	自由
	线元法	通过创建独立的线元实体来创建路线。这些线元拥有非常多的参数，允许用户根据设计需要进行修改，因此可以对路线进行详细的设计和修改	固定、浮动或自由

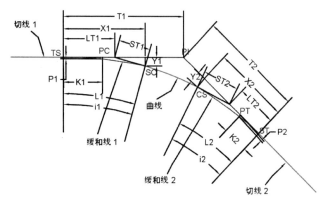

图 7-63　缓和线设计参数图示

表 7-3）。根据计算方法的不同，缓和线可分为回旋曲线、三次缓和线（立方 JP）、Bloss 螺线、正弦半波长递减正切曲线等多种类型。其中回旋曲线是最常用的缓和线类型，广泛用于公路和铁路铁轨设计。为了在图面上直观地表现这些复杂的设计参数，Civil 还提供了各种路线标签（图 7-64 和表 7-4）。

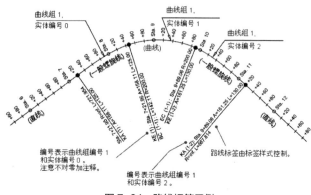

图 7-64　路线标签示例

缓和线参数描述　表 7-3

缓和线参数	描述
i1	缓和线曲线 L1 的圆心角，此圆心角为螺旋角
i2	缓和线曲线 L2 的圆心角，此圆心角为螺旋角
T1	从交点到 TS 的总切线距离
T2	从交点到 ST 的总切线距离
X1	SC 处自 TS 的切线距离
X2	CS 处自 ST 的切线距离
Y1	SC 处自 TS 的切线偏移距离
Y2	CS 处自 ST 的切线偏移距离
P1	初始切线进入移动曲线的 PC 的偏移
P2	初始切线出来到移动曲线 PT 的偏移
K1	参照 TS 的移动 PC 的横坐标
K2	参照 ST 的移动 PT 的横坐标
LT1	长切线前缓和线
LT2	长切线后缓和线
ST1	短切线前缓和线
ST2	短切线后缓和线
A1	A 值等于缓和线长度乘以半径的平方根。缓和线平面度的测量值
A2	A 值等于缓和线长度乘以半径的平方根。缓和线平面度的测量值

路线标签类型说明　表 7-4

标签类型	说明
主里程	主要间隔处的里程。默认格式为 sta = < 里程 > < 单位 >，例如，sta = 1000ft
副里程	用于分割主里程的间隔处的里程。必须拥有主里程标签才能添加副里程标签
几何图形点	路线几何图形发生变化的位置。默认格式为 < 几何图形点 >: < 里程 >，例如，CS: 3+27+65
纵断面几何图形点	路线几何图形上纵断面点的位置
里程断链	在"路线特性"对话框的"里程控制"选项卡上添加的点
设计速度	在"路线特性"对话框的"设计速度"选项卡上添加的点
里程偏移	点位于路线上或与路线相邻，列出从该路线到拾取点的里程和偏移信息
直线	路线对象中的直线图元的特性
曲线	路线对象中的曲线图元的特性
缓和线	路线对象中的缓和线图元的特性
切线交点	切线—切线交点（PI）和关联的自由曲线或自由缓和线—曲线—缓和线（SCS）编组的特性。也可以将这种标签类型应用于各个曲线或缓和线图元（即使图元位于 SCS 编组中）

在风景园林规划中，由于道路设计的主要目的在于基于地形条件和设计车速进行线路的空间定位，因此通常采用导线法通过空间选点来创建自由线元，使用切线交点坐标、缓和线起迄点坐标、缓和线长度 L、圆形曲线半径 R 等主要参数进行路线设计和标注，利用图元间的自约束关系完成快速、有效的设计。

下面仍以本章第 7.1.1 节"例 7_ 地形 .dwg"中利用等高线生成的"DTM_ 现状"曲面为例，通过一条南北向翻山路的选线来进行详细的说明。

◆ 参照上节中坡度分析的方法，通过曲面特性和曲面样式的结合使用对"DTM_ 现状"曲面进行坡面箭头分析（图 7-65），作为道路选线的参照底图。其中，0%~12% 的箭头集中区可以开设各种方向的路线；12%~25% 的箭头集中区需要在与箭头方向斜交或垂直的方向上开设路线；而 25% 以上的箭头集中区出于水土保护的考虑，最好避免开设道路。

◆【路线】>【按布局创建】，通过"创建路线—布局"对话框选择路线样式为"道路中线"，选择路线标签集为"无标签"，创建名为"Road"的路线并放置到相应的图层（图 7-66）。点击"确定"后将显示〖路线布局工具〗工具栏（图 7-67）。

◆ 在〖路线布局工具〗工具栏上，点击左端的

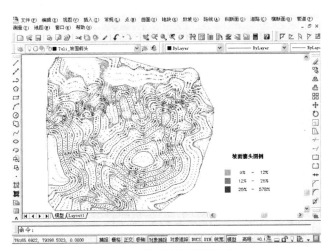

图 7-65　曲面的坡面箭头分析

图 7-66　创建"Road"路线

图 7-67　〖路线布局工具〗工具栏

〖绘制切线 – 切线（没有曲线）〗工具 旁的下拉箭头按钮 ，选择"曲线和缓和曲线设置"项，打开"曲线和缓和线设定"对话框（图 7-68），在其中按设计要求勾选"曲线"项并设置曲线半径。

★注意：①绘制路线之前应先进行曲线半径计算的准备工作，以求得推荐半径 $R_{推}$[1]、最小半径 R_{min}[2] 等，作为曲线设计半径 $R_{设计}$ 的参照。如 $R_{设计}<R_{推}$，则必须设置超高并加设缓和线。一般说来，缓和线长度 $L_{缓和线}≥15~20m$。

②如道路设计需要加入缓和线，则可在"交点曲线编组特性"对话框中加选"前缓和线"和"后缓和线"，并设置缓和线的类型（一般用回旋线）和长度（设好后 A 值会自动计算产生）。

[1]　推荐半径是在保证设计车速的情况下，不设超高而又能良好通车的极限曲线半径。
[2]　最小半径是在受到地形、地物限制并保证设计车速的情况下，设置超高并降低行车舒适要求（即适当减小横向力系数）后的曲线半径。最小半径是相对而言的，因为如果必要，还可通过降低设计车速获得更小的设计半径。

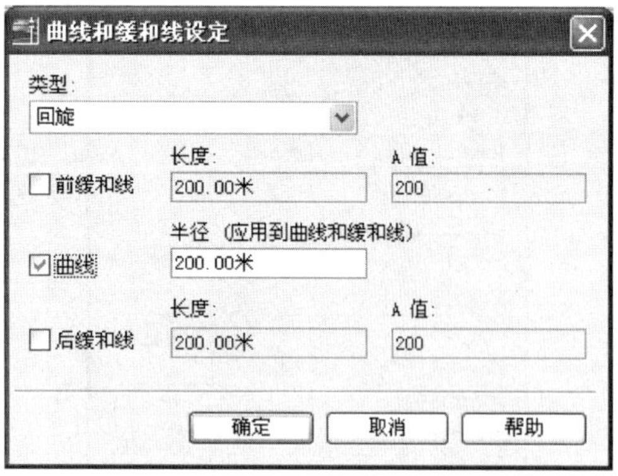

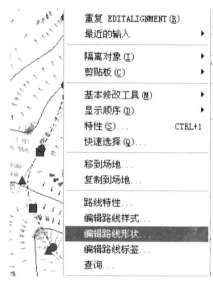

图 7-68 "曲线和缓和线设定"对话框

◆ 在〖路线布局工具〗工具栏上，再次点击 [A▾] 上的下拉箭头按钮，选择"切线 – 切线（带有曲线）"项，在"DTM_现状"曲面的坡面箭头分析图上由北向南通过选点绘制路线（图 7-69），绘制完成后回车以结束路线布局命令。

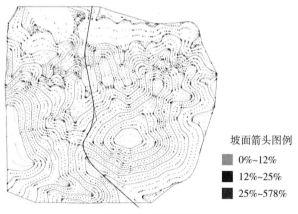

坡面箭头图例
▮ 0%~12%
▮ 12%~25%
▮ 25%~578%

图 7-69 设计路线绘制

★注意：①"曲线和缓和曲线设置"可在执行路线布局命令绘制路线的过程中反复进行，以通过更改具体设置准确绘制半径要求不同的弯道中心线。每一选点前均应仔细观察当前设置下路线的预览效果，如与地形匹配不佳则可进行必要的设置修改。一旦选点后则该部分线元就确定了，即使不满意也无法取消重新选点，只能通过后期编辑线路来修改了。

②如果对局部路线设计不满意，可在路线创建完成之后，选中路线并点击鼠标右键，在快捷菜单中选择"编辑路线形状"命令（图 7-70）重新访问〖路线布局工具〗工具栏，利用〖插入交点〗工具 △·、〖删除交点〗工具 △× 或〖删除子图元〗工具 ✗ 增删线元，或者利用〖拾取子图元〗工具 ✗ 或〖路线表格视图〗工具 ☐ 访问子图元编辑器窗口（图 7-71）或全景视窗，查看并修改线元数据，对路线进行修改编辑。

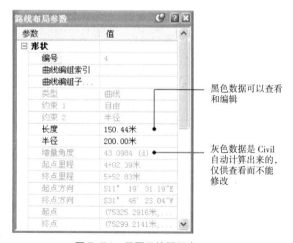

图 7-70 编辑路线形状

图 7-71 子图元编辑器窗口

◆【纵断面】>【从曲面创建】，在"创建曲面的纵断面"对话框中，将"路线"设为"Road"，将"曲面"设为"DTM_现状"，并点击"添加 >>"按钮将新的纵断面添加到纵断面列表中并设置合适的放置图层（图 7-72）。点击"确定"即利用"DTM_现状"曲面生成了"Road"路线的纵断面。

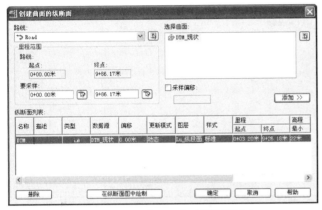

图 7-72　创建"Road"路线的纵断面

◆ 纵断面对象可通过纵断面图来显示：【纵断面】>【创建视图】打开"创建纵断面图"对话框，将纵断面图名称设为"Road 纵断面图"，在"路线"下拉框中选中"Road"，在"纵断面图样式"中选择"轴线和完整栅格"，在"标注栏集"选择"地面数据"（图 7-73），接受所有其他设置后点击"确定"，在地

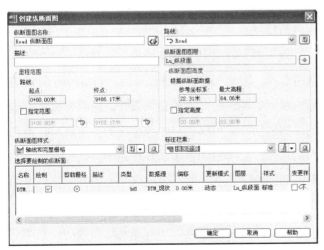

图 7-73　创建"Road 纵断面图"

形图右上方选点作为插入点，插入"Road"路线的纵断面图（图 7-74）。

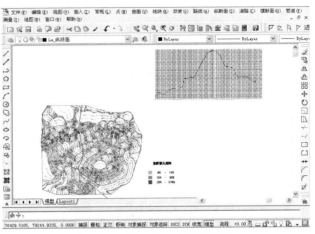

图 7-74　插入"Road 纵断面图"

★ 注意：纵断面图上可以选择的对象只有两个，即纵断面线和纵断面线以外的图形内容（包括轴线、栅格线、标注栏等）。其中纵断面线的外观和标注情况由纵断面样式和纵断面标签样式控制，而其他图形内容的外观则由纵断面图样式、纵断面图标签样式和标注栏样式控制。

◆ 选择插入的纵断面图并点击鼠标右键，在快捷菜单中选择"编辑纵断面图样式"，将"纵断面图样式"对话框"图表"选项卡中"垂直比例放大"设为 1（图 7-75），使纵断面线反映真实的坡度情况；选择图上的纵断面线并点击鼠标右键，在快捷菜单中选择"编辑标签"，在"纵断面标签"对话框的标签列表中添加"平曲线点"和"直线"标签类型，并将其标签样式分别设为"里程和类型"及"坡度、箭头和坡长"（图 7-76），沿纵断面线添加坡度和 PC、PT 点标注（图 7-77），以便直观地反映路线的坡度改变，并可与路线中的相应线元相对应。

◆ 将视图放大到纵断面线的左边起始段局部，并 P↙从左向右逐步平移视图对纵断面线的坡度进行检

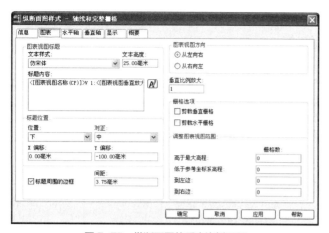

图 7-75　纵断面图的垂直比例设置

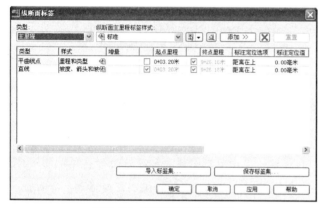

图 7-76　纵断面线的标签设置

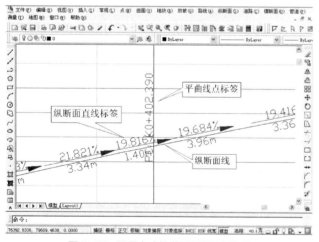

图 7-77　设置完成的纵断面线局部外观

查。凡是坡度超出的路段，可通过"编辑路线形状"或移动夹点对"Road"路线的相关线元进行修改，尽量减小其坡度以满足规范要求。

★注意：在使用夹点编辑曲线时，为了保证曲线半径能够取整，建议先对路线样式进行设置，以确保启用设计半径捕捉，并将捕捉值设为一个整数值（图 7-78），以便光标可以捕捉到指定的增量。

图 7-78　启用半径捕捉

坡度检查和路线修改完成后，道路选线工作即告完成。接下来可对道路中线进行标注并绘制路缘线和道路红线，以完成规划道路的表现。

其中，道路中线标注可通过分别添加"切线交点"和"单个线段"两大类型的路线标签，并对相关的路线标签样式进行修改，对切线交点坐标、曲线半径、缓和线长度及 TS、SC、CS、ST 等点坐标进行标注。

而风景园林规划中的道路规划只需要反映空间的线路信息，因此在道路选线完成后，无须利用 Civil 的道路装配功能进行详细的道路设计。只需将道路中线向两侧偏移，即可获得与中线平行的多段线；并将其两端封闭形成闭合的多段线并作为虚特征线添加为地形曲面的隐藏边界，即可隐藏路面上的曲面等高线部件，获得满意的规划道路表现效果了。

由于路线标签样式的修改定制较为复杂，下面以道路中线切线交点坐标的标注为例来进行详细的说明。

◆【路线】>【添加标签】打开"添加标签"对话框，将标签类型设为"切线交点"，将切线相交标签样式设为"交点坐标"并点击"添加"按钮（图 7-79），在"Road"路线上依次选择切线交点添加坐标标注（图 7-80）。

图 7-79 添加切线交点标签

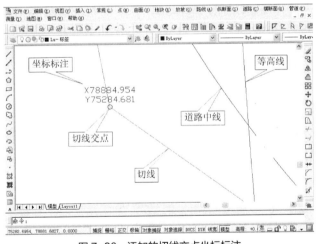

图 7-80 添加的切线交点坐标标注

◆〖工具空间〗>〖设置〗，展开工作文件浏览树中的路线标签样式，用鼠标右键点击"切线交点"下的"交点坐标"，在快捷菜单中选择"编辑"（图 7-81），打开"标签样式生成器"对话框，对交点坐标标签样式进行设置修改（图 7-82、图 7-83），使切线交点的坐标标注符合风景园林规划图纸的要求（图 7-84）。

图 7-81 编辑交点坐标

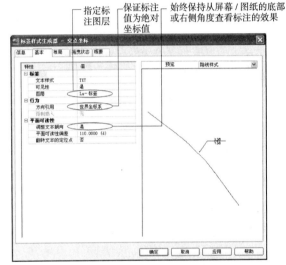

图 7-82 切线交点标签的基本设置

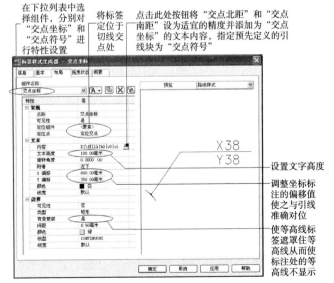

图 7-83 切线交点标签的布局设置

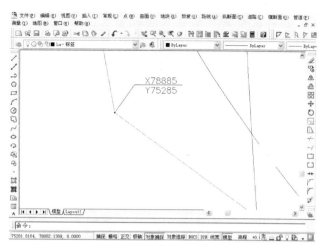

图 7-84　修改标签样式后的切线交点坐标标注

★注意：如需要调整标签与标注对象的左右或上下位置关系，可选中需要调整位置的标签并用鼠标右击，执行快捷菜单中的"翻转标签"命令。

其余标注也可用类似的方法实现。最终完成的规划道路如图 7-85 所示。

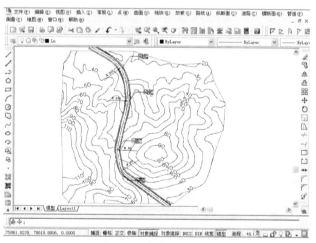

图 7-85　完成的规划道路

7.3　土方分析

在园林设计中，现状场地通常需要进行适当的平整处理，将自然起伏的场地按设计要求进行填挖平整，

处理成若干块拥有不同设计标高的地坪。在场地平整处理中，基本的原则是尽量能实现就地土方平衡。这种平衡如果通过人工计算来达成是非常麻烦的，而借助具有土方分析功能的软件产品，则可以通过土方平衡的自动计算和设计高程的相应调整来方便地实现填挖平衡。

目前，具有这方面功能的常用软件是 Civil 3D 和鸿业 CAD 系列软件的土方功能模块。这 2 个软件产品由于自身功能的差异，具有不同的优势特征。

7.3.1　土方计算原理

土方量有理论值和实际值之分。一般说来，土方理论值就是场地填挖部分的体积值，可以通过几何计算来得到；土方实际值则是土方压实后的实际体积值。Civil 3D 和鸿业土方功能模块的土方平衡计算针对的是土方理论值，其填挖体积的计算是借助体量曲面来实现的。

体量曲面也称差异曲面，提供了基准曲面和对照曲面之间的精确差异。体量曲面中任何点的 Z 值都等于对照曲面和基准曲面在该点处的 Z 值之差，因此利用体量曲面可以获得基准曲面和对照曲面之间的精确的体积值（图 7-86）。

在园林设计中，可以将原始地形曲面作为基准曲面，将按设计标高生成的设计曲面（包括平整的地坪面及其到原始地形曲面的放坡面）作为对照曲面，通过相应的体量曲面获得填挖体积值。其中，体量曲面

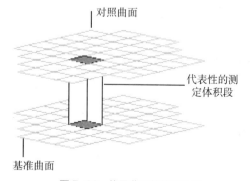

图 7-86　体量曲面的体积计算

的正体积值代表挖方量，负体积值代表填方量，净体积值为填挖方之间的差值，而体量曲面中 Z 值为 0 的点则形成了"零线"——挖方区和填方区的分界线。通过修改设计标高可以实现填挖土方的平衡。

与曲面的类型划分相类似，体量曲面也分为三角网体量曲面和栅格体量曲面两种。

7.3.2　利用 Civil 3D 进行土方分析

在 Civil 3D 中，可通过放坡功能来迅速创建设计曲面和计算体积，并通过放坡体积工具来直接查询放坡对象的填挖土方、进行土方的自动平衡。

园林土方分析的基本步骤包括：

①创建放坡组：以统一管理场地中多个彼此之间存在空间交互关系的放坡对象；

②创建设计曲面：根据初步设定的设计标高，在放坡组中利用要素线和放坡规则创建放坡曲面并填充其顶部（或底部）的平整面，逐一形成完整的设计曲面（不同设计标高的部分应形成独立的设计曲面）；

③进行土方平衡分析并对设计曲面进行相应的调整。

对于 Civil 3D 的放坡功能，有几个关键的概念需要理解：

● 放坡组：放坡组由多个彼此之间存在空间交互关系的放坡（如水池、建筑物的基台、坝体等）构成。同一组中的放坡对象（曲面）之间可以相互识别，并可自动处理空间交互关系。Civil 3D 用放坡组来管理放坡，并用场地来管理放坡组。在任何一个场地中，可以定义多个放坡组。

● 要素线：要素线是一种特殊的线性对象，可以被放坡命令识别并用作坡脚（放坡的起始边界线），也可以被曲面用作特征线。要素线可以由闭合或开放的 Pline 线、圆弧或直线转换而来，也可直接绘制。地块线也可以被用作为放坡要素线。

● 放坡规则：放坡规则是对放坡方法的指定和设置。可以预先定义多种不同的放坡方式（如按指定的坡度放坡到曲面，或者按指定的高程和偏移进行放坡），然后在放坡的过程中应用这些规则。

事实上，用户只需创建好放坡组、提供放坡的起始边界线作为放坡的要素线、设置并指定放坡规则，Civil 3D 即可自动计算生成放坡面并获得其与地形曲面之间的体积值。

下面仍利用本章第 7.1.1 节"例 7_ 地形 .dwg"中等高线生成的"DTM_ 现状"曲面，以对图 7-87 中 A 处场地的土方分析为例来进行详细的说明。该处场地的设计高程初步定为 70m。

图 7-87　场地位置示意

◆ PLAN ↙切换到平面视图，用矩形绘制 250m×100m 的平整场地边界并赋予 70m 的设计高程，放置到合适的图层上。

★注意：多段线在转换为要素线时，会自动保留已设置的高程值。因此在用多段线创建一个新的放坡前，需要先设置好它的高程。

◆〖工具空间〗>〖快捷信息浏览〗，展开图形文件的"场地"树型结构，用鼠标右键点击"放坡组"，在快捷菜单中选择"新建"（图 7-88）打开"创建放坡组"对话框，输入放坡组名称，勾选"自动创建曲面""使用编组名称"和"体积基准曲面"并指定曲面样式、镶嵌间距、镶嵌角度和基准曲面（图7-89），点击"确定"后将出现"创建曲面"对话框（图7-90），指定合适的图层并再次点击"确定"将同时创建放坡组以及与之关联的、可自动更新的设计曲面。

②镶嵌间距是沿坡脚添加补充特征线的距离，而镶嵌角度是在圆形坡脚的外部角点周围添加的补充特征线的角度间距（图7-91）。设置合适的镶嵌间距和角度可以更好地定义设计曲面。

③放坡组和关联曲面创建成功后，〖工具空间〗>〖快捷信息浏览〗中的"曲面"和"场地"结点下自动生成了相应的曲面和放坡组，同时该放坡组和关联曲面将作为当前的工作放坡组和曲面，接下来创建的放坡均将被纳入此放坡组中并加入到该曲面中。

◆【放坡】>【放坡创建工具】，打开〖放坡创建工具〗工具栏，点击〖选择规则集〗工具 并选择放坡规则集为"目标：曲面"，在放坡规则下拉列表中选择"曲面－填挖坡度"（图7-92），采用按指定的坡度放坡到基准曲面的放坡规则。

图7-88 新建放坡组

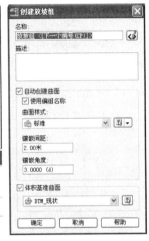

图7-89 "创建放坡组"对话框

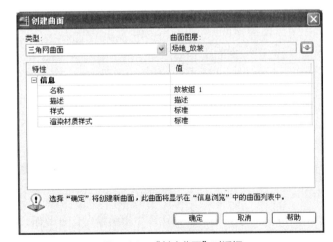

图7-90 "创建曲面"对话框

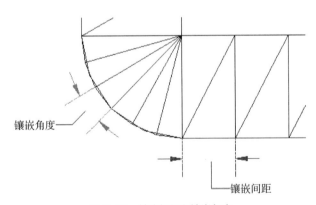

图7-91 镶嵌间距和镶嵌角度

图7-92 〖放坡创建工具〗工具栏

★注意：①创建放坡组时，必须勾选"自动创建曲面"并指定"体积基准曲面"，否则在后期分析时将无法使用 Civil 3D 的"自动升高／降低以平衡体积"工具进行自动土方平衡分析。

★注意：①在〖放坡创建工具〗工具栏的底部会显示当前放坡组和基准曲面的名称。如果图形文件中存在多个放坡组和曲面，可通过〖设置放坡组〗

工具🖱和〖设置目标曲面〗工具🖲进行选择指定。

②在园林设计中，通常使用的放坡规则是按设计坡度向现状地形曲面进行放坡。如使用 "_Civil 3D China Style.dwt" 模板文件，这种放坡规则已预定义在 "目标：曲面" 放坡规则集中，默认设置的放坡坡度为 1∶2。如需采用不同的设计坡度，可通过编辑预定义的放坡规则改变坡度设置（图 7-93）。

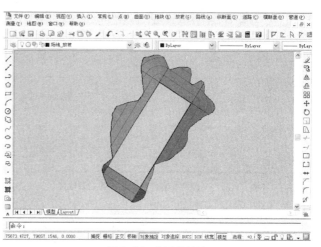

图 7-94　创建的放坡

◆ 点击〖放坡创建工具〗工具栏上的〖创建放坡〗工具🛠，在 "选择要素" 的命令行提示下选择场地边界矩形作为要素线并指定其放置图层，在 "选择放坡边" 的命令行提示下在边界矩形外部任意选点表示向外侧放坡，回车接受 "应用到整个长度"，给出或接受 "挖方坡度" 和 "填方坡度"，创建场地的放坡（图 7-94）。

◆ 点击〖放坡创建工具〗工具栏上〖创建放坡〗工具🛠旁的下拉箭头按钮▼，选择〖创建填充〗工具🏛，在平整场地的中心区域选点（此时场地边界要素线会虚显），将按 70m 的设计标高填充场地的平整面（图 7-95）。

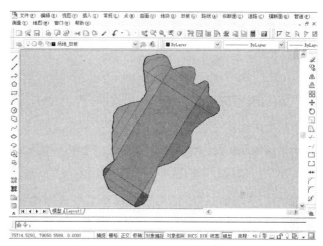

图 7-95　平整面填充

◆ 在〖放坡创建工具〗工具栏上点击〖放坡体积工具〗工具📦，打开〖放坡体积工具〗工具栏可查看

该放坡组的挖方和填方量。点击该工具栏上的〖自动升高/降低以平衡体积〗工具✅，在 "自动平衡体积" 对话框中，输入目标净值土方量为 "0"，表示希望的土方挖填量相等，点击 "确定" 后 Civil 3D 将通过迭代计算逼近目标土方量，在图形中自动更新反映新的放坡曲面，并在〖放坡体积工具〗工具栏中自动更新土方计算结果。点击〖放坡体积工具〗工具栏右侧的〖展开工具栏〗按钮✅，可通过历史记录查看自动平衡体积前后的土方变化及对自动平衡的描述（图 7-96）。可以看到，自动平衡将放坡组的高程降低了 2m，填挖方差值仅为 1.66m³，很好地实现了就地土方平衡。

图 7-93　改变放坡坡度的设置

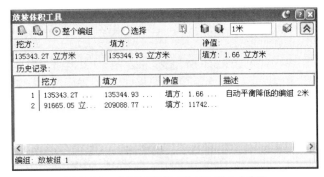

图7-96   "自动平衡体积"前后的土方变化

★注意：由于曲面的不规则性，自动平衡体积以逼近目标是一个迭代的过程。系统的目的是达到目标体积，但允许起始体积和目标体积之间存在0.1%的公差。如果必要，可重新运行命令，以更接近目标。

◆ 调整图形设置，将高程精度由0改设为2，即在小数点后保留2位。在〖放坡创建工具〗工具栏上点击〖高程编辑器〗工具，选择场地边界要素线后将出现"放坡高程编辑器"窗口，显示要素线各角点的当前高程（图7-97）。由于高程精度设置的改变，可以看到自动平衡调整的高程值并非整2米。事实上，自动平衡所升高或降低的高程常常会是一个非整数，仅可作为设计标高的参照值。点击"放坡高程编辑器"窗口中的〖升高/降低〗工具按钮，并在其右侧的高程数值框中输入取整的设计标高，回车后即可将放坡组调整到该高程上，而〖放坡体积工具〗工具栏中土方量也会发生相应的变化。如改变过大，则需要对

放坡进行进一步的编辑修改，通过改变场地的位置或改变放坡坡度等参数值来进一步平衡土方，减少土方量。放坡的修改编辑通常可以通过两种方式进行：

● 利用 AutoCAD 的编辑命令（如移动或拉伸）对放坡要素线进行编辑操作，则整个放坡组将随着原始要素线的移动而移动，并且自动更新放坡组和内嵌曲面。

● 通过参数编辑来修改放坡。可使用〖放坡创建工具〗工具栏上的〖编辑放坡〗工具用命令行方式编辑放坡参数，或使用〖放坡编辑器〗工具在表格中编辑放坡参数。

完成土方分析后，可通过两种方法获得场地平整改造后的规划地形视图（图7-98）。

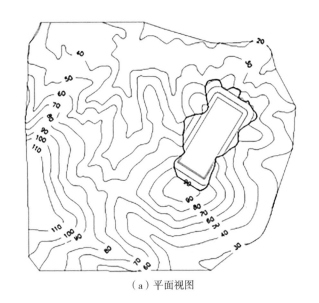

（a）平面视图

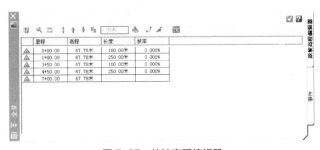

图7-97   放坡高程编辑器

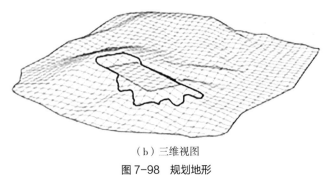

（b）三维视图

图7-98   规划地形

● 将放坡的边坡线作为虚特征线添加为地形曲面的隐藏边界。

● 将现状地形曲面复制后与放坡曲面进行粘贴,然后关闭现状地形曲面所在图层的可见性。

★注意:切勿将放坡曲面从放坡组中拆离,以便进一步编辑放坡对象时,系统能自动更新放坡曲面。

7.3.3　利用鸿业软件的土方功能进行土方分析

鸿业城市规划设计软件 HY-CPS 也整合了土方功能,故本节仍然基于 HY-CPS 8.1 版进行操作说明。

鸿业软件的土方功能主要采用网格法土方计算,其基本原理是:把要进行土方计算的区域分成若干方格,依据自然地形曲面测出各方格点的自然高程,依据设计地形曲面确定各角点的设计标高,然后求出填挖边界和各方格点的填挖数,最后计算挖填土方量。网格法土方计算适用于地形较平缓或台阶宽度较大的地段,用于计算场地平整的土方计算量较为准确。

利用 HY-CPS 进行网格法土方计算的基本步骤是:①生成自然地形曲面和设计地形曲面;②创建土方网格并进行尝试性土方计算;③通过土方优化实现土方平衡;④根据设计意图微调优化参并获得最终的土方量;⑤完善放坡设计并计算放坡土方;⑥进行土方量统计出表。

下面仍以"例 7_ 鸿业地形 .dwg"为例,说明 HY-CPS 进行土方分析的要点。

◆【地形】>【自然等高线】>【快速转化】,将图形中的自然等高线转化为软件所能识别的等高线;然后【地形】>【自然等高线】>【离散】,从转化后的自然等高线上生成离散点以构建地形曲面。

◆【土方】>【设计等高线】>【快速转化】,【土方】>【设计等高线】>【离散】,同样将图形中位于 0

层的、高程为 70 米的矩形设计场地边线转化为软件所能识别的等高线并插入离散点。

◆【土方】>【网格法土方】>【地形预处理】,HY-CPS 将自动由离散点数据构建自然地形和设计地形的三角网曲面,并自动建立"自然地形"和"设计地形"图层,将 2 个曲面分别放到相应的图层上。默认情况下这 2 个图层是关闭的,可以打开图层查看自然曲面和设计曲面(图 7-99)。如后续需要修改自然或设计地形,则应再次进行地形预处理以使修改生效。

◆【土方】>【网格法土方】>【创建土方网格】,选择设计曲面边线为网格边界,点选设计地形的

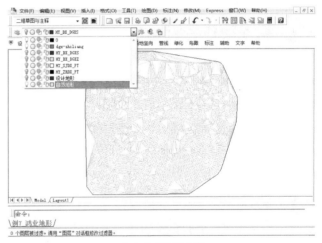

(a)自然地形曲面

(b)设计地形曲面

图 7-99　地形预处理构建自然地形和设计地形的三角网曲面

左下角点定义网格通过点，点选设计地形的左下角点和右下角点定义网格方向，在"创建土方网格"对话框中指定设计曲面为对照曲面（图7-100），由多线段创建土方网格实体：各角点标注由自然曲面和设计曲面获取的动态标高及高差，网格中央则标注土方量（图7-101），并且自动生成一系列图层以放置土方网格的各种要素。【土方】>【网格法土方】>【网格编辑】，在"土方网格"对话框的"显示"选项卡中将"边界点标注"改设为"原位标注"（图7-102），则之前缺失的部分边界角点标注全部显示（图7-103）。为保证软件运行速度并避免错误，创建土方网格前应先关闭无关的图层显示。如有多个不同标高的设计场地，可分别创建一系列设计曲面和土方网格。

　　◆【土方】>【网格法土方】>【土方优化】，可以根据最小二乘法原理，以区域内土方量最小、挖填方基本平衡为优化目标，确定一个最优设计曲面并进行土方计算，同时把计算结果返回到图面土方网格中的角点标注（设计标高及高差）和网格中央标注（土方量）。该命令将访问"土方优化"对话框并初始显示未优化土方量（图7-104a），点击"优化"进行优化计算可得最优填挖平衡方案（图7-104b），据此最优

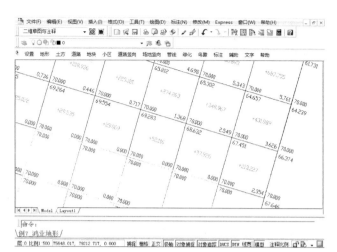

图7-101　创建土方网格

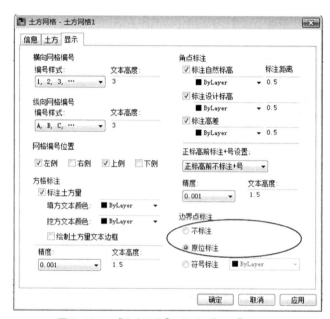

图7-102　"土方网格"对话框"显示"选项卡

平衡方案可调整优化参数获得最终的优化土方量（图7-104c）。土方优化方法有点坡度法和三点法。其中点坡度法是通过基准点、网格水平方向的坡度和网格垂直方向的坡度来确定一个优化设计曲面；三点法是通过三个指定点来确定一个优化设计曲面。

　　◆　土方优化计算完成后可以对计算结果统计出表。风景园林设计中常用的是土方汇总表和土方平衡表，前者可以对一系列场地的填挖方总量及面积等汇

图7-100　"创建土方网格"对话框

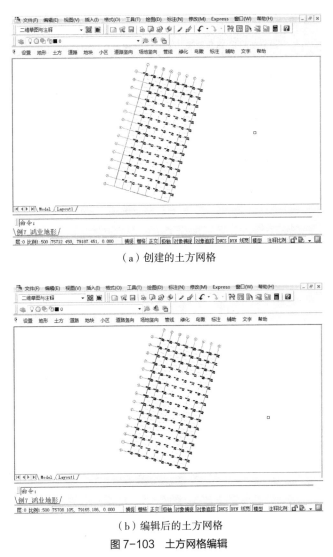

（a）创建的土方网格

（b）编辑后的土方网格

图 7-103　土方网格编辑

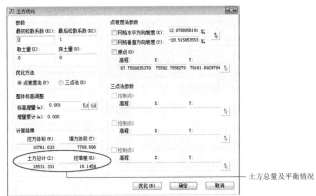

（a）未优化土方量

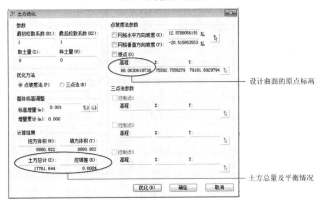

（b）最优填挖平衡方案

（c）调整优化参数后的最终方案

图 7-104　土方优化

总出表（表 7-5），后者可定制项目的分项土方平衡情况（表 7-6），可分别通过【土方】>【网格法土方】>【土方汇总表】或【土方】>【网格法土方】>【土方平衡表】获得。

◆　创建土方网格后可以通过【土方】>【网格法土方】>【从网格边界生成要素线】，在网格边界处生成一条要素线（图 7-105），并通过【土方】>【放坡】>【放坡创建工具】访问"放坡创建"工具条（图 7-106），点击目标曲面按钮 ⚒ 设定自然曲面为放坡的目标曲面，由此土方网格边界要素线向自然地形放坡

（图 7-107）。放坡完后可以点击放坡土方计算按钮 ⬛ 进行放坡的土方计算。计算完成后计算结果会自动返回到之前出的土方统计表中。

◆　最终通过【土方】>【网格法土方】>【网格三维】可以自动提取土方网格的设计标高信息形成一个三维

方格网法土方汇总表样表 　　　　表 7-5

场地名称	挖方量	填方量	净土方量	挖方面积	填方面积	边坡挖方量	边坡填方量	边坡净土方量
场地 1								
场地 2								
场地 3								
场地 4								
场地 5								

土方工程平衡表样表 　　　　表 7-6

序号	项目	土方量（m³）		说明
		填方	挖方	
1	场地平整			
2	室内地坪填土及地下建筑挖土			
3	房屋及构筑基础			
4	机械设备等基础			
5	铁路			包括路堤填土路堑挖土
6	道路			包括路堤填土路堑挖土
7	管线地沟			挖土
8	土方损益			指土壤经挖填后的损益数
9	合计			

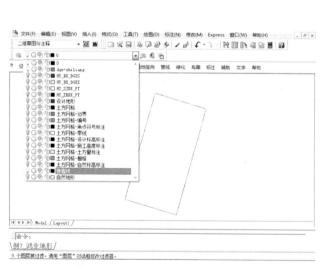

图 7-105　生成土方网格边界要素线

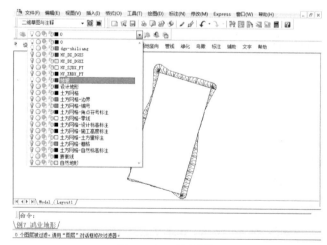

图 7-107　创建放坡

曲面，与放坡曲面一起形成土方平衡之后完整的设计曲面（图 7-108）。

图 7-106　"放坡创建"工具条

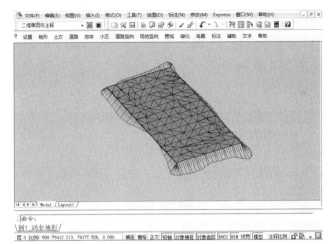

图 7-108　土方平衡之后的设计曲面

★注意：①与 Civil 3D 不同的是，HY-CPS 对于土方网格和放坡是分别处理的，土方优化计算只针对网格对象，放坡土方并不参与土方平衡过程。并且，土方网格和放坡的三维曲面无法遮罩自然地形，因此如要获得设计地形与自然地形的整合表现，需要去除放坡边界之内的自然等高线，重新生成自然地形曲面。

②"创建放坡"工具条提供了多种放坡方式，包括定高放坡、相对放坡、定距放坡、自由放坡、多级放坡、放坡到坡脚线等，可灵活设定要素线标高、填挖坡度、放坡距离、坡脚边界线等限制条件创建放坡。本例中采用的是自由放坡方式。

7.4　雨洪管理分区分析

雨洪管理是风景园林规划设计的重要实践内容，在经历了最初从建设以防洪为目的管渠工程将雨水直接排入河流，到修建大量的处理设施集中对雨水进行处理，最后到分散式处理，尽量将雨水就地解决和处理的过程之后，目前与低影响设计、海绵措施等一系列技术手段密切关联，因此其基础工作就是根据自然地形条件、按径流汇聚情况辨析流域分布，形成雨洪

管理分区，作为雨水分散式处理的基本单元，便于结合排水管网数据进行深入的低影响设计。

7.4.1　利用 Civil 3D 分析雨洪管理分区

雨洪管理分区实质上是基于数字地形模型的高程—流域综合分析，因此利用 Civil 3D 的地形分析功能可以实现。并且 Civil 3D 的地形分析过程具有较好的人机互动体验，能方便地修改分析方案并定制分析结果的展示效果。

下面以"例 7_ 流域分析 .dwg"练习文件（图 7-109）为例对 Civil 3D 的雨洪管理分区分析加以详细的说明。"例 7_ 流域分析"文件中包含了高程点标注和分析范围边界信息，分别位于"场地高程点"和"分析范围"图层上。为了避免边界处高程数据缺失导致地形模型失真，保留了边界以外的部分高程点标注。分析的基本步骤为：①创建地形曲面；②高程分析；③生成流域；④调整分析设置并添加边界遮罩以获得满意的分析结果。

◆ 新建"地形曲面"图层。在〖工具空间〗>〖快捷信息浏览〗中用鼠标右键单击"曲面"，创建"曲面 1"，设置曲面图层为"地形曲面"。展开"曲面 1"，在"定义"中用鼠标右键单击"图形对象"，选择"添加 ..."

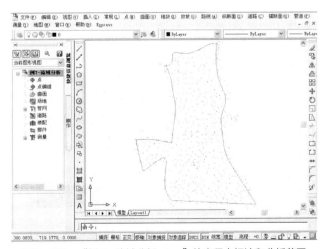

图 7-109　"例 7_ 流域分析 .dwg"的高程点标注和分析范围

访问"从图形对象添加点"对话框,对象类型选择文本,确定后选择所有数据，回车确认后即利用高程点标注生成了三角网地形曲面（即图7-110的外边线）。

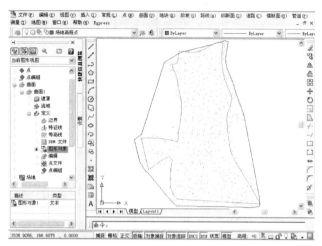

图7-110 用高程点标注生成三角网地形曲面

◆ 用鼠标右键单击"曲面1"，选择"特性…"访问"曲面特性 – 曲面1"对话框，在"分析"选项卡中选择"分析类型"为"高程"，设置"范围"中的编号数值，点击 在"范围详细信息"栏中生成高程分段信息（图7-111），可更改最大、最小高程的取值以及色彩，点击确定后生成高程分析。切换至〖工具空间〗>〖设置〗，展开"曲面"和"曲面样式"，用鼠标右键单击"标准"，选择"编辑…"访问"曲面

图7-111 高程分析设置

样式 – 标准"对话框，在"显示"选项卡中将"高程"部件设为可见（图7-112），确定后高程分析结果如图7-113所示。

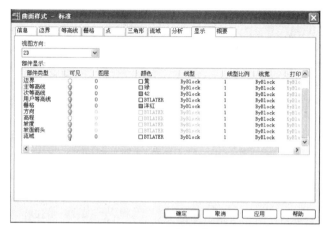

图7-112 显示"高程"部件

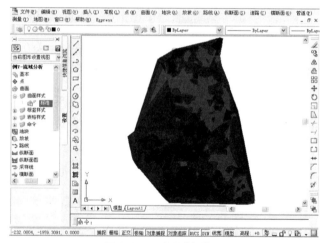

图7-113 高程分析结果

◆ 再次访问"曲面样式—标准"对话框,在"显示"选项卡（参见图7-112）中将"流域"部件也设为可见，则在高程分析图上将显示各个流域的划分边界（图7-114）。

◆ 切换至〖工具空间〗>〖快捷信息浏览〗，展开"曲面1"，在"定义"用鼠标右键单击"边界"，选择"添加…"，将分析范围边界作为虚特征线外部边界（参见图 7-41）添加至地形曲面，则边界外的分析结果被遮罩，不再显示（图 7-115）。

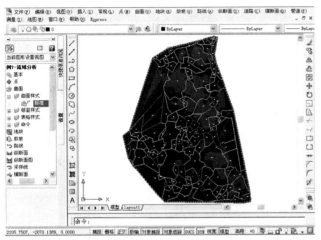

图 7-114　显示流域边界划分

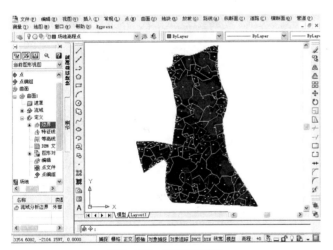

图 7-115　添加分析边界

★注意：理想情况下，各个流域中的高程分段均能明确反映地形的高低走向和径流汇聚格局。如果有部分流域中高程分段过于单一，则需要进一步调整"曲面特性"对话框中的高程分析设置，包括范围编号值和最大、最小高程值。

7.4.2　利用鸿业暴雨排水和低影响开发模拟系统分析雨洪管理分区

鸿业系列软件的常规地形功能在地形分析方面有所欠缺。但是应对目前海绵城市的建设需要，鸿业公司近年新推出了同样在 AutoCAD 环境内二次开发的暴雨排水和低影响开发模拟系统，是国内首款暴雨排水及低影响开发模拟系统，具备径流模拟和高程、流域的分析功能，可应用于未开发场地、规划（建成）小区及厂区、城市雨水管网单流域和多流域的暴雨排水及低影响开发模拟。

下面仍以"例 7_流域分析 .dwg"练习文件为例，基于鸿业暴雨排水和低影响开发模拟系统 V3.0，对其雨洪管理分区分析加以详细的说明。该软件的操作界面与 HY-CPS 相似，同样将自身的功能全部集中于单独的菜单行，并默认放置于 AutoCAD 工具条的下方（图 7-116）。不过，该软件的菜单分为三维管线软件菜单和暴雨模拟软件菜单两个部分，初次运行时的默认菜单为三维管线菜单，可以通过【帮助】>【进入暴雨模拟软件】切换到暴雨模拟软件菜单环境中。

◆ 通过【原地形】>【标高点】>【从图形对象添加点】访问"地形识别"对话框，勾选"自动添加

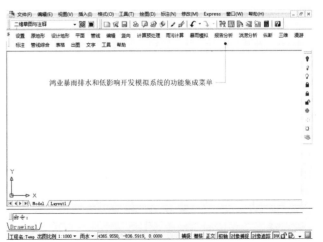

图 7-116　鸿业暴雨排水和低影响开发模拟系统操作界面

到曲面"，先选取一个点数据以确定数据所在图层，然后选择全部数据，回车后生成地形曲面。该地形曲面将被自动放置在系统自动生成的"自然地形曲面"图层（图 7-117）。

◆ 打开"分析范围"图层，点击【原地形】>【添加边界】，选择分析范围边界，遮罩边界外的地形（图 7-118）。

◆ 新建"高程分析"图层并置为当前图层，关闭"自然地形曲面"图层后，点击【原地形】>【高程分析】访问"高程分析设置"对话框，设置高程范围数量和颜色方案（图 7-119），点击绘制后生成高程分

析结果，并点击空白区域放置高程表（图 7-120）。高程分析结果和高程表均位于当前图层"高程分析"上，高程表可缩放至适当的大小。

◆ 点击【洪涝分析】>【显示流域划分边界】进行流域划分（图 7-121）。

◆ 根据流域划分的结果可以看出，相当多的流域边界内并不能清晰解读地形的变化，所以应重新进行以上两步操作，针对分布面积较大的高程区域，进一步缩小最小高程和最大高程的间距，或细分增加范围数量，从而得到更为清晰的高程图（图 7-122）。

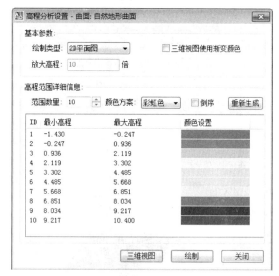

图 7-119　"高程分析设置"对话框

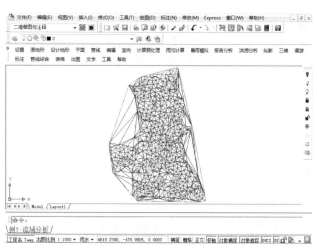

图 7-117　生成地形曲面

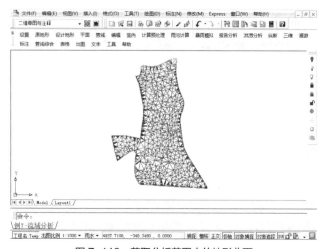

图 7-118　获取分析范围内的地形曲面

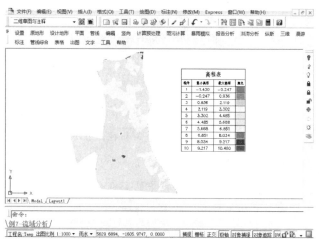

图 7-120　高程分析结果

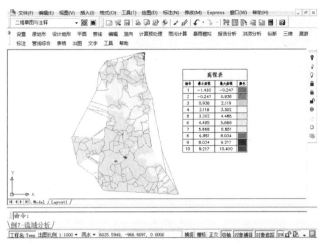

图 7-121　流域划分

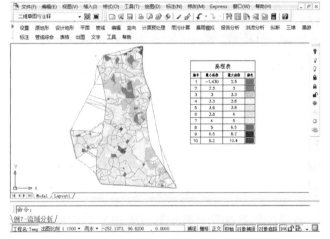

图 7-122　分析调整

★注意：①鸿业暴雨排水和低影响开发模拟系统的边界遮罩只作用于三角网地形曲面，无法遮罩高程分析和流域分析结果，因此必须在分析前先添加边界。

②由于算法差异，相较于 Civil 3D，鸿业暴雨排水和低影响开发模拟系统的初次分析结果往往不太理想，需要反复、仔细调整高程分析设置，才能获得较为理想的分析结果。

习题

1. 利用"例 7_ 地形 .dwg""例 7_ 鸿业地形 .dwg"和"例 7_ 流域分析 .dwg"进行操作实践，以掌握本章介绍的分析技术要领。

2. 结合自己的规划设计实践用 Civil 3D 和鸿业系列软件进行地形分析、土方分析和雨洪管理分区分析，以优化方案。

第8章　空间地理分析和场地环境分析

风景园林规划设计的分析工作，除了利用数字地形模型分析地形条件之外，还需要考虑要素对象的空间位置关系是否合理。在宏观的规划尺度，这种空间位置关系主要体现在地理分布上，可借助 GIS 软件进行地理分析；在微观的场地设计尺度，这种空间位置关系则体现为场地上各种景观要素构成的微环境，可借助场地模型开展各种微环境分析，如日照、风等微气候条件分析。分析结果可为方案决策提供科学的依据。

8.1　空间地理分析

风景园林规划方案的空间地理分析，严格意义上属于 GIS 技术范畴，因此本教材仅对 Map 3D 辅助空间地理分析进行简单的介绍。在风景园林规划中，使用 Map 3D 通常可完成三类地理分析工作：

● 路线分析：在风景园林规划设计中，进行路线分析主要是为了验证规划路线组织的合理性。如在路网中寻找出尽可能短的连接两个重要景点的路线作为主要的交通干线或寻找出能顺次通过若干个景点的游线走向以组织游线，借助路网求取某一风景旅游地按实际小时圈划分的旅游市场分布情况或求取某一服务设置的距离服务半径，等等。这类分析均可通过创建

Map 的网络拓扑，并使用【地图】>【拓扑】>【网络分析】菜单项访问"网络拓扑分析"对话框，利用 Map 的最短路径、最佳路径或连通跟踪分析功能来进行（图 8-1）。

● 土地利用适宜性分析：土地利用适宜性分析是指在针对各种用地评价因子（如坡度、土壤类型等）进行的用地适宜性分析的基础上进一步开展的叠加分析。在 Map 3D 中，这类分析可以采用与用地规划相类似的方法，利用单因子评价后得到的各种适宜性不同的用地边界创建多边形拓扑，并使用各个单因子评价值作为指标值对每个多边形进行注释，然后通过提取属性并加以统计分析，获得最终的分析结果；也可以利用每一单因子评价后得到的各种适宜性不同的用地边界创建多个多边形拓扑，然后使用【地图】>【拓扑】>【覆盖】菜单项访问"拓扑覆盖分析"对话框，采用"交集"分析类型（图 8-2）对这些多边形拓扑依次进行两两叠加，获得最终的分析结果。

● 缓冲区分析：缓冲区是路线或用地边界设置的保护区，也可在某一地点（如保护性景点）周围设置。在 Map 3D 中，可以使用【地图】>【拓扑】>【缓冲区】菜单项在节点拓扑、网络拓扑或多边形拓扑的元素周围按指定的偏移距离对缓冲区范围进行标识。

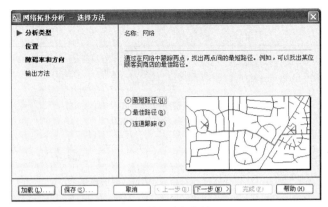

（a）最短路径分析

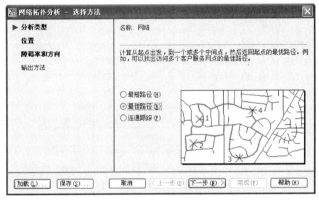

（b）最佳路径分析

（c）连通跟踪分析

图 8-1　网络拓扑分析

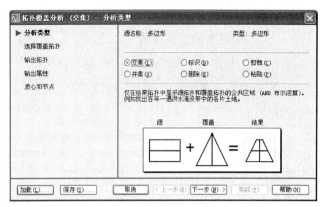

图 8-2　拓扑交集分析

条件，适地布置活动功能和种植品种，既可获得宜人的场地空间提升使用率，又可充分利用不同习性的植物种类以最少的养护获得健康的植物景观。随着立体绿化技术的发展，建筑物外表面的日照分析也越来越重要。

8.2.1　工作原理及相关软件比较

日照分析计算的基本原理是在场地和建筑建模的基础上，模拟太阳的照射场景，即通过分析建筑所在的地点以及节气、时间条件，确定纬度、赤纬❶、时差、

---

❶ 赤纬（英文 Declination；缩写为 Dec；符号为 δ）是天文学中赤道坐标系统中的两个坐标数据之一，另一个坐标数据是赤经。赤纬与地球上的纬度相似，是纬度在天球上的投影。从天赤道沿着天体的时圈至天体的角度称为该天体的赤纬。赤纬的单位是度，更小的单位是"角分"和"角秒"。以天赤道为赤纬 0°，天北半球的赤纬度数为正数，天南半球的赤纬的度数为负数，天北极为 +90°，天南极为 -90°。值得注意的是正号也必须标明。太阳的赤纬等于太阳入射光与地球赤道之间的角度，由于地球自转轴与公转平面之间的角度基本不变，因此太阳的赤纬随季节不同而周期性变化，变化范围在 - 23°27′ ~ +23°27′ 之间，变化的周期等于地球的公转周期，即一年。

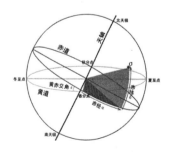

8.2　日照分析

风景园林设计中对场地环境的分析至关重要。其中，场地的日照条件不仅影响到人的活动，还对植物的生长条件有着决定性作用。根据场地的日照

时角等参数，以基本计算公式进行太阳位置计算（参见表 8-1），获得太阳的高度角、太阳方位角等数值，然后根据投影原理（参见图 8-3），通过计算公式（8-1）计算阴影轮廓，或者用光线返回法判断某个时间点是否被遮挡。

太阳位置计算公式 ❶　　表 8-1

	计算公式	注释
1 2	$\sin h=\sin\phi\sin\delta+\cos\phi\cos\delta\cos t$ $\cos A=(\sin h\sin\phi-\sin\delta)/$ $(\cos h\cos\phi)$	太阳方位角和高度角计算公式 $-90°\leqslant h\leqslant 90°$ $-180°\leqslant A\leqslant 180°$ 或 $0°\leqslant A\leqslant 360°$ $-180°\leqslant t\leqslant 180°$ 或 $0°\leqslant t\leqslant 360°$
3	$\sin h_0=\cos(\phi-\delta)$	太阳正午高度角计算公式 当 $A=0$，$t=0$（正午 12 时太阳高度角）
4	$h_0=90°-(\phi-\delta)$	$\phi>\delta$
5	$h_0=90°-(\delta-\phi)$	$\delta>\phi$
6	$h_0=90°-\phi$	$\phi>\delta$ 春秋分正午
7	$h_0=90°+\phi$	$\delta>\phi$ 春秋分正午

---

❶ 摘自《建筑设计资料集》第二版第 9 章。公式中的术语与代号参见下表。

名称	代号	单位	说明
太阳位置			根据日地相对运动，从地球上观测太阳在天空中的运行轨迹。太阳位置由高度角 h 和方位角 A 决定
高度角	h	度	直射阳光与水平面夹角
方位角	A	度	直射阳光与水平投影和正南方位的夹角，正南为 0°，午前为负值
纬度	ϕ	度	日照分析地点的纬度
赤纬	δ	度	太阳光线垂直照射的地点与地球赤道所夹的圆心角。赤纬值每日每时在变化。全年变化范围为 +23°27′ 与 -23°27′
北京时间		时	东经 120° 时的平太阳时，中国的标准时
真太阳时		时	太阳连续两次经过当地观测点的上中天（当地正午 12 时）的时间间隔为 1 真太阳日，1 真太阳日分为 24 真太阳时
时差		时	真太阳与平太阳日在一天的时间差
平太阳时		时	理论上假设的"太阳"（平太阳）以均匀的转速在天球赤道上运行，两次经过观测点上中天的时间间隔为 1 平太阳日，一平太阳日分为 24 平太阳时

注：太阳位置计算采用真太阳时。真太阳时也称为视太阳时，简称视时。真太阳时是以真太阳视圆面中心的时角来计量的，它的起算点是真太阳上中天，而我们日常生活中，习惯的起算点是半夜（下中天），正好相差 12 小时。

续表

	计算公式	注释
8 9	$\cos A_0=-\sin\delta/\cos\phi$ $\cos t_0=-\text{tg}\phi\text{tg}\delta$	太阳日出日落方位角计算公式 负值为日出方位角 / 时角（$h=0$） 正值为日落方位角 / 时角
10	$t=15°(n-12)$	时角计算公式 n 为时间（12 时制）
11	$\delta=23.45°((N-80.25)(1-N/9500))$	赤纬近似计算公式 N 为从元旦到计算日的总天数
12	真太阳时＝北京时间+时差-（120°- 当地经度）/15°	真太阳时北京时换算公式

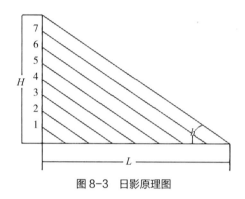

图 8-3　日影原理图

$$L=H\cdot\cot h \qquad (8-1)$$

式中　H——竿高，即产生投影的"主体"建筑物的高度；

　　　L——影长；

　　　h——太阳高度角。

日照分析的目的和结果的呈现方式，则应具体学科专业的差异而不同。例如城乡规划学进行日照分析，是为了探求合理的宅间距，关心的是日照时长；建筑学进行日照分析，是为了分析室内采光、探求最佳的开窗方式，关心的是日照角度和阴影情况；建筑物理学进行日照分析，则是出于被动式节能的考虑，关心的是辐射热情况。而风景园林专业进行日照分析，在场地的尺度上，是为了合理排布活动空间、适地适树；在单体建筑尺度上，则是为了解析建筑外表面的日照条件以筛选适宜的立体绿化品种。因此，无论是从人体舒适度的角度，还是从植物生长条件的角度，都需要综合考虑阴影分布、日照时长和辐射情况。

风景园林规划设计常用软件的日照分析功能比较　　　　　　　　　　　　　　　　　　　　　表 8-2

	SketchUp	Lumion	Ecotect Analysis	HYSUN
功能	场地阴影显示	场地阴影显示	可视化投影遮挡分析、日轨图遮挡分析、太阳辐射分析、遮阳及遮挡的优化和设计、采光权分析	遮挡分析、窗户日照分析、点面分析
分析时间	实时	实时	较长	较长
精确性	一般	一般	较精确	较精确

在风景园林规划设计的常用软件中，三维建模软件如 SketchUp、Lumion 等都具备场地阴影展示的功能，能够实时展示设定方位、特定时间的场地阴影；鸿业日照分析软件 HYSUN 和生态建筑大师 Ecotect Analysis 在阴影展示之外，还提供了更为复杂的日照分析功能（参见表 8-2）。鸿业日照分析软件 HYSUN 基于 CAD 平台，可方便地建构场地和建筑模型，快速获得地面、建筑立面等平整面上的阴影和日照时长。Ecotect Analysis 的建模功能相对弱，但便于获得复杂表面上的阴影、日照时长和辐射情况。因此，HYSUN 更适合进行场地尺度的日照分析，而 Ecotect Analysis 通常结合建筑设计中使用、适合针对外观复杂的建筑单体开展日照分析。

8.2.2　利用鸿业日照分析软件分析场地日照条件

HYSUN 的操作界面（图 8-4）将自身的功能全部集中于单独的菜单行，用户可通过菜单选项配合鼠标进行使用操作，分析结果则在左侧的日照数据选项板集中列示调用。日照数据选项板可以通过【工具】>【数据面板】调出。

下面基于 HYSUN V7.0，以"例 8_ 鸿业日照分析 .dwg"练习文件（图 8-5）为例，对鸿业日照分析软件的操作使用加以详细的说明。"例 8_ 鸿业日照分析"文件中包含了在 AutoCAD 中创建的设计场地上的建筑与树木三维实体模型，分别位于"building"和"tree"图层上。分析的基本步骤为：①设置日照分析

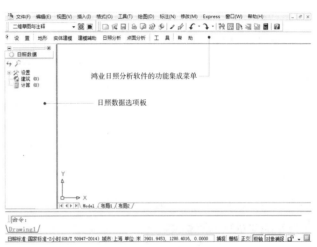

图 8-4　HYSUN 的操作界面

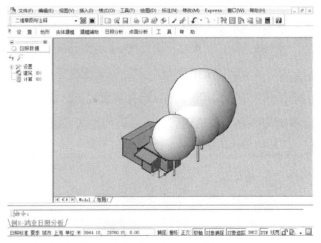

图 8-5　"例 8_ 鸿业日照分析 .dwg"的三维实体模型

的标准和参数；②将 CAD 的三维实体模型转为日照遮挡物；③进行场地的阴影、日照时长分析。

◆【设置】>【日照参数】可访问"日照分析标准"对话框，或参考城市所处的建筑气候分区、从现行标准中选择日照分析标准，或根据案例分析的需要、自

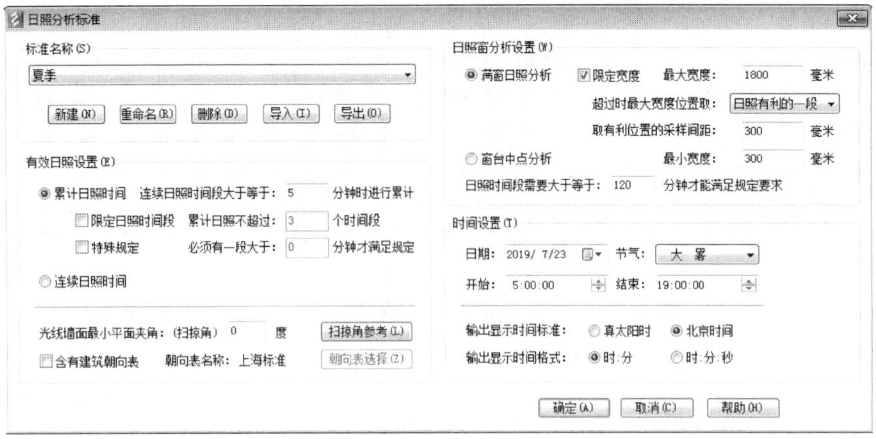

（a）"日照分析标准"对话框　　　　　（b）"系统参数"对话框

图8-6　日照分析标准和参数设置

行设置有效日照和时间等参数（图8-6a）。【设置】>
【系统参数】可访问"系统参数"对话框，选择分析所
采用的日照分析标准、分析案例所处的城市以及绘图
单位和图面方向（图8-6b）。

◆【实体建模】>【转为建筑】，将 CAD 的三维
实体模型从其他图层转到软件自行生成的日照分析用
建筑物图层"HY_JZW"，作为普通遮挡物（图8-7）。

◆ PLAN↙切换至平面视图。【点面分析】>【阴
影分析】可访问"阴影分析"对话框（图8-8），设置
当前日照分析所采用的时间、计算高度和计算精度（即
计算时间间隔）并确定后，选择遮挡物即可绘制各时

刻的阴影轮廓线（图8-9）。【点面分析】>【沿面分
析】可访问"沿面分析"对话框（图8-10），设置输
出结果形式、计算参数（计算高度和网格间距）、分析
类型并确定后，点选遮挡物并框选矩形分析边界，即
可得到分析平面上的日照时数分布（图8-11）。每次
分析都在左侧的日照数据选项板中列示，可点击查看
（图8-12）。

★注意：分析计算速度与计算精度的设置有关，
也与模型在坐标系中的位置有关。在既定的计算精
度下，可以适当调整模型在坐标系中的位置，提高
计算效率，模型距离坐标系越近，计算速度越快。

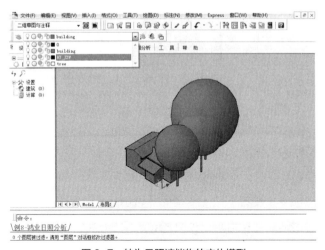

图8-7　转为日照遮挡物的实体模型

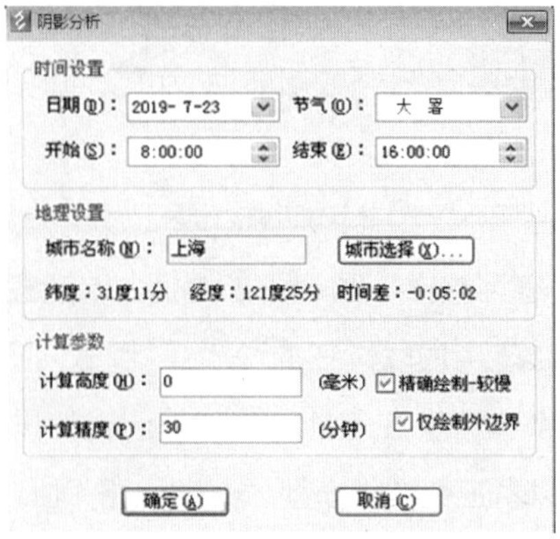

图8-8　"阴影分析"对话框

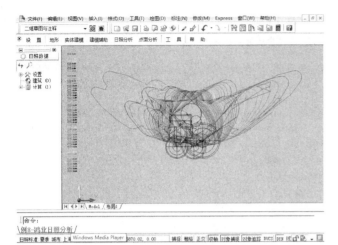

图 8-9　分析得到的各时刻阴影轮廓线

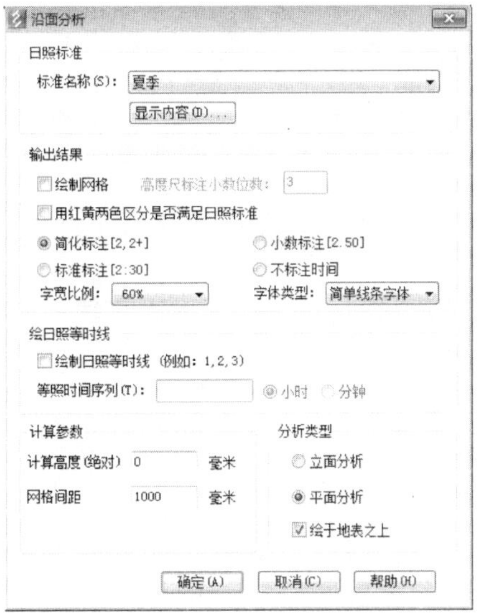

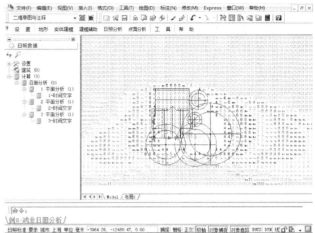

图 8-12　日照数据选项板中列示的分析结果

8.2.3　利用 Ecotect Analysis 分析建筑外表面日照条件

Ecotect Analysis 的默认操作界面主要由主菜单、主工具条、区域 / 指针工具条、捕捉工具条、页面选择器、控制面板选择器、查看工具条、状态栏及绘图区组成（图 8-13）。

图 8-10　"沿面分析"对话框

图 8-13　Ecotect Analysis 的默认操作界面

Ecotect Analysis 自身拥有建模和模型编辑调整的功能，但更多的是导入 AutoCAD 或 SketchUp 中创建的模型进行分析。其中，AutoCAD 中创建或合并的单个实体可输出为 .stl 格式的文件导入 Ecotect

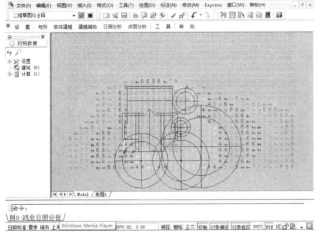

图 8-11　分析得到的日照时数分布

Analysis，SketchUp 中创建的模型可直接导出为 .dxf 或 .obj 格式的 3D 模型在 Ecotect Analysis 中导入。

下面基于 Autodesk Ecotect Analysis 2011，利用"例 8_ 鸿业日照分析 .dwg"文件中导出的"building.stl"建筑模型与"trees.stl"树木模型，分析场地的阴影情况以及树木对建筑屋面的日照遮挡。分析步骤为：①设置地点、气象参数和图形单位；②建立或导入三维模型；③分析场地阴影；④分析建筑屋面的日照时长。

◆ 在页面选择器中点击 PROJECT，在出现的 Site Location 面板中点击"Find"访问"Location Tool"对话框，在地名栏输入"shanghai"并双击地名列表中出现的"SHANGHAI CHINA"，则 Site Location 面板中的经纬度相应改变（图 8-14）。点击区域 / 指针工具条中的 图标，从下拉列表中可选择春分 / 夏至 / 秋分 / 冬至等特定节气作为分析日期，或是设置指定具体的分析日期；点选"Load Weather File..." 可 访 问"Load Climate Data File" 对 话框加载本地气象数据（图 8-15）。【File】>【User Preferences】访问"User Preferences"对话框，在"Localisation"选项卡中设置图形单位为毫米（图 8-16）。

◆【 File 】>【 Import 】>【 3D CAD Geometry... 】访问"Import Geometry..."对话框（图 8-17），选择文件类型为 .STL，依次导入"building.stl"和"trees.stl"文件。注意勾选"Remove Duplicate

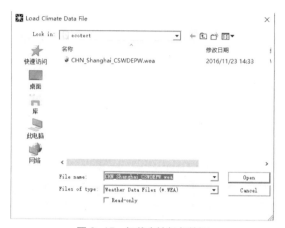

图 8-15　加载本地气象数据

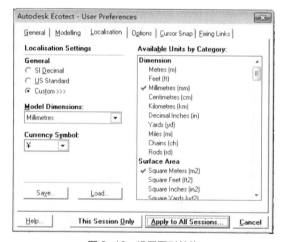

图 8-16　设置图形单位

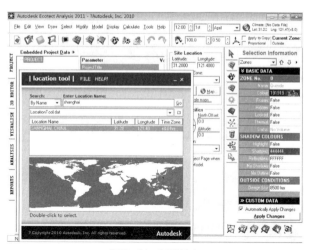

图 8-14　设置地点

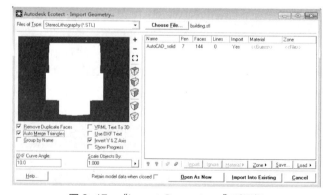

图 8-17　"Import Geometry..."对话框

Faces"和"Auto Merge Triangles"确保导入模型的单一完整性，勾选"Invert Y & Z Axis"匹配坐标系，点击"Import Into Existings"后，被导入的建筑和树木模型将被自动置于名为"building.stl"和"trees.stl"的 Zone（类似 AutoCAD 的图层，可点选控制面板选择器的 ✎ 按钮在"Zone Management"面板中查看）中（图 8-18）。

◆ 在页面选择器中点击进入 VISUALISE 显示渲染效果，在控制面板选择器中点选 ✎ 按钮，在"Display Settings"面板中点击 Plan View 工具 ✎ 切换至平面视图（图 8-19），点选 ✎ 按钮在"Shadow Settings"面板中的"Shadow Range"中设置分析起讫时间和分析时间间隔 Step，点击"Show Shadow Range"按钮可在绘图区获得阴影分析结果。图 8-20 是冬至日 8：00 至 16：00 的阴影分析结果，分析时间间隔为 40 分钟。

◆ 在"Zone Management"面板中关闭树木所在的图层"trees.stl"Zone，在"Display Settings"面板中点击 ✎ 回到透视图。点击 ✎ 按钮访问"Analysis Grid"面板，点击"Display Analysis Grid"按钮显示分析网格（图 8-21），利用下拉条下拉至"2D Slice Position"，勾选"Snap To Cell Boundary"并

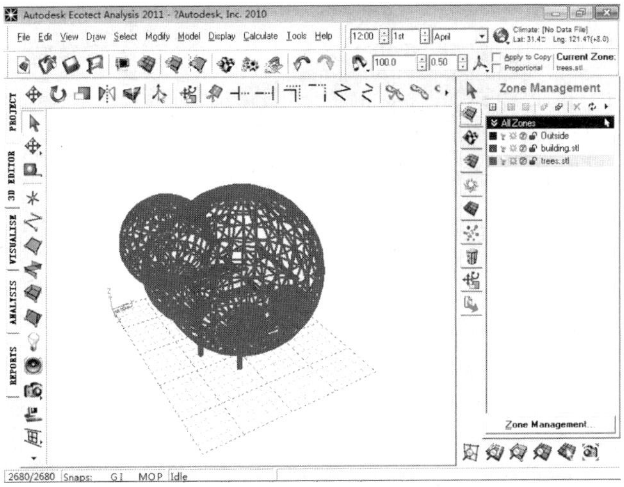

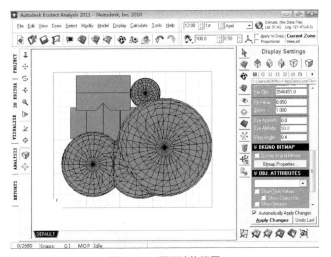

图 8-18　导入"building.stl"和"trees.stl"模型文件

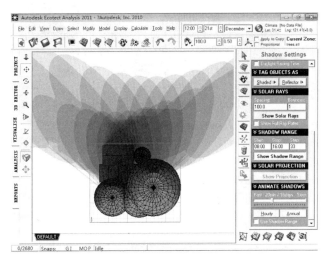

图 8-20　阴影分析结果

图 8-19　平面渲染视图

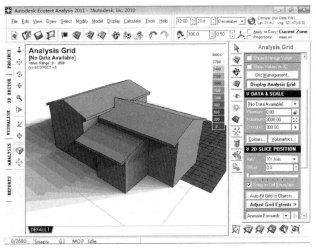

图 8-21　显示分析网格

Offset 分析网格至屋面以上（图 8-22），点击"Autofit Grid To Objects"访问"Fit Grid Extents"对话框并选择"3D Form Fit"（图 8-23），点击 OK 使得分析网格与建筑屋面的形状拟合，然后重新 Offset 调整网格至贴近屋面的高度（图 8-24）。切换至顶视图，打开树木所在的图层，在"Shadow Settings"面板中再次点击"Display Shadows"关闭阴影，在"Analysis Grid"面板中下拉至"Calculations"，选择"Insolation Levels"并执行"Perform Calculation..."，待分析计算完成后，在"solar access analysis"分析向导中设置日照分析类型等分析参数（参见图 8-25），点击按钮在"Visualization Settings"面板中的"Surface Display"去除"Display Surface"的勾选，去除树木对屋顶的遮挡，最终获得屋面的日照时数如图 8-26 所示。

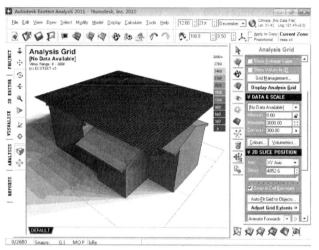

图 8-22　抬升分析网格至屋面以上

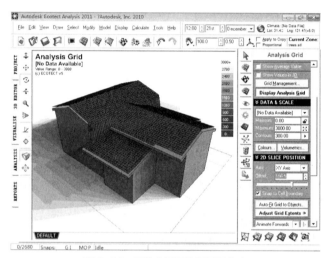

图 8-24　调整分析网格至屋面高度

图 8-23　"Fit Grid Extents"对话框

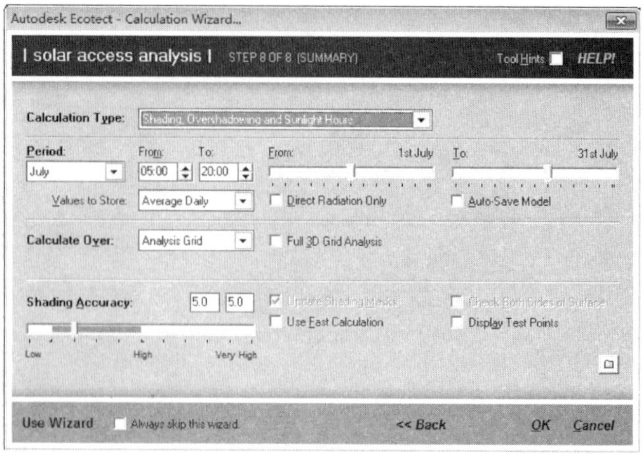

图 8-25　分析参数设置

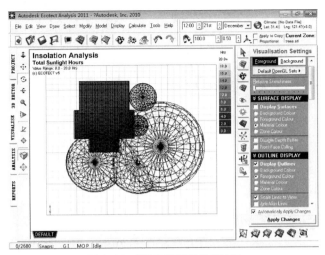

图 8-26　屋面日照时数分析结果

习题

1. 利用"例 8_ 鸿业日照分析 .dwg""building.stl"和"trees.stl"进行操作实践，以掌握本章介绍的分析技术要领。

2. 结合自己的规划设计实践用鸿业日照分析软件和 Ecotect Analysis 进行场地和建筑表面的日照分析，尝试完成阴影分析、日照时数分析和辐射强度分析。

第9章 方案表现与演示

风景园林规划设计的方案通常以图纸形式加以表现。此外，为了更为直观地进行方案展示，凸显方案的特色和亮点，有时还需要对方案进行多媒体演示。

9.1 图形表现

方案的表现图纸一般包括平面效果图、各类分析图和三维效果图。

9.1.1 平面效果图的制作

在风景园林规划设计中，平面效果图通常是在AutoCAD平面图的基础上进行色彩渲染得到的。一般采用两种方法：一是在AutoCAD中直接使用SOLID单色填充或渐变色填充添加色彩渲染；二是将AutoCAD平面图导入Photoshop软件进行渲染操作。在AutoCAD中直接进行色彩渲染虽然较为简便，但由于AutoCAD缺少色彩调整手段难以表现细微的色差，并且通过图案填充获得大量带色图块后，图形文件将变得庞大而系统运行速度将明显变慢；此外，园林设计的平面渲染对象通常是面积较大的绿化、水体、建筑小品和户外场地的铺地等，单纯的色彩渲染效果往往过于平淡，有必要借助一些现有的图形素材来生成材质，产生丰富的质感和肌理表现。因此，常用的平面效果图制作方法是将AutoCAD的平面图形通过虚拟打印转换成光栅图像文件，到Photoshop中进行色彩渲染和材质填充。

基本的工作步骤包括：①将AutoCAD平面图分图层转换成光栅图像文件；②在Photoshop中分次导入各图层的光栅图像文件并进行分层渲染。

下面以"例9_平面.dwg"的居住小区中E处场地及其周边绿化（图9-1）的表现为例来加以说明。

◆ 在AutoCAD中，【文件】>【绘图仪管理器】添加用于光栅图形文件转换的打印配置文件。通常采用"TIFF Version6（非压缩）"格式类型 ❶，并根据打印图纸的实际尺寸和打印的精度要求进行换算后指定以像素衡量的图纸尺寸（参见第10章第10.5.1节）。一般对于需打印输出图纸的平面效果图来说，按照150dpi的打印精度要求，A1图纸尺寸需达到5400×3600像素。

◆ 将"例9_平面.dwg"中"铺地"和"绿化"图层上的图形对象分别使用"TIFF Version6（非压缩）"打印机配置文件打印输出成"铺地.tif""绿化.tif"光栅图像文件备用。

◆ 在Photoshop中打开"铺地.tif"文件，使用LZW压缩方式另存为"环境.tif"文件。

---

❶ TIFF（Tagged Image File Format）文件是一种RGB图像格式，能高质量地保存24位真彩色图像，最大的优点是可移植性好，因此在应用软件之间交换文件时被普遍使用。TIFF文件可以保存Photoshop中的通道、图层等信息，并允许使用Photoshop中的所有复杂工具和滤镜操作。由于它有一个比其他图像格式大得多的文件头，因此占用的存储空间也比其他格式的图像文件大。但它支持LZW这一无损压缩方式（可在Photoshop中进行压缩），对TIFF图像质量的损失很少，可大大减小其文件量。

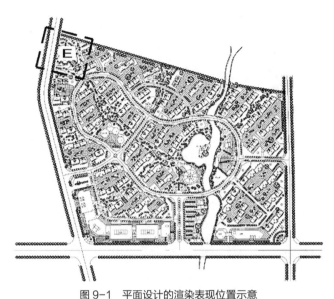

图 9-1　平面设计的渲染表现位置示意

◆ 在 Photoshop 中打开 "例 9_gr.jpg" 图形素材文件（图 9-2），使用矩形选择工具选取图中右下角部分色块，利用【Edit】>【Define Pattern】将其命名为 "Hatch" 图案。

图 9-2　铺地图形素材文件

◆ 切换到 "环境 .tif" 文件，用魔棒选中外圈铺地，利用【Edit】>【Fill】使用新定义的 "铺地" 图案进行填充，并调整满意的色调和明暗（图 9-3）。

◆ 使用椭圆形选择工具选取图 9-2 图形素材文件中央的图案，将其拖放到 "环境 .tif" 文件中，利用【Edit】>【Free Transform】进行自由变形，将该图案与内圈铺地较好地吻合，并调整满意的色调和明暗（图 9-4）。

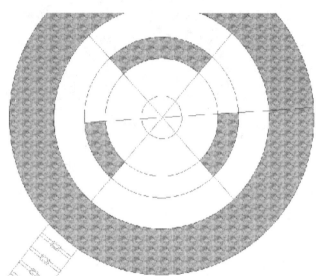

图 9-3　填充外圈铺地

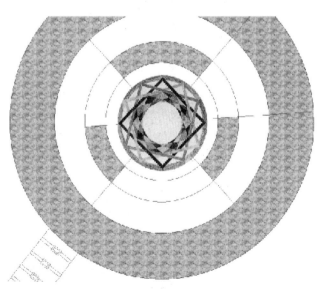

图 9-4　将素材运用于设计的铺地中

◆ 在 Photoshop 中选择打开"例 9_me.jpg"图形素材文件（图 9-5），使用矩形选择工具选取图中色调较自然的部分，利用【Edit】>【Define Pattern】将其命名为"草地"图案。

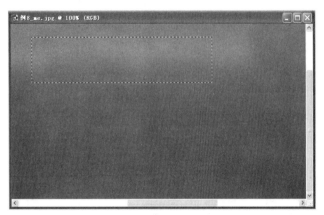

图 9-5　草地图形素材文件

◆ 切换到"环境 .tif"文件，用魔棒选中草地部分，利用【Edit】>【Fill】使用新定义的"草地"图案进行填充，并调整满意的色调和明暗（图 9-6）。

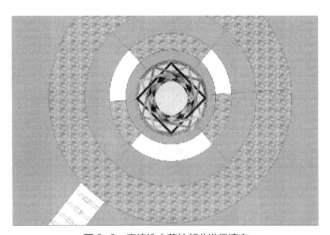

图 9-6　魔棒选中草地部分进行填充

◆ 在 Photoshop 中打开"绿化 .tif"文件（应先行压缩），按住 Shift 键将其插入"环境 .tif"，并将该图层的合成方式设为"Darken"，使树木透明地叠放到已渲染完毕的场地上（图 9-7）。

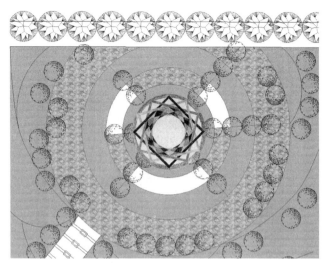

图 9-7　叠加树层

◆ 在 Photoshop 中打开"例 9_tr.jpg"图形素材文件（图 9-8），使用椭圆形选择工具选取树冠部分，将其拖放到"环境 .tif"文件中，利用【Edit】>【Free Transform】将其与图中的树木较好地匹配，并调整满意的色调和明暗，然后移动、复制到场地内每棵树的位置。用同样的方法添加行道树的材质（图 9-9）。

◆ 对渲染过程中形成的新图层进行合并整理，并对树木所在层的"Blending Options"进行设置，利用"Drop Shadow"添加阴影（图 9-10），即可完成该场地设计的平面渲染。

图 9-8　树木图形素材文件

图 9-9　添加平面树的效果

图 9-10　添加平面树的阴影

★注意：①在 AutoCAD 中分图层打印输出平面图形时，应在同一布局中通过当前视口图层的冻结或解冻控制来反复进行，以确保输出的所有光栅图像文件能够在 Photoshop 中准确地重新对位。

②在 Photoshop 中导入各图层的光栅图像文件时需注意各图层的叠放顺序，一般道路、基础绿化（如草坪）、河流等图层应置于底层，树木、建筑等

图层应置于顶层，从而使平面层次更真实清晰。

③图形素材文件可以是专门的素材文件，也可以是任何与图案、色彩有关的照片。渲染效果在很大程度上取决于素材的丰富与合适，因此平时应注意这方面的积累。

④在 Photoshop 操作过程中会自动形成大量的新图层，应随时注意整理、合并和命名。关于 Photoshop 的操作技巧，有兴趣的读者可参考专门的参考书。

9.1.2　分析图的制作

风景园林规划设计的分析图可分为两大类：一类是针对方案本身展开分析以反映、强化设计者的立意与构思，综合体现设计方案的优点与特色，如功能结构分析图、交通组织分析图、景观结构分析图、绿地结构分析图等；另一类是针对现状情况进行分析以体现方案的推理和决策过程，诠释方案的合理性，如土地利用适宜性分析图等。前一类分析图一般是在 AutoCAD 的平面方案基础上加入分析元素，必要时再通过 Photoshop 进行后期处理制作而成；后一类分析图则通常可通过软件分析（可参见本书第 7 章和第 8 章）直接获得。本节将对前一类分析图的绘制制作方法进行简要的介绍。

通过绘制得到的分析图，通常需要对方案的平面图进行灰化处理，使之成为灰色系的底图，以突出图面上的分析符号，从而充分反映分析意图。这种底图的灰化处理既可以通过将分析内容绘制于单独的图层上、然后在最终打印输出时将平面图的相关图层的打印色设为灰色来实现，也可以将平面图先打印输出成灰度图、然后作为光栅图像参照（参见第 10 章第 10.4.1 节）到分析图中作为底图来实现。建议采取第二种办法，既可减小工作文件，又可在分析图的绘制

过程中更直观地把握图面效果。

因此，分析图绘制的基本步骤包括：①对规划设计方案的平面图进行处理以获得分析底图；②在 AutoCAD 中绘制具体的分析内容；③如果必要，使用 Photoshop 进一步处理强化表现效果。具体方法是：

◆ 分析底图的制作

在 AutoCAD 中新建一个图形文件用于绘制分析图，将规划设计方案的平面图打印输出成灰度光栅图像并在该文件中进行参照，则平面图中的所有图形内容可在新文件中显示，成为灰色系的分析底图。

◆ 分析内容的绘制

在"图层特性管理器"中新建分析用图层并将其设置为当前图层，然后使用 CAD 命令绘制所需的分析符号和图例。分析符号既可以直接使用带宽度的多段线绘制有色彩填充的符号，也可先绘制符号的边框再进行 SOLID 单色填充或渐变色填充以获得带边框的符号（可参见第 2 章第 2.1.4 节的表 2-6）；图例绘制时需要注意准确的对位关系，既可在"正交"模式下通过图例复制和修改来实现，也可使用 ARRAY（AR）阵列命令，必要的话还可使用坐标过滤器来进行对位。将要使用不同色彩或线宽打印输出的符号，应放置在不同的分析用图层上。如果希望到 Photoshop 中进行渲染处理，则只需绘制符号的边框即可。

◆ 表现效果的强化

使用 Photoshop 进行分析图处理，与其分层渲染平面图的原理是一样的。需要注意的是，在分图层转换光栅图像文件时，仅需将各分析用图层分别打印输出作为渲染对象，进行相应的色彩填充和效果处理，在渲染完成后再与之前输出的灰度平面底图叠加合成。图 9-11 和图 9-12 是风景园林规划设计的分析图示例。

图 9-11　功能结构分析图（程聪绘制）

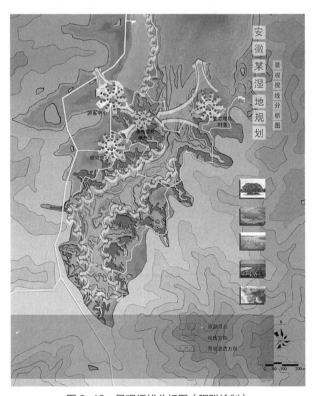

图 9-12　景观视线分析图（程聪绘制）

9.1.3　三维效果图的制作

三维效果图必须基于规划设计方案的模型来制作，一般可采用 2 种方法：

● 利用实体模型制作三维效果图：即先制作完成方案的实体模型，然后选取适当的角度拍摄模型的数码照片，再使用 Photoshop 对照片进行处理加工。

● 利用虚拟模型制作三维效果图：即利用 CAD 软件建立三维模型并进行渲染表现，基于三维场景来创建平面的渲染图像，生成三维效果图。

一般说来，第一种方法适合于要求制作实体模型的项目。而在通常情况下，由于第二种方法更为快捷简便，且一次建模后可以通过视角、灯光、材质等的设置更改迅速实现局部透视、全景鸟瞰、夜景等多种效果表现和推敲，因此使用得更多一些。

AutoCAD 集成了 3ds Max 的 mental 渲染引擎，可以方便快捷地进行准确真实的渲染。其渲染的基本工作原理是，通过指定渲染对象（整个视图、一组选定的对象或当前视口中的可见部分）并设置光源（光源类型、强度、颜色等）、对象材质和环境效果（如背景和雾化）来创建仿真的场景，通过一系列渲染设置来决定渲染器如何处理渲染任务，然后按照渲染设置对场景进行渲染并将渲染图像输出到文件加以保存。具体的渲染操作可通过〖面板〗选项板中的光源控制台、材质控制台和渲染控制台来进行（图 9-13）。

渲染的基本工作步骤包括：①准备要渲染的模型；②创建渲染场景；③进行渲染设置；④渲染并保存图像。事实上，除非已有丰富的工作经验和十足的把握，否则要获得满意的表现效果，必须尝试多种场景和渲染设置，并通过观察实际渲染效果来进行比较选择。因此，第 2~4 步通常会是一个不断反复、尝试、比较的过程。

下面以第 3 章完成的风景建筑模型为例来进行详

图 9-13　〖面板〗选项板中与渲染操作相关的部分

细的说明。

◆ 准备要渲染的模型

AutoCAD 和 Civil 3D 中建立的模型对象都可进行渲染，但应注意图层分配的合理性和模型的完整性。以园林设计的方案模型为例，应确保模型中所有的对象都按材质分层，并且模型中一般应包括地形曲面、建筑或小品以及树木等布景。其中，地形曲面可利用 Civil 3D 创建，建筑模型可利用 AutoCAD 创建，而各种布景则可利用现成的或自建的三维图块来插入添加。Civil 3D 安装目录下的 Mvblocks 子目录中以及网上的 CAD 各种图库中都提供有一些现成的三维布景图块。图 9-14 是对第 3 章中完成的"例 3.dwg"进行图层分配，并添加了地形曲面和树木、车辆等布景后生成的完整模型。

◆ 创建渲染场景

渲染场景的创建通常包括以下工作内容：

① 选择适当的透视角度（图 9-15）。为了便于比较选择以取得满意的表现效果，通常可以多选取几个不同的视角，保存成不同的命名视图，比较后确定合适的角度。

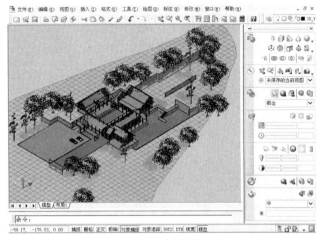

图 9-14　完整的模型

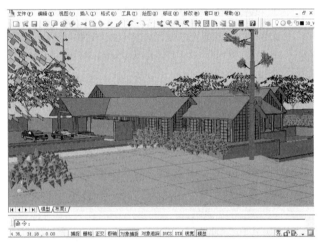

图 9-15　渲染用的透视视图

②设置光源。合适的光源对于渲染效果的创建非常重要。AutoCAD 中提供了 3 种类型的光源❶可供选用，一般进行白天的景观渲染时可使用阳光，而进行

夜景渲染时可创建多个点光源、聚光灯或平行光来模拟各种灯光的照明效果。阳光、点光源、聚光灯或平行光的具体设置可使用光源控制台及其滑出面板中的相应工具来进行（图 9-16）。本例渲染中采用的是阳光光源。

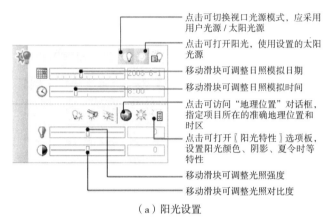

点击可切换视口光源模式，应采用用户光源/太阳光源

点击可打开阳光，使用设置的太阳光源

移动滑块可调整日照模拟日期

移动滑块可调整日照模拟时间

点击可访问"地理位置"对话框，指定项目所在的准确地理位置和时区

点击可打开〖阳光特性〗选项板，设置阳光颜色、阴影、夏令时等特性

移动滑块可调整光照强度

移动滑块可调整光照对比度

（a）阳光设置

点击可切换视口光源模式，应采用用户光源/太阳光源

点击可打开〖模型中的光源〗选项板，查看并选择访问已添加的用户光源

点击可通过指定位置、名称、强度、状态、阴影、衰减、颜色等创建点光源

点击可通过指定源位置、目标位置、名称、强度、状态、聚光角、照射角、阴影、衰减、颜色等创建聚光灯

点击可通过指定光源方向、名称、强度、状态、阴影、颜色等创建平行光

移动滑块可调整光照强度

移动滑块可调整光照对比度

（b）用户创建的光源设置

图 9-16　光源设置

③赋予模型对象材质。材质可以附着到单个的面和对象，也可以附着给整个图层上的对象。为方便快速，风景园林规划设计中一般将材质随层附着到对象。首先要将所有需要的材质一一添加到当前图形中：可以点击材质控制台图标 ✏ 打开〖工具〗选项板，从 AutoCAD 附带的材质库所包含的材质和纹理中用鼠标右击所需的材质并选择"添加到当前图形"（图 9-17）；也可以使用材质控制台中的〖材质〗工具 ⬤ 打开〖材质〗选项板，创建新的材质（图 9-18）。然后使用材质控制台中的〖随层附着〗工具 ⬤，访问"材质附着选项"

---

❶ 即默认光源、阳光和用户创建的光源。默认光源是可跟随视口移动的两个预置的平行光，模型中所有的面均被照亮，只能调整亮度和对比度，无法设置位置。阳光是一种类似于平行光的特殊光源，可按照模型的实际地理位置、指定的日期和当日时间确定阳光的照射角度，并可更改阳光的强度和太阳光源的颜色。用户创建的光源可分为点光源、聚光灯和平行光 3 种：点光源从其所在位置向四周发射光线，并且其强度可随距离的增加而减弱，用于模拟基本的灯光照明效果；聚光灯发射定向锥形光，其强度随着距离的增加而衰减，用户可以控制光源的方向和圆锥体的尺寸，以亮显模型中的特定特征和区域；平行光仅向一个方向发射统一的平行光线，其强度并不随着距离的增加而衰减用户可以在视口中的任意位置指定 FROM 点和 TO 点，以定义光线的方向，统一照亮所有对象或背景。

图 9-17　从材质库向图形添加材质

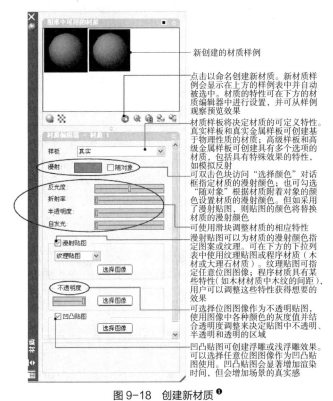

新创建的材质样例

点击以命名创建新材质。新材质样例会显示在上方的样例表中并自动被选中。材质的特性可在下方的材质编辑器中进行设置，并从样例观察预览效果

材质样板将决定材质的可定义特性。真实样板和真实金属样板可创建基于物理性质的材质；高级样板和高级金属样板可创建具有多个选项的材质，包括具有特殊效果的特性，如模拟反射

可双击色块访问"选择颜色"对话框指定材质的漫射颜色；也可勾选"随对象"根据材质附着对象的颜色设置材质的漫射颜色。但如采用了漫射贴图，则贴图的颜色将替换材质的漫射颜色

可使用滑块调整材质的相应特性

漫射贴图可以为材质的漫射颜色指定图案或纹理。可在下方的下拉列表中使用纹理贴图或程序材质（木材或大理石材质）。纹理贴图可指定任意位图图像；程序材质具有某些特性（如木材材质中木纹的间距），用户可以调整这些特性获得想要的效果

可选择位图图像作为不透明贴图，使用图像中各种颜色的灰度值并结合透明度调整来决定贴图中不透明、半透明和透明的区域

凹凸贴图可创建浮雕或浅浮雕效果。可以选择任意位图图像作为凹凸贴图使用。凹凸贴图会显著增加渲染时间，但会增加场景的真实感

图 9-18　创建新材质❶

❶ 选用不同的材质样板时，可供设置的材质特性不同。本图以采用"真实"样板为例。如使用其他样板创建材质，可使用 F1 功能键访问帮助文档，查看具体特性的设置意义。

对话框，通过拖放操作将材质附着到图层（图 9-19）。

④添加显示在模型后面的背景。背景可以是单色、多色渐变色或位图图像。背景的添加和设置可使用 VIEW（V）命令访问"视图管理器"来进行（图 9-20）。设置好的背景将自动与命名视图相关联，并且与图形一起保存。

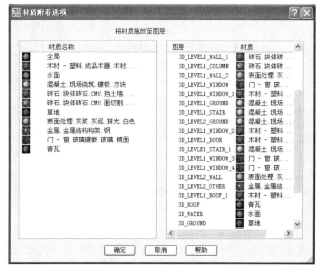

图 9-19　将材质附着到图层

图 9-20　添加和设置背景

选择需要添加背景的命名视图可以从下拉列表中选择"纯色"、"渐变色"或"图像"作为背景。选择后均会弹出"背景"对话框以便指定颜色、位图图像并进行定位等具体的设置。已设置的背景则可选择"编辑"进行修改

◆ 进行渲染设置

渲染设置可使用渲染控制台滑出面板中的〖高级渲染设置〗工具，打开〖高级渲染设置〗选项板来进行（图 9-21）。〖高级渲染设置〗选项板中包含了渲染器的主要控件，从中可以设置所有的渲染参数。其中基本的参数设置可参见表 9-1。

基本渲染参数设置参考表 表 9–1

渲染控件	参数分类	控制钮 / 参数	参数说明	设置建议及说明
基本	渲染描述	保存文件按钮	控制是否将渲染图像写入文件	正式渲染时启用
		渲染过程	控制渲染过程中处理的模型内容	视图：正式渲染时选择 修剪 / 选择：尝试性渲染时选择，可通过局部渲染加快速度
		目标	确定渲染器用于显示渲染图像的输出位置	窗口：可渲染到"渲染"窗口，以便进行将图像或其副本保存为文件、查看用于当前渲染的设置、缩放和平移渲染图像以观察细部等操作
		输出大小	显示渲染图像的当前输出分辨率设置	320×240 等：常用的低分辨率输出尺寸，可用于尝试性渲染时观察渲染效果 自定义输出尺寸：正式渲染时可按照打印的精度要求设置输出尺寸。需要注意自定义输出尺寸不会与图形一起存储，并且不会跨绘图任务保留
	材质	应用材质	决定是否应用用户定义并附着到图形中的对象的表面材质	开
		强制双面	控制是否渲染面的两侧	当模型中曲面法线不统一，渲染面出现缺损时，可通过打开强制双面渲染来修正
	阴影	启用按钮	指定渲染过程中是否计算阴影	启用：为渲染添加阴影
		阴影贴图	控制是否使用阴影贴图来渲染阴影	开：低质量渲染时采用。渲染器将使用阴影贴图渲染阴影，可生成具有柔和边界的阴影，但不会显示透明或半透明对象投射的颜色，阴影计算速度较快 关：高质量渲染时采用。渲染器将使用光线跟踪的方法渲染阴影，可产生比阴影贴图阴影更加真实、精确的阴影效果，但处理时间较长
光线跟踪	—	启用按钮	指定着色时是否执行光线跟踪	阴影贴图关闭时需启用
间接发光	全局照明	启用按钮	指定光源是否应该将间接光投射到场景中	启用：可提供诸如渗色之类的效果，通过模拟场景中的光线辐射或相互反射来增强场景的真实感
		光子 / 样例	设定用于计算全局照明强度的光子数	增加光子数量可以减少全局照明的噪值，但会增加模糊程度。减少光子数量可以增加全局照明的噪值，但会降低模糊程度。光子的数量越多，渲染时间就越长。可根据渲染效果调整设置
	最终采集	启用按钮	指定是否应使用采集计算最终着色	启用：可以增加计算全局照明所使用的光线数量，从而减少或消除从光子贴图计算全局照明中可能会产生的各种假象。虽然最终采集会显著增加渲染时间，但它对于带有全局漫射光源的场景非常有用
		射线	设定用于计算最终采集中间接发光的光线数	增加该值将减少全局照明的噪值，但同时会增加渲染时间。可根据渲染效果调整设置
	光源特性	光子 / 光源	设定每个光源发射的用于全局照明的光子数	增加该值将增加全局照明的精度，但同时会增加内存占用量和渲染时间。减少该值将改善内存占用和减少渲染时间，且有助于预览全局照明效果
		能量乘数	增加全局照明、间接光源、渲染图像的强度	可根据渲染效果调整设置

◆ 渲染并保存图像

点选渲染控制台中的〖渲染〗工具开始渲染过程。系统将按照渲染设置对场景进行渲染，并根据渲染设置在"渲染"窗口中显示渲染图像（图 9-22）。

如对渲染效果不满意，可关闭"渲染"窗口，修改配景、光源、材质、背景或渲染设置并重新进行渲染。通常需要经过反复的渲染测试、修改才能获得满意的效果。由于高分辨率的图像花费的渲染时间较多，通

渲染预设下拉列表，列出从低质量到高质量的标准渲染预设，以及最多四个自定义渲染预设，可供选择以采用预设中存储的渲染参数设置作为初始设置

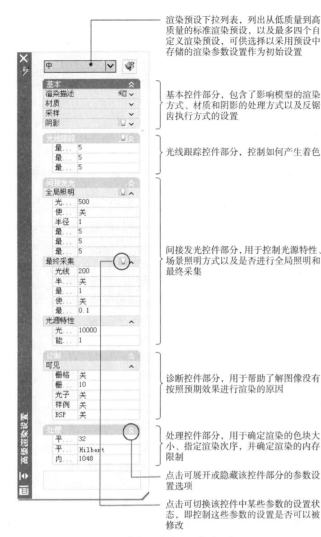

基本控件部分，包含了影响模型的渲染方式、材质和阴影的处理方式以及反锯齿执行方式的设置

光线跟踪控件部分，控制如何产生着色

间接发光控件部分，用于控制光源特性、场景照明方式以及是否进行全局照明和最终采集

诊断控件部分，用于帮助了解图像没有按照预期效果进行渲染的原因

处理控件部分，用于确定渲染的色块大小、指定渲染次序，并确定渲染的内存限制

点击可展开或隐藏该控件部分的参数设置选项

点击可切换该控件中某些参数的设置状态，即控制这些参数的设置是否可以被修改

图 9-21　〖高级渲染设置〗选项板

图 9-22　"渲染"窗口中显示的渲染图像

常在测试时采用分辨率较低的输出尺寸以加快渲染速度。在获得了较为满意的渲染效果后，可使用渲染控制台中的〖渲染环境〗工具访问"渲染环境"对话框，启用并设置雾化效果来模拟真实的景深效果（图 9-23）。然后就可按照打印的精度要求自定义输出尺寸，并在渲染控制台的滑出面板中的指定输出文件名称（图 9-24），执行渲染，将渲染结果直接输出成光栅图像文件。如果有必要保存最终的渲染设置以便以后能用于类似的渲染任务，可在〖高级渲染设置〗选项板顶部的"渲染预设下拉列表"中选择"管理渲染预设"（图 9-25），访问"渲染预设管理器"对话框，

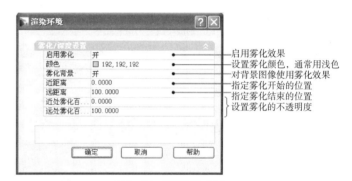

启用雾化效果
设置雾化颜色，通常用浅色
对背景图像使用雾化效果
指定雾化开始的位置
指定雾化结束的位置
设置雾化的不透明度

图 9-23　设置雾化效果

点击可访问"渲染输出文件"对话框指定文件保存路径、文件类型和文件名。渲染图像可保存为以下文件格式之一：BMP、TGA、TIF、PCX、JPG 或 PNG

图 9-24　指定输出文件名称

图 9-25　管理渲染预设

点选"创建副本"按钮将当前的渲染设置命名保存为自定义渲染预设（图 9-26），需要再次使用时可将其置为当前。

"例 3.dwg"最终完成的渲染图像如图 9-27 所示。

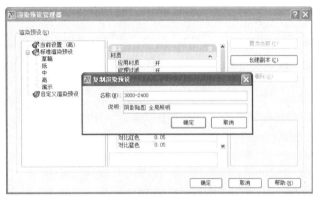

（a）创建当前渲染设置的命名副本

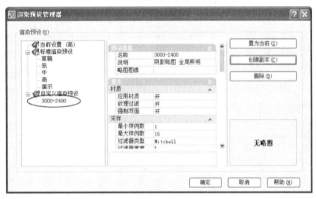

（b）副本被命名保存为自定义渲染预设

图 9-26　命名保存自定义渲染预设

图 9-27　最终完成的渲染图像

9.2　多媒体演示

利用 AutoCAD 演示规划设计方案主要有 2 种方法：幻灯片演示和动画演示。

9.2.1　幻灯片演示

AutoCAD 的幻灯片是图形的快照，精度较低，表现手段有限，通常只是用于设计草案的演示。

在 AutoCAD 中，所有当前视图，如方案的平、立、剖面图或轴测、透视图，或者是它们经明暗着色处理后的视图，都可以使用幻灯片格式保存为幻灯片，并可通过手动选择进行逐张放映，或者使用脚本编辑放映顺序和延时（2 张幻灯片间的间隔放映时间）后进行连续的自动放映。

幻灯片演示的基本步骤包括：①利用工作文件创建表现方案特色的幻灯片；②编辑幻灯片放映的脚本文件；③运行脚本文件放映幻灯片。具体的操作方法是：

◆ 创建幻灯片

幻灯片是基于当前视图创建的，因此创建幻灯片前必须在模型空间的当前视口中正确显示要用于制作幻灯片的视图。幻灯片的创建可使用 MSLIDE 命令访问"创建幻灯文件"对话框（图 9-28），在其中输入

图 9-28　"创建幻灯文件"对话框

幻灯片名称并为它选择保存路径后,点击"保存"即可。幻灯片文件将以 .sld 文件扩展名保存。

> ★注意:①为保证幻灯片的质量,应将工作文件的窗口放大为全屏后再创建幻灯片。如果在创建幻灯文件时使用的是低分辨率图形显示器,则以后换用高分辨率显示器进行放映时,图像质量会有所下降。
>
> ②由视觉样式决定的模型着色只能在视口中显示,可随视图保存,但无法随幻灯片保存。如果要在幻灯片中表现模型的明暗着色效果,必须使用 –SHADE 命令来对模型进行明暗和着色处理,并使用 SHADEDGE 系统变量来控制着色效果(表 9-2)。–SHADE 命令只有在二维线框视觉样式下才能使用。并且为了取得较好的明暗着色处理效果,最好采用任意视角的轴测图或透视图。

SHADEDGE 值与明暗着色
处理方式对照表图　　　　　表 9-2

SHADEDGE 值	明暗着色处理方式	着色效果示意
0	表面着色,边缘不亮显	
1	表面着色,边以背景色绘制	
2	表面不填充,边以对象的颜色绘制	
3	表面为对象的颜色,边以背景色绘制	

> ③渲染到当前视口中的图像同样无法随幻灯片保存。只有作为光栅图像参照到图形文件中的渲染图像才能被保存为幻灯片,但图像显示效果会显著变差。因此,如果要在 AutoCAD 中演示模型渲染,通常不使用幻灯片而使用动画。

◆ 编辑幻灯片放映的脚本文件

脚本是每行包含一个命令及其执行要求的文本文件。系统在运行脚本文件时将逐行执行这些命令。用户可以使用任何能够以 ASCII 格式保存文件的文本编辑器(如 Microsoft Windows 记事本)或字处理器(如 Microsoft Word),在程序外部创建脚本文件。脚本文件的扩展名必须是 .scr。

幻灯片放映的脚本文件中主要包含 3 个命令:

① VSLIDE:放映幻灯片;

② DELAY:在脚本中提供指定时间的暂停(以毫秒为单位);

③ RSCRIPT:重复执行脚本文件,即自动返回脚本文件的第一行并重新开始执行命令。

为避免 AutoCAD 由于访问磁盘并读取幻灯文件可能导致幻灯片放映的不连贯性,可以在放映当前幻灯片时,将下一个幻灯片从磁盘预先加载到内存中,然后再从内存中快速显示新幻灯片。需要预先加载的幻灯片可在其文件名前加"*",并且其放映脚本文件中命令行的编排顺序也与不预先加载幻灯片的放映脚本不同。二者的编辑格式差别如表 9-3 所示。

幻灯片放映脚本编辑格式示例　　　　表 9-3

不预先加载幻灯片的放映脚本	预先加载幻灯片的放映脚本
vslide slide1	vslide slide1
delay 2000	vslide * slide2
vslide slide2	delay 2000
delay 2000	vslide
vslide slide3	vslide *slide3
delay 2000	delay 2000
……	vslide
rscript	……
	vslide
	delay 2000
	rscript

> ★注意:①为确保 AutoCAD 运行幻灯片放映脚本文件时能自动找到相应的幻灯片文件,.scr 文

件与 .sld 文件最好放在同一文件夹中加以保存。

②在脚本文件中，空格是作为命令或数据字段结束符来处理的，必须严格按格式使用；文件名不需添加扩展名，并且所有包含有空格的长文件名都必须被括在双引号中加以引用。脚本文件的命令和格式在不同软件版本中可能会有所变化，因此在升级到较高版本时，可能需要修改脚本。

◆ 运行脚本文件

在 AutoCAD 中，可以使用 SCRIPT（SCR）命令来选择幻灯片放映脚本文件并加以运行。如要中断脚本的运行，可按 Esc 键或 Backspace 键。中断后如要继续运行该脚本，则可输入 RESUME 命令。

9.2.2　动画演示

AutoCAD 的动画功能可以模拟在三维模型或渲染场景中的漫游和飞行，以形象地演示模型并动态地传达设计意图。其中，漫游是沿 XY 平面行进并穿越模型；飞越则不受 XY 平面的约束，看起来像"飞"过模型中的区域。用户可以通过设置来控制漫游和飞行的路径、速度、查看方向等，将漫游和飞行过程中观察到的视图录制成动画并进行预览播放；还可将满意的动画片段保存为 AVI、MOV、MPG 或 WMV 文件，便于使用其他的专业多媒体软件进行进一步的剪辑和回放。

按制作方法区分，AutoCAD 的动画可分为两大类：

● 预览动画：是通过导航方式创建的动画。用户可使用〖面板〗选项板三维导航控制台中的动态观察、漫游、飞行等工具来动态地观察模型，并使用〖面板〗选项板三维导航控制台的滑出面板中的录制、播放、保存等动画按钮来记录这一动态观察的过程，创建和保存动画（图 9-29）。预览动画的创建过程比较直观，

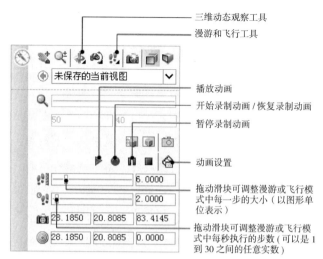

图 9-29　三维导航控制台中动画制作相关工具和按钮

应用较为普遍。

● 运动路径动画：是通过指定相机的位置或运动路径，以及相机所对准的目标点或目标路径来创建的动画。用户可通过【视图】>【运动路径动画】菜单项，访问"运动路径动画"对话框（图 9-30）进行动画的设置、预览和保存。运动路径动画可以创造一些特殊的动画效果，如原地旋转、边前进边摇动镜头的画面。但创建时要求制作人员对于动画效果有相当的预期把握，以便设置恰当的相机位置点或路径。

创建预览动画的方法是：

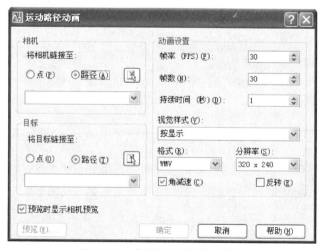

图 9-30　"运动路径动画"对话框

◆ 启动任意三维导航命令

可根据观察需要使用三维导航控制台中的〖受约束的动态观察〗工具 ✛、〖自由动态观察〗工具 ⊘、〖连续动态观察〗工具 ⊘、〖漫游〗工具 👣、〖飞行〗工具 ✐ 等导航工具。

◆ 单击三维导航控制台滑出面板中的"开始录制动画"按钮。

◆ 进行导航命令操作以动态地观察模型

如果处于漫游或飞行模式，可以使用"定位器"窗口作为视觉向导（图 9-31），并可随时根据需要调整在三维导航控制台滑出面板中的"步长"和"每秒步数"设置以控制漫游或飞行的速度。如中途需改用其他的导航模式，可在图形中单击鼠标右键，然后通过"其他导航模式"快捷菜单项选择另一种导航模式；也可单击三维导航控制台滑出面板中的"暂停录制动画"按钮以改用另一种导航命令并恢复录制动画。

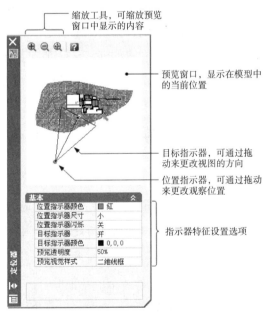

图 9-31　"定位器"窗口

◆ 播放动画进行预览

在三维导航控制台滑出面板中，单击"暂停录制动画"按钮结束动画的录制，然后单击"播放动画"

按钮，通过"动画预览"窗口（图 9-32）预览刚刚录制的动画。在"动画预览"窗口中，可切换各种视觉样式并按新指定的视觉样式重复播放动画，以便比较演示效果。

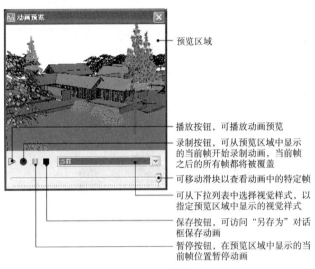

图 9-32　预览动画

◆ 设置并保存动画

如果对动画效果感到满意，可单击"动画预览"窗口中的"保存"按钮保存该动画。在弹出的"另存为"对话框中，可指定动画文件的保存路径和文件名（图 9-33），并可点击"动画设置"按钮访问"动画设置"对话框（图 9-34），对动画的保存要求进行设置（可

图 9-33　保存动画

动画设置参数说明及设置建议   表 9-4

参数	说明	设置建议
帧率（FPS）	动画运行的速度，以每秒帧数为单位计量。指定范围为 1 到 60 的值。默认值为 30	根据预览效果设置
帧数	动画中的总帧数。该值与帧率共同确定动画的长度。更改该数值时，将自动重新计算"持续时间"值	—
持续时间（秒）	动画（片断中）的持续时间。更改该数值时，将自动重新计算"帧数"值	根据需要设置
视觉样式	显示可应用于动画文件的视觉样式和渲染预设的列表	渲染
格式	指定动画的文件格式	根据剪辑软件所支持的文件格式设置
分辨率	以屏幕显示单位定义生成的动画的宽度和高度，默认值为 320×240	按照演示屏幕的显示精度设置
角减速	相机转弯时，以较低的速率移动相机	根据预览效果选择
反转	反转动画的方向	如需获得相机逆向运动的效果时可选择

图 9-34　动画设置

参见表 9-4）。如果对动画效果不满意，则可关闭"动画预览"窗口，并使用 Esc 键退出三维导航命令，以便重新创建其他的动画。

创建运动路径动画的方法是：

◆ 设置相机的运动

运动路径动画是通过将相机及其目标链接到点或路径来控制相机运动的。路径可以是直线、圆弧、椭圆弧、圆、多段线、三维多段线或样条曲线，必须预先创建。例如，将相机链接到圆心点，将目标链接到圆，即可创建旋转的动画。相机及其目标的运动路径链接可在"运动路径动画"对话框（参见图 9-30）中的"相机"和"目标"部分完成。

◆ 设置动画效果

运动路径动画的设置可在"运动路径动画"对话框（参见图 9-30）中的"动画设置"部分进行。具体参数的说明及设置建议如表 9-4 所示。

◆ 预览和保存动画

点击"运动路径动画"对话框（参见图 9-30）右下角的"预览"按钮可切换到"动画预览"窗口（参见图 9-32）进行动画预览。如预览满意，则可关闭"动画预览"窗口，返回"运动路径动画"对话框，通过"确定"按钮保存该动画；如不满意，则可返回"运动路径动画"对话框并修改相应的设置后，再进行预览保存。

习题

1. 利用"例 9_平面.dwg"文件及配套的图形素材文件完成本章第 9.1.1 节中的平面效果图示例。

2. 利用"例 3_.dwg"进行三维效果图制作和动画演示的操作实践。

3. 结合自己的规划设计实践尝试制作分析图并进行幻灯片演示。

第 10 章 大幅图形的组织协作及图形文件的交换利用

用 AutoCAD 和 Civil 3D 进行风景园林规划设计，由于所使用的外来文件和所添加的规划设计内容包含了大量的图形对象和有名元素信息（如块、样式等），往往最终会形成非常大的工作文件，在打开文件、重新生成图形时速度非常慢，操作起来非常不便。此外，风景园林规划设计项目通常需要多方协作来完成，这也进一步增加了图形文件量。并且，风景园林规划设计项目的整个工作过程需要依靠团队的密切协作，最终的成果往往是多项成果的有机组合，需要由多个工作文件输出一系列成果图纸。因此，必须要注意学习并使用一些大幅图形的组织和分工协作技巧，以及如何利用图纸集对多个图形文件中的图纸进行有序管理的工作技巧，以便有效地提高工作效率。

风景园林规划设计项目，在不同的工作阶段通常会使用到不同的外来资料性文件。这些图形文件通常并不符合直接使用的要求，甚或包含大量的非风景园林专业所需的冗余信息。如果不进行预处理，很可能无法使用，或是最终可能生成文件量非常大的工作文件。因此，有必要了解一些基本的外来文件处理和利用的工作技巧。

此外，由于 AutoCAD 和 Civil 3D 的产品功能局限、使用者对软件的熟悉情况和工作习惯等原因，在风景园林规划设计中，经常需要使用到一些其他的软件。这些软件通常可分为两大类：一类是以图形表现或模型渲染见长的软件，常用的如 Photoshop、SketchUp、3DS Max；另一类是以地理分析和属性数据编辑、管理等见长的软件，即各种 GIS 软件。通常的情况是利用 Autodesk 系列软件在矢量图形绘制和编辑修改方面的特长，先完成基本图形（现状或方案）的绘制，然后将保存了基本图形的 CAD 文件导入其他软件中，进行进一步的渲染、表现、分析，最终获得满意的成果图。在这种需要多软件交互工作的情况下，图形文件的交换就成为一个至关重要的技术环节。成功的图形文件交换一般可从两个方面来衡量：一是图形数据能够被真实地还原，即图形不会因为文件交换而发生形状改变、比例改变、局部图形丢失等情况，这需要注意选择恰当的文件转换方式；二是转换后的图形文件能够便于在新的软件中开展后续工作，这就要求在图形文件交换的过程中充分考虑到新软件的具体工作特征，并注意软件版本的匹配性❶。

10.1 大幅图形的组织

AutoCAD 和 Civil 3D 组织大幅图形的技巧主要包括：①使用图形样板文件❷，以避免每次新建工作文

---

❶ 在软件交互使用时，经常会遇到版本对接的问题。一般说来，如果导出的 CAD 图形文件得不到支持，则可试着将其转换为低版本的 CAD 文件再进行交换。

❷ 图形样板文件（Template Files）是具有预置新图形设置的图形文件。在 AutoCAD 和 Map 3D 中，Template Files 被译作样板文件；在 Civil 3D 和其他一些软件中，Template Files 被译作模板文件。因此本书在不同章节涉及不同软件时，均采用了与该软件对应的译法。在 Autodesk 系列软件中，图形样板文件统一使用的是 DWT 格式文件。

件时都需要进行图形界限、图形单位等设置的麻烦；②使用设计库，通过在图形文件间复制调用各种图形内容来简化方案绘制和修改的工作过程；③使用图层过滤器，以便能快速准确地寻找到所需的图层；④进行对象编组，以便在大量图形对象中能够反复而迅速地选中需要编辑的部分对象。

10.1.1 图形样板文件的使用

图形样板文件是可命名保存的 DWT 文件，其中包含了一些图形的变量和惯例设置。在新建图形文件时，通过指定样板文件可以直接使用这些设置。

存储在图形样板文件中的变量和惯例设置通常包括：

- 图形界限
- 图形文件的单位类型和精度
- 标题栏、边框和徽标
- 图层名和图层特性
- 捕捉、栅格和正交等绘图辅助模式
- 标注样式
- 文字样式
- 线型及线型比例

AutoCAD/Civil 3D 在其安装目录的"Template"文件夹中存储有一些预定义的图形样板文件，用户在新建文件时可以通过"选择样板"对话框从中直接选取使用（图 10-1）。如 Civil 3D 预定义的"_Civil 3D China Style.dwt"模板文件，对各种 Civil 对象都设置了放置图层，并且根据中国的工程规范设置了多种样式，便于用户直接开展工作。

但是，为了能够获取合适的图形界限、图形单位、捕捉方式、图层、标注用字形、尺寸样式等设置并能够方便地反复使用，建议用户根据常用的图纸尺寸、打印比例、个人作图习惯、标注要求等预先定制一些自定义的图形样板文件保存在独立的文

图 10-1　"选择样板"对话框

件夹中。

自定义图形样板文件的建立方法是：

◆ 使用系统预定义的图形样板文件新建一个图形文件。

◆ 对该图形文件进行所需的图形界限、图形单位、捕捉方式、图层、标注用字形、尺寸样式等设置。

◆【文件】>【另存为】，在"图形另存为"对话框的"文件类型"下拉列表中选择"AutoCAD 图形样板（*.dwt）"，并指定保存路径和文件名，将设置完成后的图形文件命名保存为图形样板文件（图 10-2）。为便于检索，建议自定义的图形样板文件在命名时可采用一些能反映其设置情况的名称，如使用"图纸尺寸 _ 打印比例"来命名。

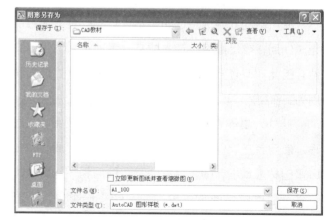

图 10-2　保存图形样板文件

10.1.2　设计库的使用

图形样板文件适合于定制一些基本的图形设置以反复使用于不同的工作文件。而对于一些不同文件中不尽相同的、更为个性化的内容，则可充分利用 AutoCAD 的设计库概念，通过图形文件间各种图形内容的复制调用来简化方案绘制和修改的工作过程。

事实上，AutoCAD 的设计库是由用户机器所能访问到的所有图形文件（光栅图像文件或矢量图形文件，位于用户的计算机上、网络位置或网站上），以及这些图形文件中所有有名元素（块、图层、图案填充、标注样式、文字样式、布局、线型等）共同构成的一个庞大的虚拟数据库。通过使用插入命令和设计中心，以及利用多文档设计环境，可以方便地访问并调用任意一个图形文件或文件中的有名元素。其中，插入命令和设计中心的使用已在第 4 章第 4.2 节中做了介绍。下面仅对利用多文档设计环境进行图形调用加以说明。

利用多文档设计环境进行图形调用的方法是：

◆ 同时打开源文件（需要从中调用设计内容的文件）和工作文件（需要调入设计内容的文件），使用【窗口】>【垂直平铺】菜单项，将 2 个文件的图形窗口在绘图区域并列显示。（图 10-3）

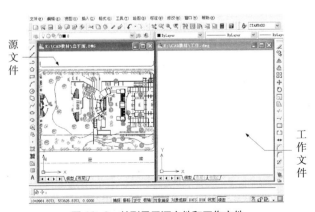

图 10-3　并列显示源文件和工作文件

◆ 点击源文件窗口，使之成为当前工作文档；将 GRIPS 变量设为 0，关闭夹点的显示；然后选中所要调用的部分图形。

◆ 用鼠标将选中的图形拖放到工作文件窗口内，或利用 WINDOWS 剪贴板将选中的图形复制后粘贴到工作文件中。该部分图形即被复制到工作文件中（图 10-4），相关图形对象的类型不变，而对象所在的图层、包含的块等有名元素则被同步调入到工作文件中。

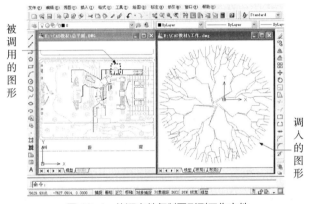

图 10-4　从源文件复制图形到工作文件

利用多文档设计环境，还可使用〖标准〗>〖特性匹配〗工具 ✎ 将源文件的对象特性传递给工作文件中的图形对象。

10.1.3　图层过滤器的使用

复杂的图形文件通常包含有大量的图层。因此在工作时，能够快速准确地寻找、选择到所需的图层就非常重要了。图层查找和选择的技巧包括：

● 在"图层特性管理器"中使用快捷菜单命令：在"图层特性管理器"的图层列表中鼠标右击并选择快捷菜单中的相应命令（图 10-5），可一次性选中所有图层、退选所有已选中的图层、选中除当前图层外的所有图层，或退选所有已选中的图层并反过来选中所有未被选中的图层。

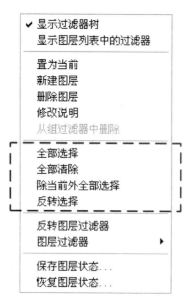

图 10-5　图层查找和选择的快捷菜单命令

左上角的"新特性过滤器"按钮，在弹出的"图层过滤器特性"对话框中输入过滤器的名称并设置用来定义过滤器的图层特性（图 10-6）：如要按名称过滤，可使用通配符（表 10-1）；如要按特性过滤，可在相应的特性列中选择指定特性值；如某一特性过滤器需要包含多个特性值，可通过多行特性定义完成。确定后该图层特性过滤器即被添加在"图层特性管理器"左半部的图层过滤器树状图中。

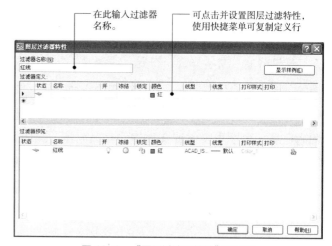

图 10-6　"图层过滤器特性"对话框

● 切换图层的排列顺序：点击"图层特性管理器"图层列表的"名称"表头，可按数字及字母顺序来排列层名；重复点击则可在顺序排列和逆序排列之间反复切换。

● 使用图层过滤器：图层过滤器可限制"图层特性管理器"和〖图层〗工具栏中显示的图层。

上述技巧中，使用图层过滤器是最为灵活有效的。在大幅图形中，利用图层过滤器，可以仅显示当前工作所涉及的少数图层，并且可以定义多个过滤器来对应不同的工作需要，从而大大缩小图层的查找范围，避免各种误操作，有效地提升工作效率。

图层过滤器的使用方法是：

◆ 创建图层过滤器

LA✓打开"图层特性管理器"创建图层过滤器。图层过滤器分为两种，一种是图层特性过滤器，用于筛选某些特性（名称、颜色、状态等）相同的图层；另一种是图层组过滤器，可直接指定需要包括在过滤器中的图层，而不考虑其名称或特性。

创建图层特性过滤器可点击"图层特性管理器"

通配符定义表　　　　表 10-1

字符	定义
#	匹配任意数字字符
@	匹配任意字母字符
.	匹配任意非字母数字字符
*	匹配任意字符串，可以在搜索字符串的任意位置使用
?	匹配任意单个字符，例如，?BC 匹配 ABC、3BC 等等
~	匹配不包含自身的任意字符串，例如，~*AB* 匹配所有不包含 AB 的字符串
[ ]	匹配括号中包含的任意一个字符，例如，[AB]C 匹配 AC 和 BC
[~]	匹配括号中未包含的任意字符，例如，[~AB]C 匹配 XC 而不匹配 AC
[-]	指定单个字符的范围，例如，[A-G]C 匹配 AC、BC 等，直到 GC，但不匹配 HC
`	逐字读取其后的字符；例如，`~AB 匹配 ~AB

创建图层组过滤器则可点击"图层特性管理器"左上角的"新组过滤器"按钮🗂，在其下的图层过滤器树状图中即会添加处于选中状态的组过滤器条目，可直接进行命名并回车确定，然后用鼠标右击该过滤器条目并选择快捷菜单中的"选择图层""添加"项（图 10-7），即可通过在绘图区域中点选对象，将对象所在的图层添加到该过滤器中。

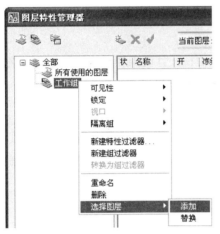

图 10-7　向图层组过滤器添加图层

用户可根据工作需要创建多个图层过滤器。一般情况下，系统预定义有三个默认的图层过滤器：

● 全部：包含当前图形中的所有图层。

● 所有使用的图层：包含当前图形中的对象所在的所有图层。

● 外部参照：如果图形附着了外部参照（参见本章第 10.2.1 节），将包含从其他图形参照的所有图层。

◆ 过滤图层列表中的图层显示

在"图层特性管理器"左半部的图层过滤器树状图中，点击所需的图层过滤器，右边的图层列表中将只显示符合过滤条件的图层。如果选中"图层特性管理器"左下角的"应用到图层工具栏"，则〖图层〗工具栏的下拉图层列表中也将只显示符合过滤条件的图层。

10.1.4　对象编组

在编辑大幅图形时，经常会需要反复选中多个不同图层、缺少共性特征的对象。在这种情况下，图层控制或快速选择的方法都不适用，但是可以通过对象编组，使这些对象既可被成组选中，又可被单独选中，从而方便编辑工作的展开。

对象编组实际上是可命名保存的对象集，提供了一种以组为单位批量操作图形元素的简单方法。具体的操作方法是：

◆ 创建对象组

GROUP（G）↙访问"对象编组"对话框（图 10-8），输入编组名并点选"可选择的"项后，点击"新建"按钮，从图形中选取需要进行编组的对象，回车并确定后即建立了新的对象组，并且所有被选中的对象就成为该对象组的组成部件。

◆ 选择对象组或其单独的部件

要选择成组的对象或组内单独的对象进行编辑，可以使用 Ctrl+H 或 Shift+Ctrl+A 功能组合键对成组选择功能进行切换。当成组选择功能打开时，点选组内的任意一个对象就可以选中全组对象；当成组选择

图 10-8　"对象编组"对话框

功能关闭时，点选对象只能选中该对象本身。如果不希望频繁进行成组选择功能切换，也可关闭该功能，而在需要进行成组选择时，在"选择对象："的命令行提示下通过"G↙组名↙"操作来进行成组选择。

> ★注意：①冻结的或锁住的图层上的组内对象无法进行成组选择。因此，在需要成组选择时必须确保组内所有对象所在的图层未被冻结或锁住，而在需要选中部分图层上的组内对象时，则可采取图层控制和成组选择相配合的方法来方便地进行。
>
> ②可通过"对象编组"对话框的"修改编组"部分的按钮来修改现有编组的部件组成。如需要分解编组，可使用 EXPLODE（X）命令。

10.1.5 其他加快大幅图形绘制速度的方法

其他一些加快大幅图形绘制速度的方法包括：

● 采用简捷高效的绘图编辑方法：如使用夹点编辑、『特性匹配』工具✐、快速选择等。

● 控制图面更新：在操作中随时注意冻结不用的图层，并可通过将系统变量 REGENMODE 设为 0，或关闭 REGENAUTO 来控制图形自动生成的发生。

● 控制图形文件量：可使用 PURGE 命令或将有用的图形对象转存为块文件来删除各种无用的图形元素（块、层、线型、形状及样式等）；还可在打开图形文件时使用局部打开（图 10-9），并在必要时通过【文件】>【局部加载】，按指定的视图或图层仅打开大幅图形中需要进行绘制编辑的部分。

10.2 大幅图形的分工协作

风景园林规划设计项目通常需要多方协作来完成，如施工图阶段的多工种协同设计，不同的人员通常需要负责完成不同的规划设计内容，往往需要频繁地交

图 10-9 局部打开图形文件

流工作进程和设计成果，最终将所有内容整合到一起生成成果。为了便于同步开展工作，缩短项目周期，可以充分利用 AutoCAD 的外部参照功能：即项目组成员可以共同参照同一基础底图，并且彼此参照对方的即时工作文件，在各自的工作图层上开展规划设计工作，最后可以通过绑定所有的参照文件生成最终的成果。

此外，无论是否使用外部参照，为了保证图形能够方便地对位、匹配，避免文件之间发生冲突，在分工协作中都必须注意遵守一些基本的规范性事项。

本节将对外部参照的使用和分工协作的注意事项进行简要的介绍。

10.2.1 外部参照的使用

外部参照是 AutoCAD 的一种图形附着方式。将图形作为外部参照附着时，会将该参照图形链接显示到当前图形文件中，但图形本身并不占用当前文件的数据库，因此即使附着一个很大的图形，当前图形的文件量也仅会稍微增加。而一旦被参照的图形进行了改动，当重新打开附着有该外部参照的图形文件，或重载该外部参照时，对参照图形所做的改动就会在当前图形中显示。一个图形可以作为外部参照同时被附着到多个图形文件中；反之，也可以将多个图形作为

参照图形附着到同一图形文件。如果需要修改外部参
照图形，还可通过外部参照的在位编辑对外部参照进
行即时的修改。而通过绑定外部参照，可以将外部参
照合并到当前图形文件中。

　　外部参照的操作和管理可通过包含了一组工具按
钮、两个双模式数据窗格的〖外部参照〗选项板来方
便地进行（图 10-10）。具体方法是：

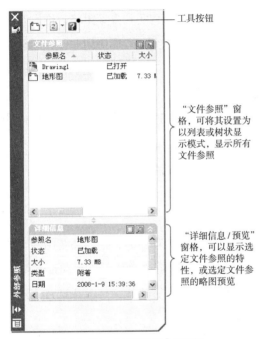

图 10-10　〖外部参照〗选项板

◆ 附着外部参照

　　XREF（XR）↙打开〖外部参照〗选项板，使用
其左上角第一个按钮中的"附着 DWG"选项 ⬚·访问
"选择参照文件"对话框（图 10-11），选择要附着的
文件后单击"打开"，在弹出的"外部参照"对话框中
选择适当的"参照类型"❶，设置"路径类型"为"完整
路径"以便于顺利跟踪参照文件，并指定插入点、缩

❶　参照类型可分为附着型和覆盖型。附着型的外部参照可以进行嵌套，
而覆盖型的外部参照则不会被嵌套。也就是说，当附着了外部参照
的图形本身作为外部参照被附着到另一图形时，其中附着的附着型
外部参照将被嵌套附着到另一图形中，而覆盖型外部参照将被忽略。

图 10-11　"选择参照文件"对话框

放比例和旋转角度（图 10-12）后单击"确定"，则
该参照文件将被附着到当前工作文件中成为外部参照。
而随之一起附着的、该文件中的所有有名元素，则均
按外部参照的对象命名方法，在其原有名称前添加参
照文件名，并以"|"分隔。即如果包含了"TREE"
图层的 A 文件被附着为 B 文件的外部参照，则在 B 文
件中，相应的图层名为"A|TREE"。因此，参照文件
一旦被附着，在当前工作文件中可以显示其所有图形
内容，并且可以通过图层操作来控制其内容的显示。

◆ 更新外部参照以反映修改内容

　　如果参照文件发生了修改变化，在重新打开工作
文件时，外部参照会自动更新以反映所有修改变化。

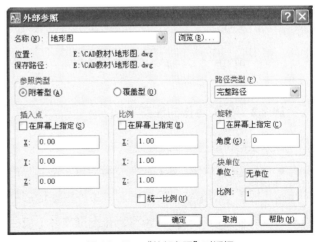

图 10-12　"外部参照"对话框

如果在工作进程中想了解参照文件是否发生了修改，则可通过〖外部参照〗选项板左上角第二个按钮中的"刷新"选项 📄▾ 来查询。刷新后在文件参照列表中，所有发生了修改的参照文件的状态会由"已加载"变为带有 ⚠ 符号的"需要重载"，提示该参照文件已发生了修改变化。这时，可以在〖外部参照〗选项板的文件参照列表中用鼠标右键单击该参照文件名，通过"重载"快捷菜单项来更新该外部参照。如果想对所有的外部参照进行"重载"操作，还可〖外部参照〗选项板左上角第二个按钮中的"重载所有参照"选项 📄▾ 来进行。

◆ 绑定外部参照

可在〖外部参照〗选项板的文件参照列表中用鼠标右键单击该参照文件名，通过"绑定"快捷菜单项访问"绑定外部参照"对话框（图 10-13）来进行。"绑定外部参照"对话框提供了"绑定"和"插入"2 个选项。这 2 种绑定方式都会将外部参照转换为当前工作文件的块参照。但如果使用"绑定"方式绑定外部参照，则外部参照中的命名对象将以"n"替代"|"分隔；而如果使用"插入"方式绑定外部参照，则外部参照中的命名对象将合并到当前图形中，不再添加任何前缀。

图 10-13 "绑定外部参照"对话框

10.2.2 分工协作的注意事项

在分工协作的过程中应注意以下几点：

● 统一图形对位：所有图形文件应统一按实际尺寸作图，视工作对象统一设置图形单位，根据地形图的原始坐标点进行统一定位，将所有图形文件（包括转存的块文件）的基点设为"0，0"点，在插入图形（块文件或外部参照）时同样指定插入点为"0，0"点，并严格禁止在工作过程中平移、缩放或旋转整个图形，以保证同一项目的所有图形文件能够准确对位。

● 规范图形管理：统一使用图层来管理对象特性和图形显示。为此，必须严格遵守图层管理及块和块文件的管理规则（参见第 4 章第 4.1.6 节和第 4.2.1 节的"6）风景园林规划设计中块与块文件的管理"）。

● 统一工作计划：块文件、参照文件中的有名元素应与当前文件中的有名元素不重名，否则在插入或绑定时可能会发生冲突，必须使用 RENAME 命令重命名重名元素。因此在工作开展之前，应统一制定工作计划，统一图层划分、图层设置、块命名等的基本原则，有助于文件管理的直观化并能保持文件的干净准确。

10.3 图纸集管理

在多人合作完成项目时，往往需要由多个图形文件打印输出一套完整的成果图。利用 AutoCAD 2005 以上版本新增的图纸集功能，可以非常方便地管理成果图的生成和输出。

图纸集是一个有序的命名集合，可以从任意图形将布局作为编号图纸输入到图纸集中，并将图纸集作为一个单元进行管理、传递、发布和归档（图 10-14）。

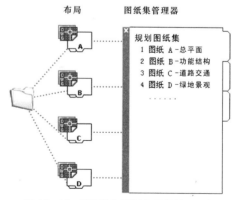

图 10-14 图纸集与图形布局的关系示意

使用图纸集生成、管理和输出成果图的具体方法是：

◆ 在各图形文件中分别创建相应的打印布局

采用统一的图框和打印配置文件、图纸尺寸等打印设置，项目组成员可以在各自的工作图形文件中分别创建与自己的工作内容相关的打印布局并进行图形排版。为了简化图纸集的管理，可将创建完自身打印布局的所有图形文件都复制到项目的打印目录下，并要求确保每个图形文件中只包含 1 个打印布局。如果某个图形文件中包含有数个打印布局，可在将其复制到打印目录时创建多个备份文件，在每个备份文件中只保留 1 个打印布局。

◆ 创建项目图纸集

使用 Ctrl+4 组合键打开〖图纸集管理器〗选项板，在其左上方的下拉命令列表中选择"新建图纸集"（图 10-15），使用创建图纸集向导创建项目图纸集（图 10-16~ 图 10-19）。所创建的图纸集将以 DST 文件格式保存到指定目录下。

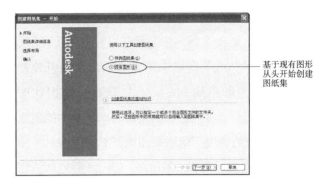

基于现有图形从头开始创建图纸集

图 10-16　创建图纸集 - 开始

输入图纸集名称

点击此指定图纸集保存路径。建议将图纸集文件和图纸图形文件存储在同一个文件夹中。这样在移动了整个文件夹，或者修改了服务器或文件夹的名称之后，图纸集文件仍然可以使用相对路径信息找到图纸

图 10-17　创建图纸集 - 图纸集详细信息

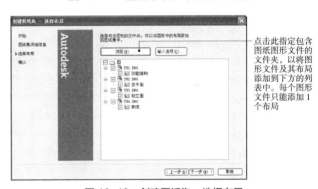

点击此指定包含图纸图形文件的文件夹，以将图形文件及其布局添加到下方的列表中。每个图形文件只能添加 1 个布局

图 10-18　创建图纸集 - 选择布局

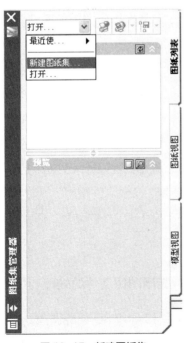

图 10-15　新建图纸集

图 10-19　创建图纸集 - 确认

◆ 使用图纸集管理器组织编排系列图纸

项目图纸集创建后，在〖图纸集管理器〗>〖图纸列表〗的"图纸"窗格中即会显示由该图纸集及其所包含的图形布局（图纸）共同组成的树状图（图10-20）。可以使用鼠标右键单击树状图中的图纸名，通过相应的快捷菜单项来添加新的图形布局（图纸）、对图纸进行重新编号和排序、删除不需打印的图纸（图10-21）；并可双击树状图中的图纸名以访问该图形布局，向该图纸添加图纸编号、项目名称等信息，并对其排版、打印预览效果进行最后的审核。

◆ 使用图纸集管理器发布图纸

项目的系列成果图组织编排完成后，可在〖图纸集管理器〗>〖图纸列表〗的"图纸"窗格中用鼠标右键单击该图纸集，通过"发布""发布对话框"快捷菜单项访问"发布"对话框，选中所有图纸并点选"页面设置中指定的绘图仪"、设置打印份数后（图10-22），点击"发布"即可将图纸集中的所有图纸按各自的布局排版发布至各自图纸页面设置中指定的绘图仪，打印输出一套完整的成果图。

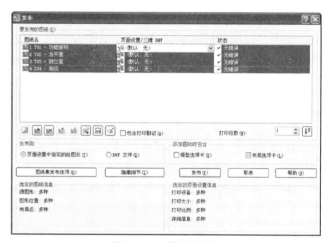

图10-22 发布图纸集

10.4 外来文件的处理和利用

在风景园林规划设计中，经常会遇到的外来文件可分为光栅图像文件和矢量图形文件两大类。其中，光栅图像文件主要是由纸质图形扫描得到现状图（地图、等高线地形图等）或设计草图（手绘草图），常被用于规划设计的参照底图；矢量图形文件则主要是矢量地形图（通常测绘部门可提供AutoCAD格式或GIS格式供选择），以及由协作方提供的设计图形文件（如建筑设计、基础工程设计人员提供的专项设计方案等，一般也使用AutoCAD绘制），因为并不能完全切合风景园林规划设计工作的需要，通常需要经过处理后再使用。

10.4.1 光栅图像文件的处理利用

AutoCAD和Civil 3D只能调用、参照而无法编辑光栅图像，因此光栅图像文件的处理利用主要涉及

图10-20 新建的图纸集

图10-21 图纸管理快捷菜单

①图像调用、②比例匹配、③图幅拼接以及④矢量化技术。由于光栅图像的来源和使用目的不同，所需的处理方式和方法也不尽相同。

1）光栅图像的调用

在 AutoCAD 中，光栅图像只能以参照的方式被图形文件调用❶。调用方法如下：

◆ 新建一个图层并设为当前图层，用于放置光栅图像。

◆【插入】>【光栅图像参照】，通过"选择图像文件"对话框指定要参照的光栅图像文件（图 10-23），点击"打开"访问"图像"对话框指定光栅图像文件的路径类型、插入点、插入比例和旋转角度（图 10-24）并确定后，即可插入带边框的光栅图像。其中，路径类型用于指定保存文件路径信息的方式以便能够顺利地获取参照图像，包括绝对路径、相对路径和无路径 3 种。如果光栅图像文件与当前图形文件在同一个文件夹中，可使用无路径类型；绝对路径包含了图像文件参照位置的完整层次结构，是最明确的路径指定方式；相对路径则只当前包含了图像文件参照位置的驱动器号或文件夹的部分路径。如果参照了光栅图像文件的图形文件需要移动存储位置，为了仍然能够顺利地获取参照图像，使用无路径的图像文件

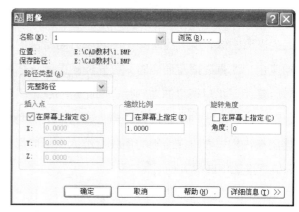

图 10-24　"图像"对话框

必须仍与图形文件放置在同一个文件夹中；使用绝对路径类型保存的图像文件必须保证其完整路径的忠实还原，因此缺乏灵活性；而使用相对路径类型保存的图像文件则可在任何驱动器中使用相同的文件夹结构同样顺利地获取参照图像，灵活性较大。

★注意：插入的光栅图像可通过点选边框而被选中，因此为便于对其进行处理编辑，不要关闭其边框的显示。在最后打印输出时如不需要边框，可使用【修改】>【对象】>【图像】>【边框】菜单项，将 IMAGEFRAME 系统变量值设为 0，关闭图像的边框。

2）图像比例的匹配

调用的光栅图像通常与实际尺寸不相符。由于调用光栅图像的目的一般只是为了用作规划设计的参照底图（参见第 2 章第 2.1.5 节的实例，类似的实际工作中通常使用的是手绘设计草图），无须精确的比例匹配，因此通常通过手工拟合的方法进行比例调整。具体的操作方法是：

◆ 选取光栅图像中能够获得准确尺寸比对的某一局部（如道路宽度、地块边界长度等），用 LINE（L）命令在准确的定位坐标处绘制一条相应长度的直线。

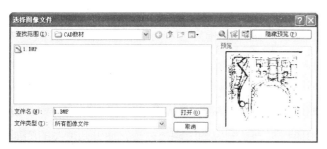

图 10-23　"选择图像文件"对话框

---

❶ 参照图像是通过路径名链接附着到图形文件的，它们不是图形文件的实际组成部分，仅会稍微增加图形文件的大小。如果链接的图像路径一旦发生更改，则图像内容将不可见。而删除链接的图像路径则会删除附着的参照图像。每个参照图像都有自己的剪裁边界和自己的亮度、对比度、褪色度和透明度设置。附着的图像可以像块一样多次重新附着。

◆ 使用 ALIGN（AL）命令，采用两对顶点缩放插入的光栅图像，使设计草图中比对部分与绘制的直线相拟合。注意在指定顶点时，在光栅图像上选取的点应尽量保证比对长度的准确性，如比对的是道路宽度，则应在路缘线的中心位置选点，并且选取的两点应与路缘线相垂直；在绘制的直线上选取点则应通过对象捕捉准确地选中其端点。

◆ 点选光栅图像的边框选中该图像，鼠标右击后通过"绘图次序"快捷菜单项将其后置到所有图形对象的底层，然后删除用于尺寸比对的绘制直线，即可参照该图像进行规划设计工作了。需要注意的是由于光栅图像的匹配比例并不精确，因此 CAD 绘图时应通过准确的数值描述和定位操作来获得精确的图形对象，如平行线必须通过指定准确的偏移值来绘制，线段长度必须明确给定等。

如果插入的光栅图像是扫描的地形图等已具有精确比例、并需要保证这一精确比例的图像，则可通过调整光栅图像文件的尺寸并在图像插入时通过对插入比例的控制来获得准确的图像尺寸。具体的操作方法是：

◆ 将需要调用的光栅图像的实际尺寸设成与原始扫描图纸的尺寸相同的尺寸。方法是在 Photoshop 中打开该图像文件，访问"Image Size"对话框中并确保其分辨率（Resolution）与扫描时采用的分辨率相同。如果不清楚扫描时采用的分辨率是多少，则可直接比对"Document Size"的宽度和高度值（图 10-25），使之与扫描图纸的尺寸相吻合。

◆ 在 AutoCAD 工作文件中，INSUNITS ✓指定将要附着到图形中的图像在进行自动缩放时所参照的单位值，使之与 AutoCAD 工作文件的单位相一致。"毫米"单位的 INSUNITS 变量值为 4，"米"单位的 INSUNITS 变量值为 6。

◆ 使用【插入】>【光栅图像参照】菜单项插入该光栅图像，其中插入比例应按光栅图像文件的缩放

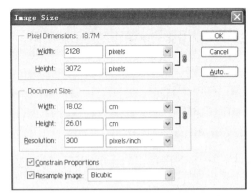

图 10-25　在 Photoshop 中调整光栅图像的实际尺寸

要求来设置。如果光栅图像的实际尺寸是与原始扫描图纸的尺寸准确匹配的，则插入比例应为原始扫描图纸打印比例的倒数值。如 1：1000 的扫描图纸，其插入比例应为 1000。

3）多幅扫描图像的拼接

在大尺度的风景园林规划中，规划区域的完整地形图通常需要由多幅分幅地图的扫描图像拼接而成。对于不同的使用要求，扫描图像的拼接方法会有不同。一般可分为以下两种情况：

● 如拼接后的扫描图像将作为方案表现的底图，则分幅地图的图框必须去除。在这种情况下，多幅扫描图像的拼接可在 Photoshop 中进行，可使用剪裁工具将每幅地图的图框去除后，开设足够大的画面将多幅地图依次拖放插入并移动对位，最后通过图层合并形成一幅完整的图像参照到 AutoCAD 中（图 10-26）。

● 如拼接后的扫描图像仅需作为工作时的参照底图，在最后打印输出时不需要显示，则可在 AutoCAD 中通过对光栅图像的透明化处理，使分幅地图的图框部分不会形成彼此的遮挡（图 10-27），从而满足使用要求。

在 AutoCAD 中，只有位图模式（Bitmap）的图像才能设成透明。光栅图像文件的模式调整可在 Photoshop 中处理。具体的操作方法是：

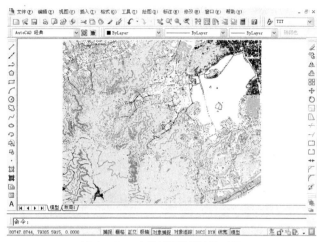

图 10-26　去除图框的拼接地形图

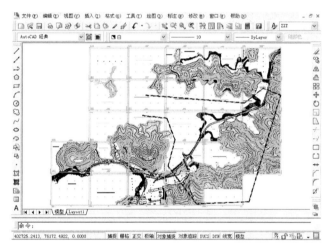

图 10-27　保留图框的拼接地形图

◆ 用 Photoshop 依次打开分幅地图进行模式转换：使用【Image】>【Mode】>【Grayscale】将图像变为灰度模式；通过颜色替换或明度、对比度调整去除图像中的灰色部分，使图像呈现线条清晰、黑白分明的效果；然后使用【Image】>【Mode】>【Bitmap...】再将其转变为位图模式；转变后的图像可通过"Save as"保存。❶

---

❶ Photoshop 的位图模式是一种黑白图像，不能表现逐渐变化的色彩和灰度。彩色图像不能直接转为位图图像，必须先转成灰度图像再转为位图图像。而灰度图像如果不去除图像中的灰色色块，则转成位图图像后色块处会产生大量的黑点，严重影响图像的外观和使用。

◆ 在 AutoCAD 的工作文件中参照 Bitmap 模式的图像文件，通过【修改】>【对象】>【图像】>【透明】菜单项选择图像并输入"ON"，将图像设为透明。

4）扫描图像的矢量化

在工作中常常需要对现状图进行分析或统计，如利用现状等高线创建地形曲面（参见第 7 章第 7.1 节）对现状用地进行面积统计等。这时就必须将扫描的图像矢量化。

如果扫描图像比较简单，矢量化可以在 AutoCAD 中通过描图的方式进行。即在工作文件中参照扫描图像，调整其比例并置于底层，然后用绘图命令和编辑命令描绘图像上的线条，完成后关闭放置参照图像的图层或拆离参照图像即可。事实上，参照手绘设计草图进行 AutoCAD 绘图就是一个扫描图像矢量化的过程。在描图过程中为便于观察图形对象，可将工作图层的颜色设置成与扫描图像对比分明的颜色。

但是，一般情况下现状地形图会比较复杂，通过 AutoCAD 描图进行矢量化的工作量会非常大，因此需要借助一些专门的矢量化软件来辅助工作。为便于在 AutoCAD 中直接使用矢量地形数据展开后续工作，建议使用 AutoCAD 的光栅图像处理插件产品 Raster Design 来进行扫描图像的矢量化。Raster Design 可以提供高级矢量化、光栅图像编辑和光栅数据预处理功能，能充分利用扫描图纸和地图、航空摄影、卫星影像以及数字高程模型有效地辅助规划设计。

使用 Autodesk Raster Design 矢量化扫描地形图的基本方法是：

◆ 先在 Photoshop 中将扫描图像处理成线条清晰的位图图像。

◆ 先运行 AutoCAD 再运行 Raster Design，则 AutoCAD 界面中会增加出【Image】菜单项。通过【Image】>【Insert】使用 Quick insert 选项插入位图图像，将其后置并改为透明。

◆ 使用【Image】>【Vectorization Tools】>
【Contour Follower】按照系统提示追踪等高线。可
通过"Specify point to follow"点击位图上需要跟踪
的等高线部位进行自动追踪，也可使用"Manually
add point"方式通过连续选点进行手动追踪。为了很
好地拟合原始等高线，一般需要自动追踪和手动追踪
配合使用，并可使用 cOntinue 子命令继续追踪、使
用 Backup 子命令在追踪过程中后退，或使用 Add 子
命令增加顶点。追踪形成的矢量等高线是多段线。一
旦形成矢量等高线，位图图像中的这条线会同时删除。
因此存盘时，系统会提示是否要将修改保存到栅格文
件中。为防止操作失误丢失已完成的矢量等高线，建
议在追踪过程中应随时注意存盘。

◆ 完成所有的等高线后，冻结放置位图图像的图
层并将所有的矢量等高线写出为块文件，即可获得矢
量地形图文件。

10.4.2 矢量图形文件的编辑整理

矢量地形图通常由测绘部门提供，出于专业测量
的目的，一般包含详细、精细的地图要素，文件量较
大且图层较多，不完全符合风景园林规划设计的使用
需要；由协作方提供的设计图形文件也会包含大量与
风景园林规划设计无关的、属于其他专业范畴的内容
和无用的图层、样式等冗余信息。此外，由于一些形
文件的差异，外来矢量图形文件中的一些信息经常不
能正常地显示，如由于缺少相应的文字字体文件，外
来矢量图形文件的标注内容经常不能显示。因此，外
来的矢量图形文件在使用前，通常需要进行一定的编
辑整理，以去除文件中的无用图形对象和相应的有名
元素，调整文件中有用对象的外观显示和管理方法，
使得图形文件量尽可能变小，而图形管理符合具体工
作的设想和要求。图 10-28 就是在进行某居住小区的
环境设计时，对建筑设计方提供的小区建筑设计总图

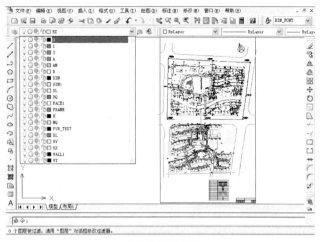

（a）编辑整理前

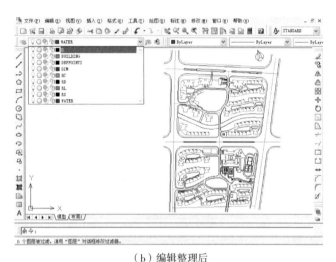

（b）编辑整理后

图 10-28　外来矢量文件的冗余信息处理

加以编辑整理之后，去除了大量的冗余信息，形成了
小区环境设计的基础底图。

通常情况下，外来矢量图形文件的编辑整理主要
涉及 3 个方面：①字体的替换；②无用图形对象的筛
选和删除；③图层的合并和整理。在编辑整理之前，
应注意将原文件备份保存。在编辑整理之后，可通过
将图形文件转存为块文件来去除在编辑整理过程中生
成的所有无用元素（如不再包含有图形对象的图层、
不再被参照的块等），并对所有图层进行重命名和颜色、
线型等特性调整，以形成符合要求的工作文件。

下面分别对字体替换、无用图形对象的筛选和删除、图层的合并和整理这 3 项编辑整理工作进行详细的说明。

1）字体替换

在 AutoCAD 中，中文标注可使用的中文字体分为 Windows 标准字体和大字体（Big Font）两种。前者是 Windows 系统提供的常用中文字体，是一种实心填充字，重新生成慢，但便于进行图形文件交换，并可将 TEXTFILL 变量设为 0 以打印空心字；后者是一种双字节的字体，可从各种 Big Font 中文汉字型文件中获得，字体多样美观，但由于不同用户的字型文件库往往不统一，不利于图形文件交换。因此，使用了 Big Font 的外来矢量图形文件，在打开时经常会提示电脑不能识别这些字体，并且在打开后相应的文字标注内容不能正常显示，需要进行字体替换。替换的方法是：

◆ 在图形文件打开时，对于所有出现"指定字体给样式"的对话框提示（图 10-29），均记录下样式名并点击"取消"关闭对话框。

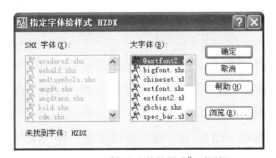

图 10-29　"指定字体给样式"对话框

◆ 在图形文件打开后，通过 STYLE（ST）命令访问"文字样式"对话框，在"样式名"下拉列表中一一选取所记录的样式，为它们重新指定字体后点击"应用"（图 10-30），使用新指定的字体替换该样式的原字体，则相应的文字标注内容将得以正常显示。

图 10-30　"文字样式"对话框

★注意：为避免在文件交换时因遗漏相关的字体文件导致文字标注内容不能正常显示，建议使用电子传递，以便能够将所有要传递的文件自动包含在传递包内，从而避免此类错误的发生。

2）冗余图形对象的筛选和删除

每一类无用图形对象的筛选和删除均可通过对象特性查询、尝试性筛选和删除、准确筛选和删除的过程来完成。基本的方法是：

◆ 对象特性查询

可使用〖特性〗工具查询无用图形对象的类型、图层、颜色等信息。如果是块对象，还可试验性地选择一个加以分解，以查询创建该块时图形对象所在的图层、颜色等信息，但查询完后应注意通过 UNDO 来取消分解操作。

◆ 尝试性筛选和删除

——冻结查询到的无用图形对象的图层，并仔细审查该操作是否准确地去除了这一类图形对象。如果是，则可一直保持该图层的冻结状态，并在所有无用图层整理完成之后通过转存块文件的操作来删除该图层及其所包含的图形对象。但通常情况下，该图层上可能还会包含一些有用的图形对象。如果数量较少，则可通过改变这些有用对象的图层来避免误删；如果数量较多，则必须解冻该图层并通过准确筛选和删除来去除该类无用的图形对象。

◆　准确筛选和删除

无用图形对象的准确筛选可使用快速选择的方法，通过查询获得的该类无用对象的其他特性来进一步缩小筛选范围。准确地选中了某一类无用图形对象后，可通过 ERASE（E）命令直接删除。

3）图形的规范性整理

删除无用的图形对象之后，应进一步进行图形的规范性整理，主要是图层的合并和整理，通过将保留的图形对象合并到若干个工作图层上、形成并删除一系列空图层来完成。

其中，将图形对象进行图层合并的具体方法是：

◆　确保所有需要合并的图层为打开（ON）的状态。

◆　隔离需要合并的图层

【格式】>【图层工具】>【图层隔离】，逐一选择地形图中需要合并的图层上的对象，每个图层可只选中一个对象。回车后这些被选中对象的图层将被隔离出来，图面上将只显示这些图层上的对象，其余的不相关图层将被关闭。

◆　重新分配对象的图层

如果图层上的所有对象需要进行一致的图层改换，可使用框选将选中所有显示的对象，利用工具栏一次改至所需的层；如果图层上的不同对象需要被改放到不同的图层上，则需要分别选中并分次改至所需的层。

◆　打开被关闭的图层

使用 LAYER（LA）命令访问"图层特性管理器"，在图层列表的空白处单击鼠标右键，使用"全部选择"快捷菜单项选中所有图层，然后点击任一被关闭图层的"开/关"状态符，即可打开所有被关闭的图层。

★注意：重新分配对象图层时，选择所有显示对象必须使用框选，不能使用全选（ALL）否则关闭的图层上的对象也会被选中。

在图层合并整理之后，如果形成的空图层不多，可直接在"图层特性管理器"（参见图 4-1a）中使用"删除图层"按钮✖进行删除；如果形成的空图层较多，则可使用 PURGE（PU）命令进行清理。

10.5　AutoCAD 与其他效果表现软件和 GIS 软件的图形文件交换

风景园林规划设计中常用的效果表现软件主要是 Photoshop、SketchUp 和 3DS Max：

● Photoshop：主要用于导入 AutoCAD 的二维方案图形进行平面效果图的渲染制作或加工。

● SketchUp：通常用于导入 AutoCAD 的二维方案图形、进行快速而粗略的建模（草模）和渲染表现，以便使甲方或专业的效果图制作公司能够对方案有一个直观的了解。有时候，SketchUp 完成的模型还可能需要重新导入到 AutoCAD 中进行统一的排版输出。

● 3DS Max：尽管 AutoCAD 2007 以上的版本集成了过去在 Autodesk 3ds Max ray 软件中使用的、渲染技术中最新的 Mental 渲染引擎，但 3DS Max 拥有丰富的材质，并可使用一些植物（树木）建模插件来获得丰富的树木造型和风吹树动等逼真的表现效果，因此在对场景真实性要求较高的情况下，仍需要将 AutoCAD 的三维模型导入 3DS Max 中进行模型渲染和动画表现。

目前，国外流行的专业 GIS 软件中有 ArcGIS、MapInfo、Genamap 等；国内的 GIS 软件发展也较快，比较突出的有 Geostar、MapGIS、WinGIS 等。其中，ESRI 公司的 ArcGIS 系列产品占据了世界 GIS 市场的极大份额。由于全球几乎所有的 GIS 软件都支持 ArcGIS 的数据格式，我国各级测绘部门发布的 GIS 数据大多采用 ArcGIS 的格式，其数据格式已经成为事实上的 GIS 数据标准。因此，Autodesk 系列软件与专业 GIS 软件之间的数据交换，最常见的就是为了将 CAD 数据导入 ArcGIS 以完成一系列分析工作。

10.5.1　CAD 图形导入到 Photoshop

AutoCAD 是矢量图形软件，Photoshop 是光栅图像软件，因此 AutoCAD 和 Photoshop 之间的文件交换实际上就是矢量图形文件和光栅图像文件的转换。

一般说来，矢量图形文件转换为光栅图像文件可以采用 3 种方法：①通过计算机屏幕拷贝将屏幕上显示的矢量图形转换为光栅图像；②利用 AutoCAD 的图形输出（Export）功能将 DWG 文件输出成为位图（BMP）文件；③使用 AutoCAD 的打印输出功能输出多种格式的光栅图像文件或 EPS（PostScript）文件。其中，前两种方法转换得到的光栅图像精度较低。在风景园林规划设计中，通常要求输出高精度图像，就必须采用第 3 种打印输出的方法。

在 AutoCAD 中打印输出光栅图像的基本步骤是：①添加光栅文件格式或 PostScript 的打印配置文件；②对需要转换的矢量图形进行排版；③将矢量图形打印成光栅图像文件或 EPS 文件（具体可参见第 5 章和第 9 章第 9.1.1 节）。在这一过程中，最为关键的技术要领是图纸尺寸的准确换算。为此需要对光栅图像文件的尺寸加以深入的理解。

光栅图像文件也称位图，是由许多像素（Pixel）点组成的。像素由其位置值与颜色值定义，不同位置上的像素可设置成不同的颜色，大量的像素组合在一起可构成颜色和色调变化丰富的图像。光栅图像文件记录的是文件中每个像素的位置和色彩数据。因此，图像文件的像素越多，则图像越清晰逼真，而文件量也就越大。

正由于光栅图像文件是由像素点组成的，因此其在计算机中的度量单位是像素数，即图像的尺寸

是由图像在长、宽方向上的总像素数量来衡量的。如 3600×1800 大小的光栅图像，就是指其长度方向共有 3600 个像素点，其宽度方向共有 1800 个像素点。

但光栅图像文件在 Photoshop 中实际打印输出时，通常需要以长度单位来度量，这就需要将以像素数度量的图像尺寸转换为毫米等长度单位。这一转换是通过"分辨率"来实现的。

在光栅图像文件中，分辨率是每单位长度上的像素数，通常用"每英寸中的像素数"（dpi）来定义。如常用的印刷分辨率 300dpi，就代表每英寸上包含 300 个像素点。

因此光栅图像文件的尺寸可分为图像尺寸和打印尺寸，它们之间的换算关系可用下式表达：

$$图像尺寸（pixels）= 打印尺寸（mm）/2.54（mm/inch）× 分辨率（dpi）$$

AutoCAD 在打印输出光栅图像时，使用的图纸尺寸实际上指的是图像尺寸，必须根据 AutoCAD 中矢量图形的打印尺寸（图框的长度和宽度）、Photoshop 中最终打印输出图像时所要采用的分辨率来换算得到，从而保证 AutoCAD 的矢量图形在 Photoshop 中进行处理后，仍能使用原矢量图形的打印尺寸按比例准确地打印输出。

10.5.2　与 SketchUp 的图形文件交换

AutoCAD 与 SketchUp 的图形文件交换可以直接通过 DWG 文件的导入 / 导出操作来进行。操作时需要注意图形单位的设置和换算，以保证图形尺寸不发生改变。此外，AutoCAD 导入 SketchUp 的通常是 2D 图形，为了便于在 SketchUp 中建模，需要对 DWG 文件进行一些预先的整理。

AutoCAD 图形导入 SketchUp❶ 的基本方法是：

◆ 在 AutoCAD 中完成并整理 DWG 平面图

将 CAD 文件导入 SketchUp 后建立 3D 模型的工作效果，实际上取决于 CAD 图的质量。因此，图形绘制时应注意线条简洁准确、分层简单但清晰严格。在文件交换之前，DWG 文件的整理应注意以下几点：

① 清除与 SketchUp 建模无关的图形信息，如文字、标注、填充图案、同一图层上重叠的线条等，只保留基本的平面图形，并统一图形的高程值（即 Z 坐标值，通常为 0），按照在 SketchUp 中拉伸建模的要求归并图层（CAD 制图中过分详细的分层对于在 Sketchup 中建模是不需要的）并检查、保留必要的图块（以便在导入 SketchUp 后能够自动成组，方便管理）。

② 按照在 SketchUp 中拉伸建模的要求分图层导出 DWG 文件（如将建筑墙体和门窗等分别导出成独立的 DWG 文件），并补全各个图层上的图形（如门窗位置上的墙线），以便在 SketchUp 中能方便地通过逐层导入、自动成组、分别进行拉伸编辑，并且可以有效避免不同图层上彼此重合的线在导入 SketchUp 的过程中被清理掉。

③ 利用高版本 AutoCAD 绘制的图形文件，在导入 SketchUp 时，往往需要转存为 SketchUp 版本所支持的 AutoCAD 低版本图形文件。如在导入 Google Sketchup 6 中文版时，必须先转换为 AutoCAD 2004 版本的文件。

◆ 设置 SketchUp

包括图形单位设置和显示设置。图形单位设置可通过【窗口】>【场景信息】菜单项访问"场景信息"对话框，在左侧列表中选择"单位"并设置成与 DWG 文件相一致的单位和精度（图 10-31），这样建

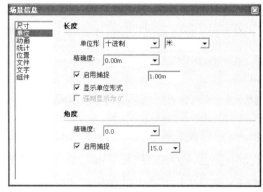

图 10-31　图形单位设置

模时可以保证模型的高度能够按照实际尺寸来进行拉伸。显示设置则可通过【窗口】>【风格】菜单项访问"风格"对话框，在其中的"编辑"选项卡中将"轮廓"项进行取消选择（图 10-32），以保证导入的 DWG 文件中线条为细线，方便精确建模。如需保存这些设置以便以后使用，可以将其保存到 SketchUp 安装目录下的 Templates 文件夹，并通过【窗口】>【参数设置】菜单项访问"系统属性"对话框，指定其为默认模板（图 10-33）。

◆ 在 SketchUp 中导入 DWG 平面图

【文件】>【导入】，在"打开"对话框中，指定"文件类型"为"ACAD Files（*.dwg，*.dxf）"，选

图 10-32　图形显示设置

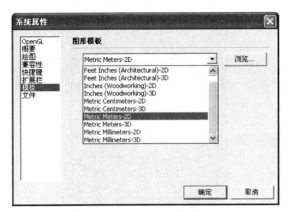

图 10-33　指定默认模板

择要导入的 AutoCAD 文件，并点击右侧的"选项"按钮，设置导入图形的比例单位（图 10-34）。导入图形的比例单位应与 DWG 文件单位一致，以确保导入 SketchUp 的 DWG 文件与其 AutoCAD 中的图形比例保持 1：1，即图形尺寸不发生改变。图形导入后可通过"Ctrl+Shift+E"组合键来使其充满视窗，以便于进一步的编辑。

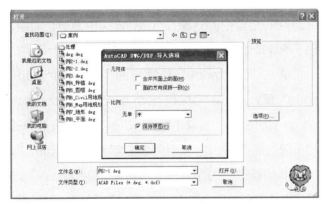

图 10-34　导入设置

SketchUp 模型导入 AutoCAD 则相对简单，具体方法是：

◆ 在 SketchUp 中完成模型并保存。

◆【文件】>【导出】>【3D 模型】，在"导出模型"对话框中选择文件类型为"AutoCAD（*.dwg）"，指定文件保存路径并输入文件名，并点击"选项"

按钮，在"AutoCAD 导出选项"对话框中选择软件版本和导出内容（图 10-35），确定后即可导出模型到 AutoCAD 中打开。

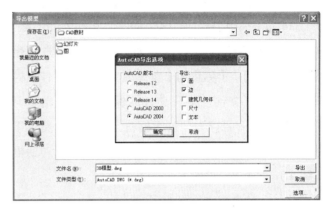

图 10-35　导出设置

10.5.3　CAD 模型导入到 3DS Max

CAD 图形文件可以 DWG 或 DXF 格式导入到 3DS Max 中。其中，DXF 是 CAD 的图形交换专用格式，浮点精度最多可达 16 位小数，能实现高精度的图形交换。

在实际工作时，既可以将 CAD 的 2D 图形导入到 3DS Max 中进行建模和渲染，也可直接将 CAD 的 3D 模型导入到 3DS Max 中进行渲染。由于 AutoCAD 的三维操作较为简便，且创建的模型精度较高，经常采取后一种方法。

CAD 模型导入 3DS Max 通常需要按材质分层导入 3DS Max。具体的导入方法是：

◆ 在 AutoCAD 中完成建模并进行图形文件整理

AutoCAD 中创建的三维实体或表面模型都可作为曲面模型导入到 3DS Max 中。完成建模后必要的图形文件整理工作包括：

①删除不必要的对象并冻结不必要的图层，以防止它们被导入 3DS Max，无谓地加大图形文件量。

②检查模型对象的图层分布，确保不同材质的对

象位于不同的图层上，以便 3DS Max 按图层赋予对象材质。尤其要注意门窗的玻璃和框体往往以图块绘制，需要分解后放到不同的图层。

③检查图形文件的单位是否正确。

④如需采用 DXF 格式交换图形，可在 AutoCAD 中先将 DWG 工作文件转存为 DXF 文件。方法是通过【文件】>【另存为】菜单项将 DWG 工作文件转存为 DXF 文件，DXF 文件的保存格式和精度可通过从"图形另存为"对话框右上角的"工具"下拉按钮中选择"选项"，访问"另存为选项"对话框（图 10-36）进行设置。

图 10-36　设置 DXF 文件的保存格式和精度

◆ 设置 3DS Max❶ 的系统单位

通过【Customize】>【Units Setup】菜单项访问"Units Setup"对话框，点击"System Unit Setup"按钮打开"System Unit Setup"对话框，将 3DS Max 的系统单位与 AutoCAD 图形的单位设置成一致，以保证图形尺寸的匹配（图 10-37）。

◆ 在 3DS Max 中导入 AutoCAD 模型

通过【File】>【Import】菜单项访问"Select File to Import"对话框，指定文件类型为"AutoCAD Drawing（*. DWG，*. DXF）"，并选择需要导入的

❶ 以下介绍中所采用的是 3DS Max 2008 英文版。

图 10-37　图形单位设置

目标文件，确定后在弹出的"AutoCAD DWG/DXF Import Options"对话框中进行如下基本设置：

①在"Geometry"选项卡的"Derive AutoCAD Primitives by"部分，从下拉列表中选择"Layer"，并勾选"Creat one scene object for each AutoCAD Architecture one（Layer）"选项（图 10-38a），使得 AutoCAD 的图层进入 3DS Max 后仍保留层名，并且同一个层中的对象在 3DS Max 中为一个对象，便于选择操作。

②在"Geometry"选项卡的"Geometry Options"部分，勾选"Orient normals of adjacent faces consistently"选项（图 10-38a），将所有面的法线设置为相同的方式，以避免法线翻转出现"破面"❷。

③如模型中曲面较多，可勾选"Geometry"选项卡中"Geometry Options"部分的"Auto-smooth adjacent faces"选项并设置"Smooth-angle"（图 10-38a），对相邻的表面进行光滑处理，使曲面平滑显示。

❷ 由于法线方向改变而导致的"破面"现象是 AutoCAD 模型导入 3DS Max 中时经常会发生的问题。除了通过统一法线方向来解决之外，也可在模型导入时通过勾选"Geometry"选项卡中"Geometry Options"部分的"Cap closed splines"选项进行封面来避免，还可在模型导入后通过手动修改将方向错误的法线转正、赋予所有的对象双面材质等方法来纠正。

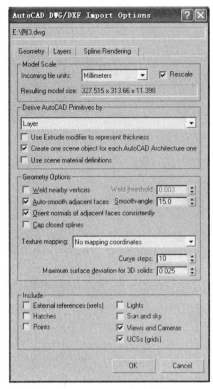

（a）"Geometry"选项卡设置

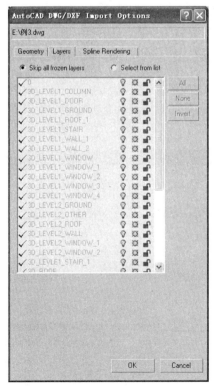

（b）"Layers"选项卡设置

图 10-38　图形导入基本设置

④如 CAD 模型中已保存有特定的视图，或是添加了灯光等场景设置，也可在"Geometry"选项卡的"Include"部分勾选相应的选项（图 10-38a），一并导入。

⑤在"Layers"选项卡中勾选"Skip all frozen layers"选项（图 10-38b），不导入 CAD 文件中的冻结图层。

10.5.4　CAD 图形导入 ArcGIS

ArcGIS 的桌面产品目前主要是 ArcMap 和 ArcGIS Pro，主要的工作数据类型包括：

● Shapefile：Shapefile 是 ArcView GIS 3.x 的原生数据格式，是一种矢量文件格式，可存储要素的几何图形和属性（数据），但不存储拓扑信息。因此相对其他数据格式，Shapefile 能够较少地占用存储空间，在显示和访问效率上要快许多。单个 Shapefile 由文件名相同但文件扩展名不同的三个物理文件组成：.shp 文件存储点、多段线和多边形几何数据，但一个 shp 文件只能存储一种几何图形；.shx 文件存储几何图形地图要素的索引；.dbf 文件则存储与地图要素关联的数据（如属性数据）。

● Coverage：Coverage 是 ArcInfo 的原生数据格式，也是一种矢量文件格式，被称为"基于文件夹的存储"，在 Windows 资源管理器下，空间信息和属性信息分别存放在两个文件夹里：几何和空间拓扑关系都按要素类（Feature Class）存储在不同的二进制文件中，与之相关的属性数据则被存放在 INFO 表或 RDBMS 中（ArcInfo 存储在 DBF 表中）。实际上，Coverage 是作为文件目录存储在硬盘上。在目录中，每个文件都包含有属于 Coverage 的特定数据：如 ARC 文件包含圆弧的坐标，LAB 文件包含标签点的坐标，TIC 文件包含具有已知真实世界坐标的点等。这些文件可用于构造和描述地理要素，或提供对 Coverage

数据管理和浏览。Coverage 是一个非常成功的早期地理数据模型，二十多年来深受用户欢迎。ESRI 不公开 Coverage 的数据格式，但是提供了 Coverage 格式转换的交换文件——E00 文件，并公开数据格式，便于 Coverage 数据与其他格式的数据之间的转换。

● Geodatabase：Geodatabase 是 ESRI 的第三代数据模型，以基于数据库的管理方式存储、管理数据。在 Geodatabase 中不仅可以存储类似 Shapefile 的简单要素类，还可以存储类似 Coverage 的要素集，并且支持一系列的行为规则对其空间信息和属性信息进行验证。表格、关联类、栅格、注记和尺寸都可以作为 Geodatabase 对象存储。在同样的操作环境下，可提供容量上限为 2GB 的个人数据库和能够满足海量地理数据存储需求的企业级数据库。

ArcGIS 中导入 DWG 数据，一般采用 3 种方法：

①直接在 ArcGIS 中加载读取 DWG 数据文件，可以显示 CAD 图形，但后续分析工作会有很多限制。

②直接在 ArcGIS 中加载 DWG 数据文件后导出成 Shapefile 或 Geodatabase 文件并重新加载，则后续的分析工作不受限制，但是数据转换后会有很多问题，质量难以保证，从而影响分析的准确有效。

③直接在 ArcGIS 中加载 DWG 数据文件后导出成 Geodatabase 文件并重新加载，然后用拓扑规则检查、修正拓扑数据，再进行分析。这一方法可保证数据质量，实现准确有效的分析，是常规采用的方法。但是由于 CAD 软件和专业 GIS 软件的固有差别，数据转换后检查、修正拓扑错误的工作量往往会很大。

此外，可借助 Map 3D 这一 CAD 与 GIS 的集成软件，通过输入 / 输出数据来实现 CAD 数据和 GIS 数据的交换，更为方便地实现了对 CAD 与 GIS 信息的综合利用。

在 Map 3D 的"Map 经典"界面中，GIS 文件的导入是通过【地图】>【工具】>【输入】菜单项访问"输入位置"对话框来实现的，而 CAD 文件导出成 GIS 文件则是通过【地图】>【工具】>【输出】菜单项访问"输出位置"对话框来实现的。以 Autodesk Map 3D 2007 为例，在这 2 个对话框中的"文件类型"下拉列表中，分别有"ESRI ArcInfo Coverage"、"ESRI ArcInfo Export（E00）（*.e00）"和"ESRI Shape（*.shp）"，可按需要选择指定相应的文件类型（图 10-39）。

对于不同的 GIS 文件类型，Map 3D 采用的输入 / 输出方法不尽相同。

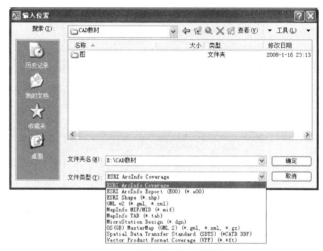

（a）"输入位置"对话框

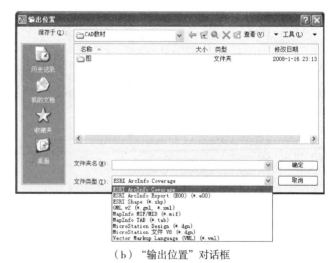

（b）"输出位置"对话框

图 10-39　输入 / 输出的文件类型

1）Shape 文件的输入和输出

由于每个 Shapefile 仅存储一类要素数据且包含多个物理文件，因此 Map 3D 既可以基于文件来输入 / 输出 Shapefile，也可基于文件夹来输入 / 输出 Shapefile。基于文件的输入 / 输出就是每次可以选择输入一个或多个单独的 .shp 文件，或是可以输出一种特定类型的数据；基于文件夹的输入 / 输出则可文件夹中的所有文件都包含在输入中，或一次可以输出多种类型的数据。输入 / 输出方式的更改可通过自定义 .ini 初始化文件来达成。

输入 Shapefile 时的注意事项包括：

● 为当前的 Map 3D 图形指定与输入文件相同的坐标系，以保证输入的图形能够准确对位。

● 应将完整的一组 .shp、.shx 和 .dbf 文件放在同一个文件夹中，以便能够基于文件夹来同时输入图形数据和属性数据。

● 在输入操作过程中，可以保留指向存储在 .dbf 文件中的数据的链接，也可以将这些数据输入到 Map 3D 图形中的对象数据中。

● 从 Shapefile 输入时，不能保留点符号、线条样式以及填充样式。因此在转换前，需要将这些项目放置在关联数据库中的一个或多个字段内，以便可以使用图形文件中的这些值重新指定图形对象的显示特性。

● 由于 Shapefile 不支持颜色，可将输入的对象放置到 CAD 图层中，然后通过图层来控制输入对象的颜色。

输出 Shapefile 时的注意事项包括：

● 图形中的闭合多段线可输出成为直线或多边形。要将闭合多段线输出为直线，输出时可选择"直线"对象类型；要将闭合多段线输出为多边形，在输出时选择"多边形"对象类型，并选择"选项"选项卡上的"将封闭多段线视为多边形"选项。

● Shapefile 中的数据应存储在经纬度坐标中，而不是笛卡尔坐标。因此在输出前，应确保已为 Map 3D 文件指定了适当的坐标系，从而将几何数据的坐标转换为经纬度。

● Map 3D 在输出文字到 ShapeFile 中时，.shp 文件中包含的是指示文字位置的点，而 .dbf 文件中则创建了文字角度字段、文字大小字段和文字字符串字段。

2）Coverage 文件的输入和输出

（1）输入

Map 3D 在输入 Coverage 文件时，将 Coverage 目录中各个文件中的特定要素分别转换为不同图层上的不同图形对象。表 10-2 中显示了输入转换时 Coverage 要素与 AutoCAD 对象的对应情况。

Map 3D 输入的 Coverage 要素与转换的 AutoCAD 对象对应表　　　　　　　　　　表 10-2

Coverage 要素	图形对象
点	_point 图层上的点，对象数据或外部数据库中的 PAT 属性
圆弧	_arc 图层上的草图，对象数据或外部数据库中的 AAT 属性
多边形	_poly 图层上的闭合多段线，在附着到多段线的对象数据中的 PAT。此外，所有线段都作为草图复制在 _arc 图层上。如果要在 Autodesk Map 3D 中重新创建拓扑，可使用 MAPCREATECENTROIDS 命令创建质心并将属性数据从多段线或多边形移动到质心，然后通过拓扑命令使用 _arc 图层创建拓扑
dBASE 中具有 FAT（要素分配表）的点、圆弧和多边形	转换为相应几何图形对象数据中的属性
注释	_text 图层上的文字，_textarrow 图层上的文字箭头
Tic	_tic 图层上的点，对象数据中的属性

输入时的注意事项包括：

● 为当前的 Map 3D 图形指定与输入文件相同的坐标系，并在输入时将"可选要素类型"选项设置为"提取 TICS"，以保证输入的图形能够具有准确的坐标定位。

● 如果 Coverage 包含一个描述 Z 值的字段（通常为 SPOT 或 ELEVATION），输入后此字段将只会被视为属性，而不转换为 Z 值。必须使用特性查询更改相应图形对象的标高。

（2）输出

Map 3D 在向 ArcInfo 输出 Coverage 文件时，既可将输出数据保存到某一既有的空文件夹中，也可自动创建一个 Coverage 文件夹保存输出数据。输出数据将被分类写入到目标文件夹下各自的子目录中。

输出时的注意事项包括：

● 写入的目标文件夹应确保为空。如果写入的文件夹中包含有日志文件或文本文件，可能会丢失一些数据。

● 圆弧、样条曲线以及圆等图形对象将被分段输出到 Coverage 中，可在 .ini 初始化文件中修改分段设置的信息，控制分段输出的精度。

● 图形对象的标高值可通过选择 Elevation 特性输出，这些值将作为属性表字段存储在 Coverage 中。

● 文本或多行文本输出到 Coverage 中生成的要素类型为注释，将只反映文本内容，任何与文本对象链接的数据都将丢失。

● 输出时，输出文件在写入到文件前将存储在内存中。如果输出大型图形时遇到问题，需要增加虚拟内存的容量。

3）E00 文件的输入和输出

Map 3D 支持 Coverage 的交换格式 E00。在输入 E00 文件时，同样需要为当前的 Autodesk Map 3D 图形指定与输入文件相同的坐标系，并在输入时将"可选要素类型"选项设置为"提取 TICS"，以保证输入的图形能够具有准确的坐标定位。而在输出 E00 文件时，由于所有的信息被写出到一个单独的文件中，因此文件可能会明显增大，必要时可选择压缩输出。

习题

1. 根据自己的工作习惯和要求，设置并保存一系列备用的图形样板文件。

2. 结合自己的规划设计实践进行相关的操作实践，以掌握本章介绍的图形文件组织管理与分工协作的技术要领。

3. 尝试安装 Photoshop、SketchUp、3DS Max、ArcGIS 软件并进行图形文件的交换。

附录 1 AutoCAD 默认的命令别名一览表

命令别名	命令	功能说明
3A	3DARRAY	创建三维阵列
3DMIRROR	MIRROR3D	创建相对于某一平面的镜像对象
3DO 或 ORBIT	3DORBIT	控制在三维空间中交互式查看对象
3DW	3DWALK	交互式更改三维图形的视图，使用户就像在模型中漫游一样
3F	3DFACE	在三维空间中的任意位置创建三侧面或四侧面
3M	3DMOVE	在三维视图中显示移动夹点工具，并沿指定方向将对象移动指定距离
3P	3DPOLY	在三维空间创建多段线
3R	3DROTATE	在三维视图中显示旋转夹点工具并围绕基轴旋转对象
A	ARC	创建圆弧
AC	BACTION	向动态块定义中添加动作
ADC 或 DC	ADCENTER	显示"设计中心"，管理和插入块、外部参照和填充图案等内容
AECTOACAD	–ExportToAutoCAD	创建分解所有 AEC 对象的新 DWG 文件
AA	AREA	计算对象或指定区域的面积和周长
AL	ALIGN	在二维和三维空间中将对象与其他对象对齐
3AL	3DALIGN	在二维和三维空间中将对象与其他对象对齐
AP	APPLOAD	加载和卸载应用程序，定义要在启动时加载的应用程序
AR	ARRAY	创建按指定方式排列的多个对象副本（显示"阵列"对话框）
–AR	–ARRAY	创建按指定方式排列的多个对象副本（显示命令行提示）
ATT	ATTDEF	创建属性定义（显示"属性定义"对话框）
–ATT	–ATTDEF	创建属性定义（显示命令行提示）
ATE	ATTEDIT	改变属性信息（显示"编辑属性"对话框）
–ATE	–ATTEDIT	改变属性信息（显示命令行提示）
B	BLOCK	根据选定对象创建块定义（显示"块定义"对话框）
–B	–BLOCK	根据选定对象创建块定义（显示命令行提示）
BC	BCLOSE	关闭块编辑器
BE	BEDIT	打开"编辑块定义"对话框，然后打开块编辑器
BH 或 H	HATCH	用填充图案、实体填充或渐变填充填充封闭区域或选定对象（显示"图案填充和渐变色"对话框）
BO	BOUNDARY	从封闭区域创建面域或多段线（显示"边界创建"对话框）
–BO	–BOUNDARY	从封闭区域创建面域或多段线（显示命令行提示）

命令别名	命令	功能说明
BR	BREAK	在两点之间打断选定对象
BS	BSAVE	保存当前块定义
BVS	BVSTATE	创建、设置或删除动态块中的可见性状态
C	CIRCLE	创建圆
CAM	CAMERA	设置相机位置和目标位置，以创建并保存对象的三维透视视图
CH 或 MO 或 PR 或 PROPS	PROPERTIES	控制现有对象的特性
–CH	CHANGE	修改现有对象的特性
CHA	CHAMFER	给对象加倒角
CHK	CHECKSTANDARDS	检查当前图形的标准冲突情况
CLI	COMMANDLINE	显示命令行
COL	COLOR	设置新对象的颜色
CO 或 CP	COPY	在指定方向上按指定距离复制对象
CT	CTABLESTYLE	设置当前选项卡样式的名称
CYL	CYLINDER	创建一个以圆或椭圆为底面和顶面的柱状三维实体
D	DIMSTYLE	创建和修改标注样式
DAL	DIMALIGNED	创建对齐线性标注
DAN	DIMANGULAR	创建角度标注
DAR	DIMARC	创建圆弧长度标注
JOG	DIMJOGGED	创建折弯半径标注
DBA	DIMBASELINE	从上一个标注或选定标注的基线处创建线性标注、角度标注或坐标标注
DBC	DBCONNECT	提供到外部数据库表的接口
DCE	DIMCENTER	创建圆和圆弧的圆心标记或中心线
DCO	DIMCONTINUE	从上一个标注或选定标注的第二条尺寸界线处创建线性标注、角度标注或坐标标注
DDA	DIMDISASSOCIATE	删除选定标注的关联性
DDI	DIMDIAMETER	创建圆和圆弧的直径标注
DED	DIMEDIT	编辑标注对象上的标注文字和尺寸界线
DI	DIST	测量两点之间的距离和角度
DIV	DIVIDE	将点对象或块沿线性对象的长度或周长等间隔排列
DJO	DIMJOGGED	创建折弯半径标注
DLI	DIMLINEAR	创建线性标注
DO	DONUT	绘制填充的圆和环
DOR	DIMORDINATE	创建坐标点标注
DOV	DIMOVERRIDE	替代尺寸标注系统变量
DR	DRAWORDER	修改图像和其他对象的绘图顺序
DRA	DIMRADIUS	创建圆和圆弧的半径标注
DRE	DIMREASSOCIATE	将选定标注与几何对象相关联
DRM	DRAWINGRECOVERY	显示可以在程序或系统失败后修复的图形文件的列表
DS	DSETTINGS	设置栅格和捕捉、极轴和对象捕捉追踪、对象捕捉模式和动态输入
DST	DIMSTYLE	创建和修改标注样式

续表

命令别名	命令	功能说明
DT	TEXT	创建单行文字对象
DV	DVIEW	使用相机和目标来定义轴测视图或透视视图
E	ERASE	从图形中删除对象
ED	DDEDIT	编辑单行文字、标注文字、属性定义和特征控制框
EL	ELLIPSE	创建椭圆或椭圆弧
ER	EXTERNALREFERENCES	组织、显示并管理参照文件
EX	EXTEND	将对象延伸到另一对象
EXIT	QUIT	退出程序
EXP	EXPORT	以其他文件格式保存对象
EXT	EXTRUDE	通过沿指定的方向将对象或平面拉伸出指定距离来创建三维实体或曲面
F	FILLET	给对象加圆角
FI	FILTER	创建一个要求列表，对象必须符合这些要求才能包含在选择集中
FSHOT	FLATSHOT	创建当前视图中所有三维对象的二维表示
G	GROUP	创建和管理已保存的对象集（编组）（显示"对象编组"对话框）
–G	–GROUP	创建和管理已保存的对象集（编组）（显示命令行提示）
GD	GRADIENT	使用渐变填充填充封闭区域或选定对象
GEO 或 NORTH 或 NORTHDIR	GEOGRAPHICLOCATION	指定某个位置的纬度和经度
GR	DDGRIPS	显示"选项"对话框，自定义程序设置
–H	–HATCH	用填充图案、实体填充或渐变填充填充封闭区域或选定对象（显示命令行提示）
HE	HATCHEDIT	修改现有的图案填充或填充
HI	HIDE	重生成不显示隐藏线的三维线框模型
I	INSERT	将图形或命名块放到当前图形中（显示"插入"对话框）
–I	–INSERT	将图形或命名块放到当前图形中（显示命令行提示）
IAD	IMAGEADJUST	控制图像的亮度、对比度和褪色度
IAT	IMAGEATTACH	插入光栅图像参照
ICL	IMAGECLIP	使用剪裁边界定义图像对象的 Subregion
IM	IMAGE	管理图像（显示〖外部参照〗选项板）
–IM	–IMAGE	管理图像（显示命令行提示）
IMP	IMPORT	以不同格式输入文件
IN	INTERSECT	从两个或多个实体或面域的交集中创建复合实体或面域，然后删除交集外的区域
INF	INTERFERE	亮显重叠的三维实体
IO	INSERTOBJ	插入链接对象或内嵌对象
J	JOIN	将对象合并以形成一个完整的对象
L	LINE	创建直线段
LA	LAYER	管理图层和图层特性（显示图层特性管理器）
–LA	–LAYER	管理图层和图层特性（显示命令行提示）
LE	QLEADER	创建引线和引线注释
LEN	LENGTHEN	修改对象的长度和圆弧的包含角

续表

命令别名	命令	功能说明
LI	LIST	显示选定对象的数据库信息
LINEWEIGHT	LWEIGHT	设置当前线宽、线宽显示选项和线宽单位
LO	−LAYOUT	创建并修改图形布局选项卡
LS	LIST	显示选定对象的数据库信息
LT 或 LTYPE	LINETYPE	加载、设置和修改线型（显示线型管理器）
−LT 或 −LTYPE	−LINETYPE	加载、设置和修改线型（显示命令行提示）
LTS	LTSCALE	设置全局线型比例因子
LW	LWEIGHT	设置当前线宽、线宽显示选项和线宽单位
M	MOVE	在指定方向上按指定距离移动对象
MA	MATCHPROP	将选定对象的特性应用到其他对象
MAT	MATERIALS	管理、应用和修改材质
ME	MEASURE	将点对象或块在线性对象上指定间隔处放置
MI	MIRROR	创建对象的镜像图像副本
ML	MLINE	创建多条平行线
MS	MSPACE	从图纸空间切换到模型空间视口
MSM	MARKUP	显示标记的详细信息并允许用户更改其状态
MT 或 T	MTEXT	将文字段落创建为单个多线（多行文字）文字对象（显示在位文字编辑器）
MV	MVIEW	创建并控制布局视口
O	OFFSET	创建同心圆、平行线和平行曲线
OP	OPTIONS	自定义程序设置
OS	OSNAP	显示"草图设置"对话框的"对象捕捉"选项卡
−OS	−OSNAP	设置执行对象捕捉模式（显示命令行选项）
P	PAN	在当前视口中移动视图（实时平移图形显示）
−P	−PAN	在当前视口中移动视图（指定两个点，并根据从第一点到第二点的距离计算出位移）
PA	PASTESPEC	插入剪贴板数据并控制数据格式
PARAM	BPARAMETER	向动态块定义中添加带有夹点的参数
PARTIALOPEN	−PARTIALOPEN	将选定视图或图层中的几何图形和命名对象加载到图形中
PE	PEDIT	编辑多段线和三维多边形网络
PL	PLINE	创建二维多段线
PO	POINT	创建点对象
POL	POLYGON	创建闭合的等边多段线
PRCLOSE	PROPERTIESCLOSE	关闭〖特性〗选项板
PRE	PREVIEW	显示图形的打印效果
PRINT	PLOT	将图形打印到绘图仪、打印机或文件
PS	PSPACE	从模型空间视口切换到图纸空间
PSOLID	POLYSOLID	创建三维多实体
PTW	PUBLISHTOWEB	创建包括选定图形的图像的网页
PU	PURGE	删除图形中未使用的命名项目，例如块定义和图层（显示"清理"对话框）
−PU	−PURGE	删除图形中未使用的命名项目，例如块定义和图层（显示命令行提示）

续表

命令别名	命令	功能说明
PYR	PYRAMID	创建三维实体棱锥面
QC	QUICKCALC	打开"快速计算"计算器
R	REDRAW	刷新当前视口中的显示
RA	REDRAWALL	刷新显示所有视口
RC	RENDERCROP	选择图像中要进行渲染的特定区域（修剪窗口）
RE	REGEN	从当前视口重生成整个图形
REA	REGENALL	重生成图形并刷新所有视口
REC	RECTANG	绘制矩形多段线
REG	REGION	将包含封闭区域的对象转换为面域对象
REN	RENAME	更改命名对象的名称（显示"重命名"对话框）
–REN	–RENAME	更改命名对象的名称（显示命令行提示）
REV	REVOLVE	通过绕轴旋转二维对象来创建三维实体或曲面
RO	ROTATE	围绕基点旋转对象
RP	RENDERPRESETS	指定渲染预设和可重复使用的渲染参数来渲染图像
RPR	RPREF	显示"高级渲染设置"选项板以访问高级渲染设置
RR	RENDER	创建三维线框或实体模型的照片级真实感着色图像
RW	RENDERWIN	显示"渲染"窗口而不调用渲染任务
S	STRETCH	移动或拉伸对象
SC	SCALE	在 X、Y 和 Z 方向按比例放大或缩小对象
SCR	SCRIPT	从脚本文件执行一系列命令
SE	DSETTINGS	设置栅格和捕捉、极轴和对象捕捉追踪、对象捕捉模式和动态输入
SEC	SECTION	用平面和实体的交集创建面域
SET	SETVAR	列出或修改系统变量值
SHA	SHADEMODE	启动 VSCURRENT 命令
SL	SLICE	用平面或曲面剖切实体
SN	SNAP	规定光标按指定的间距移动
SO	SOLID	创建实体填充的三角形和四边形
SP	SPELL	检查图形中的拼写
SPL	SPLINE	在指定的公差范围内把光滑曲线拟合成一系列的点
SPLANE	SECTIONPLANE	以通过三维对象创建剪切平面的方式创建截面对象
SPE	SPLINEDIT	编辑样条曲线或样条曲线拟合多段线
SSM	SHEETSET	打开图纸集管理器
ST	STYLE	创建、修改或设置命名文字样式
STA	STANDARDS	管理标准文件与图形之间的关联性
SU	SUBTRACT	通过减操作合并选定的面域或实体
–T	–MTEXT	将文字段落创建为单个多线（多行文字）文字对象（显示命令行提示）
TA	TABLET	校准、配置、打开和关闭已连接的数字化仪
TB	TABLE	在图形中创建空白表格对象
TH	THICKNESS	设置当前的三维厚度

续表

命令别名	命令	功能说明
TI	TILEMODE	将"模型"选项卡或上一个布局选项卡置为当前
TO	TOOLBAR	显示、隐藏和自定义工具栏
TOL	TOLERANCE	创建形位公差
TOR	TORUS	创建三维圆环形实体
TP	TOOLPALETTES	打开〖工具〗选项板
TR	TRIM	按其他对象定义的剪切边修剪对象
TS	TABLESTYLE	定义新的表格样式
UC	UCSMAN	管理已定义的用户坐标系
UN	UNITS	控制坐标和角度的显示格式和精度（显示"图形单位"对话框）
–UN	–UNITS	控制坐标和角度的显示格式和精度（显示命令行提示）
UNI	UNION	通过添加操作合并选定面域或实体
V	VIEW	保存和恢复命名视图、相机视图、布局视图和预设视图（显示视图管理器）
–V	–VIEW	保存和恢复命名视图、相机视图、布局视图和预设视图（显示命令行提示）
VP	DDVPOINT	设置三维观察方向
–VP	VPOINT	设置图形的三维直观观察方向
VS	VSCURRENT	设定当前视口的视觉样式
VSM	VISUALSTYLES	创建和修改视觉样式，并将视觉样式应用到视口（显示视觉样式管理器）
–VSM	–VISUALSTYLES	创建和修改视觉样式，并将视觉样式应用到视口（显示命令行提示）
W	WBLOCK	将对象或块写入新图形文件（显示"写块"对话框）
–W	–WBLOCK	将对象或块写入新图形文件（显示标准文件选择对话框）
WE	WEDGE	创建五面三维实体（楔形体），并使其倾斜面沿 X 轴方向
X	EXPLODE	将合成对象分解为其部件对象
XA	XATTACH	将外部参照附着到当前图形
XB	XBIND	将外部参照中命名对象的一个或多个定义绑定到当前图形（显示"外部参照绑定"对话框）
–XB	–XBIND	将外部参照中命名对象的一个或多个定义绑定到当前图形（显示命令行提示）
XC	XCLIP	定义外部参照或块剪裁边界，并设置前剪裁平面和后剪裁平面
XL	XLINE	创建无限长的线
XR	XREF	启动 EXTERNALREFERENCES 命令（显示〖外部参照〗选项板）
–XR	–XREF	启动 EXTERNALREFERENCES 命令（显示命令行提示）
Z	ZOOM	放大或缩小显示当前视口中对象的外观尺寸

附录 2 AutoCAD 经典操作界面的定制

AutoCAD 从 2015 版开始彻底取消了经典模式，需用户自行创建。下面以 AutoCAD 2019 简体中文版为例，介绍经典操作界面的定制方法。

◆ AutoCAD 2019 简体中文版的用户界面如图 1 所示，由面板及标签页为架构的 Ribbon 功能区占据了大量面积。定制经典操作界面首先需要确保菜单栏的显示，可如图 2 所示点击 设置并显示菜单栏。

◆【工具】>【选项板】>【功能区】，点击关闭功能区（图 3）。

◆【工具】>【工具栏】>【AutoCAD】，在工具栏列表中点击打开"修改""图层""标准""样式""特

（a）设置显示菜单栏

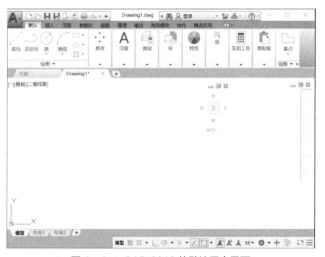

图 1 AutoCAD 2019 的默认用户界面

（b）显示菜单栏

图 2 设置并显示菜单栏

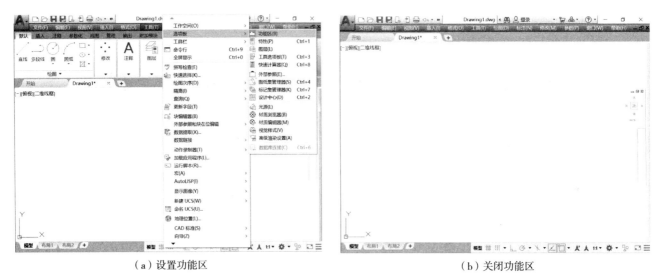

（a）设置功能区 （b）关闭功能区

图 3　设置并关闭功能区

（a）设置打开工具栏 （b）工具栏分布界面

图 4　打开系列工具栏

性""绘图"工具栏，分布于绘图区域的上方和左右（图 4）。

◆【工具】>【命令行】，打开命令行并锚固至绘图区域的下方（图 5）。

◆ NAVBARDISPLAY ✓ 0 ✓，NAVVCUBE- DISPLAY ✓ 0 ✓，关闭导航栏和 viewcube（图 6）。

◆ 定制好的 AutoCAD 经典操作界面如图 6 所示，可按照图 7 点击 ✿▾ 将其保存为"AutoCAD Classic"工作空间，以便从工作空间下拉列表中随时调用（图 8）。

（a）设置打开命令行　　　　　　　　　　　　（b）打开并锚固命令行

图 5　打开命令行

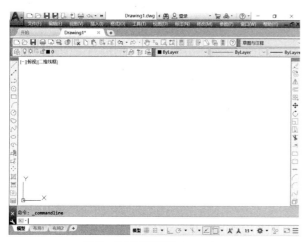

图 6　关闭导航栏和 viewcube

图 8　调用"AutoCAD Classic"工作空间

（a）保存当前工作空间　　　　　　　　　　　（b）命名保存"AutoCAD Classic"工作空间

图 7　保存"AutoCAD Classic"工作空间